丝绸之路与华夏文明研究文库

■ 西北边疆史地研究丛书 ■

西北水利史研究

潘春辉◇等著

开发与环境

飞天出版传媒集团

甘肃文化出版社

图书在版编目(CIP)数据

西北水利史研究：开发与环境 / 潘春辉等著. --兰州：甘肃文化出版社，2015.4
（西北边疆史地研究丛书）
ISBN 978-7-5490-0839-1

Ⅰ. ①西… Ⅱ. ①潘… Ⅲ. ①水利史—研究—西北地区 Ⅳ. ①TV-092

中国版本图书馆 CIP 数据核字(2015)第 069639 号

西北水利史研究:开发与环境

潘春辉　等著

责任编辑：	原彦平
封面设计：	苏金虎

出版发行：	甘肃文化出版社
网　　址：	http://www.gswenhua.cn
地　　址：	兰州市城关区曹家巷 1 号
邮　　编：	730030
印　　刷：	兰州万易印务有限责任公司
地　　址：	兰州市城关区黄河北玉垒关 23 号
邮　　编：	730000

开　　本：	787毫米×1092毫米　1/16
字　　数：	305 千
印　　张：	19.75
版　　次：	2015 年 4 月第 1 版
印　　次：	2015 年 4 月第 1 次
书　　号：	ISBN 978-7-5490-0839-1
定　　价：	49.00 元

《西北边疆史地研究丛书》由

甘肃省高校人文社科重点研究基地西北边疆史地研究中心

甘肃文化发展研究院、丝绸之路与华夏文明传承发展协同创新中心

西北师范大学甘肃省考古学、中国史、民族学、世界史重点学科

资助出版

前　言

　　西北边疆史地研究是西北师范大学历史学科长期稳定和最具特色的研究方向，学术积淀深厚。经过多年的发展，逐渐形成了西北疆域演变与国家稳定、西北边疆环境变迁、西北边疆民族宗教问题、西北边疆文化遗产保护与利用等相对集中的研究方向。近年来，西北师范大学充分利用便利的地域优势，主动适应地方文化建设的需要，在西北边疆史地研究方面开展系列学术科研活动，取得了一些重要成果。

　　一、编撰专题学术著作。以西北边疆史地为主题的学术专著有五十多部，其中主要有：吴廷桢、郭厚安《河西开发史研究》，季成家等《丝绸之路文化大辞典》，赵向群《五凉史探》，陈守忠《河陇史地考述》，侯丕勋、刘再聪《西北边疆历史地理概论》，李清凌《元明清治理甘青少数民族地区的思想和实践》，刘建丽《宋代西北吐蕃研究》，田澍《西北开发史研究》，田澍、何玉红《西北边疆社会研究》，田澍、何玉红《西北边疆管理模式演变与社会控制研究》，田澍、陈尚敏《西北史籍要目提要》，李并成《河西走廊历史时期沙漠化研究》，李并成《河西走廊历史地理》，胡小鹏《西北民族文献与历史研究》，李建国《陕甘宁革命根据地史》，尚季芳《民国时期甘肃毒品危害与禁毒研究》等。这些学术著作或以主题探讨为主，或以资料汇集为主，内容系统、全面，且具有一定的开拓性，引起了学术界的广泛关注。

　　二、承担各类科研项目。以西北边疆史地为主题的国家社科基金项目、教育部人文社科研究项目、甘肃省社科规划项目等八十余项，其中国家社科基金项目有：王三北《中国历代西北开发思维和苏联对外政策》，赵汝清《丝绸之路西段历史研究》，李清凌《元明清三代治理甘青少数民族地区的思想研究》，田澍《明清中央政府与蒙藏民族地区政治互动策略研究》和《十四到十六世纪明蒙关系的走向研究》，刘再聪《唐朝"村"制及西北民族地区基层治理研究》和《唐朝"村"聚落形态与基层行政制度"西进化"历程研究》，李并成《历史时期我国西北地区沙尘暴研究》，李晓英《近代甘宁青回族商人研究》，连菊霞《宗教信仰与族际通婚——以甘肃积石山县保安族、回族与汉族的通婚为例》，尚季芳《近现代西北民族地区毒品问题与社会控制研究（1840—1960）》，胡小鹏《晚清至民国时期甘青藏区社会群体纠纷解决机制研究》，潘春辉《清至民国时期甘宁青地区农村用水与基层社会治理研究》，李建国《近代西北地区商贸经济及对当地社会发展影响问题研究》，王新春《中国西北科学考察团与近代中国西北考古研究》，张嵘《我国社会现代化历程中的少数民族发展研究》，刘清玄《天水麦积山石窟洞窟题记释录与研究》，张荣《哈萨克问题与清代西北边疆安全》，李永平《甘肃新出土魏晋十六国文献整理研究》等。这些项目围绕与西北边疆史地有关的政治、经济、社会、文化、生态等内容展开研讨，主题集中，针对性强。

三、召开系列学术论坛。以西北边疆史地为主题的学术会议有："中国宋史研究会第十届年会暨唐末五代宋初西北史研讨会"，"庆贺蔡美彪先生八十华诞暨元代民族与文化国际学术研讨会"，"第11届明史国际学术研讨会"，"敦煌文化学术研讨会"，"河洮岷历史文化与甘肃民族史学术研讨会"，"南梁精神与甘肃红色文化高层论坛"，"甘肃历史文化资源高层论坛"，"甘肃远古文化与华夏文明高层论坛"，"中国古代史教学改革高层论坛"等。这些论坛吸纳国内外知名专家就当今西部大开发、西北边疆安全、西北民族地区社会稳定、西北生态保护、西北历史文化遗产保护开发等前沿课题展开集中研讨，提供学术咨询，具有较强的服务社会与政策咨询功能。

四、加强机构和学科建设。西北师范大学西北边疆史地研究取得的研究成果，有力地推动了历史学科的发展。2010年5月，西北师范大学西北边疆史地研究中心获批为甘肃省高等学校人文社会科学重点研究基地，成为国内专门从事西北边疆史地研究的高水平科研平台。目前，与西北边疆史地研究中心互为依托的科研平台有中国史一级博士点、中国史博士后科研流动站、甘肃文化发展研究院、甘肃省丝绸之路与华夏文明传承发展协同创新中心等。互为依托的平台之间相互推进，同步发展。2006年以来，《敦煌学教程》、《简牍学教程》、《西北边疆考古教程》、《西北少数民族史教程》等8部本科生系列教材先后出版，在国内高等学校历史学科教学方面产生了良好的影响。2013年，考古学、中国史、世界史、民族学四个学科同时获批为省级重点学科，使西北师范大学历史学科建设得到了新的发展机遇。

五、重视持续发展。近年来，西北师范大学围绕西北边疆史地研究，在《中国史研究》、《民族研究》、《中国边疆史地研究》及《人民日报》、《光明日报》等国内权威学术期刊和报纸上发表高水平论文学术七百余篇，不少被《新华文摘》、人大复印报刊资料等转载。截止2009年，汇聚阶段性成果的学术丛书《西北史研究丛书》十册本最后出齐。为了使西北边疆史地研究能够获得进一步、持续性顺利发展，《西北边疆史地研究丛书》应运而生。《西北边疆史地研究丛书》的编撰，必将不断深化西北边疆史地研究的深度，拓展西北边疆史地研究的学术视野。

西北边疆史地研究是一项伟大的事业，也是必将得到持续发展的事业。

二〇一三年十二月二十七日

目　录

第一章　古代西北农田水利建设总论

　　西北地区自古就是我国的一个干旱、半干旱区，无论历史上气候有多大的变化，水利灌溉始终是西北农业的命脉，这一点迄无变化。因此，古代不论谁在西北进行经济开发，都必须从水利建设入手。我们可以这样说，中国西北的经济开发是从农业开始的，而西北的农业发展又离不开农田水利灌溉，水利作为农业的第一要素，贯串于西北经济开发的全过程。以下主要从农田水利建设的高峰、农田水利建设的技术、农田水利开发的类型投资者与基本经验等方面，对古代西北农田水利建设做一个总括的论述。

第一节　古代西北农田水利建设的三个高峰

　　中国古代西北的农田水利开发，受制于两个因素：一是国家的军事活动，二是中央政府的投资力度。西北的军事活动几乎无代无之，历代中央政府为了解决军需供应问题，无不在西北设立屯田和开发水利资源，但由于不同时代国家的统一幅度、内部和谐程度不同，可用于投资的人力、物力、财力不同等原因，遂使不同时代西北水利开发呈现出高低波动的曲线，且在汉、唐、明清出现三个高峰期。

　　西北地区以农田灌溉为主要目标的水利建设，最迟在西周时期就已经相当发达了。反映西周以来制度文化的《礼记》中有许多级次的水渠名称，如《周礼·地官司徒》云："凡治野，夫间有遂，遂上有径；十夫有沟，沟上有畛；百夫有洫，洫上有涂；千夫有浍，浍上有道；万夫有川，川上有路，以达于畿。"这些遍布于京畿四周的遂、沟、洫、浍、川等渠道，一则用于排水，二则用于灌溉。《礼记·郊特牲》载，周代的"八蜡"之祭中，也包含祭水渠之神"水庸"。这都是当时有农田灌溉的明证。《史记》卷29《河渠书》中记载战国秦最早的水利建设称，东周晚期，韩国怕秦的武装进攻，欲疲其国力，使不能东伐，乃使水工郑国游说秦王。秦王被郑国的水利说词打动了，中间才发觉有诈，但经过郑国的辩解，秦国还是认可了他关于"渠成亦秦之利也"的说法，终于修成了"溉泽（一作'舄'）卤之地四万余顷，收皆亩一钟"的郑国渠，"于是关中为沃野，无凶年，秦以富强，卒并诸侯"。这条以郑国名字命名的水渠，是见于记载的西北历史上最早确切可指的农灌用渠，它对后世农田水利事业的影响和鼓舞作用极其深远。

一、汉代西北农田水利建设高峰的出现

两汉西北的水利，除关中的郑国渠仍在沿用外，汉初汉中地区还修建了山河堰，据说它是汉相国萧何、曹参创筑的。"其下鳞次诸堰，皆源于此。"[1] 陕西褒城县的"流珠堰势若流珠，亦汉萧何所筑"[2]。洋县的"张良渠在县东南二里七女塚，有七女池，池东有明月池，状如偃月，皆相通注，谓之张良渠，盖良所开也"[3]。汉武帝元光时（前134—前129年），郑当时为大农令，建议政府引渭穿渠，起长安，并南山下，至黄河三百余里，可灌"渠下民田万余顷"，朝廷悉发卒数万人穿渠，三岁而通，"而渠下之民颇得以溉田矣"。其后庄熊罴又建议：临晋（在今陕西大荔县东）民愿穿洛（即漆沮水）以溉重泉（在今陕西蒲城县东南）以东万余顷故卤地，"诚得水，可令亩十石"，"于是为发卒万余人穿渠，自征（今陕西澄城县西南）引洛水至商颜山下。岸善崩，乃凿井，深者四十余丈。往往为井，井下相通行水。水颓（下流——引者）以绝商颜，东至山岭十余里间。井渠之生自此始"。此后"用事者争言水利。朔方、西河、河西、酒泉皆引河及川谷以溉田"。关中地区有沣渠。[4] 左内史倪宽于元鼎六年（前111年）奏请穿六辅渠，其后十六年，赵中大夫白公，又"奏穿泾水，注渭中，溉田四千余顷。

---

① 刘於义等：《陕西通志》卷40《水利》引《汉中府志》，《文渊阁四库全书》本。
② 刘於义等：《陕西通志》卷40《水利》。
③ 刘於义等：《陕西通志》卷40《水利》引《汉中府志》、《水经注》。
④ 《汉书》卷29《沟洫志》。

人得其饶而歌之"①。后人称之为白渠。鏊屋有灵轵渠，又引堵水（一作诸川）。"皆穿渠为溉田，各万余顷。佗小渠披山通道者，不可胜言。"② 由于灌溉用水量大增，下游河水大减，淤泥沉淀，河床升高，河堤容易溃决。王莽时，大司马史长安张戎言："今西方诸郡，以至京师东行，民皆引河、渭山川水溉田。春夏干燥，少水时也，故使河流迟，贮淤而稍浅……毋复灌溉，则百川流行，水道自利，无溢决之害矣。"③ 张戎的意见固不可取，但我们从这里不可以看到当时长安东西、黄河和渭河流域灌溉普遍发达的景象吗？

东汉时期，关中农渠多数仍在利用，且有新开渠的记载。如今高陵县的樊惠渠，就是灵帝光和五年（182年）开的。原先，"其地衍陜，土气辛螫，嘉谷不植，而泾水长流。京兆尹樊君勤恤民隐，乃立新渠，向之卤田，化为甘壤"④。

除关中外，宁夏、河西、陇西、西域等地在两汉时期都有大的水利开发。如宁夏境内的"光禄渠"，据清人考证，是汉武帝太初三年（前102年）四月，"遣光禄勋徐自为筑五原塞列城，西北至卢朐，后遂名为光禄塞，则宁之光禄渠应属自为所开浚"⑤。宁夏还有以"御史""尚书"命名的渠道，据考也都是汉人所开。至于灵州传为秦人所开的"秦渠"，汉时无疑还在使用。方志记载说："秦渠在灵州，一曰秦家渠，相传创始于秦，引黄河水南入渠口，设闸二空，曰秦闸。沿长一百五十里，溉田一千三百顷零。"⑥东汉顺帝永建四年（129年），尚书仆射虞诩奏复朔方西河上郡，乃使谒者郭璜督促徙者，各归旧县，缮城郭，置候驿，"激河浚渠为屯田，省内郡费岁一亿计"⑦。

河西酒泉郡福禄县的呼蚕水（今讨来河）"出南羌中，东北至会水，入道羌谷"。张掖郡䂕得县（今甘肃张掖市）的千金渠，敦煌郡冥

① 李吉甫撰，贺次君点校：《元和郡县图志》卷1，北京：中华书局，1983年。
② 《史记》卷29《河渠书》。
③ 《汉书》卷29《沟洫志》。
④ 刘於义等：《陕西通志》卷39《水利》引蔡邕《樊惠渠歌序》。
⑤ 许容等：《甘肃通志》卷15《水利》，《文渊阁四库全书》本。
⑥ 许容等：《甘肃通志》卷15《水利》。
⑦ 《后汉书》卷87《西羌传》。

安县的南籍端水，"出南羌中，西北入其泽，溉民田"①。敦煌郡龙勒县的氐置水（今党河），"出南羌中，东北入泽，溉民田"②。东汉建武十二年(36年)，南阳人任延被任为武威太守，他针对河西少雨泽的特点，"置水官吏，修理沟渠"，在谷水（今石羊河流域）兴修陂塘、灌溉农田，当地民众"多蒙其利"。③

青海汉时的水利建设，据载汉宣帝神爵时（前61—前58年），赵充国在湟中准备屯田，"缮乡亭，浚沟渠"④。功虽不就，仍可以看到水利在当地农业中的重要性。陇右西部一带，建武十一年（35年），陇西太守马援组织金城民众"开导水田，劝以耕牧，郡中乐业"⑤。这件事在《水经注》卷2《河水》中说得更清楚："昔马援为陇西太守六年，为狄道开渠，引水种粳稻而郡中乐业。"

汉简中有关修建水利的记载相当多，下举几例：永平七年（64年）正月，"春秋治渠各一通"⑥；"……六月戊戌，延水水工白褒取……"⑦；"……发治渠卒……"⑧。

汉朝政府在西域也兴建了一些水利设施。据《水经注》卷2《河水》记载，西汉昭帝元凤中（前80—前75年），敦煌人索劢有才略。刺史毛奕表行二师将军，将酒泉、敦煌兵千人，至楼兰屯田，起白屋，召鄯善、焉耆、龟兹三国兵各千，横断注滨河，"灌浸沃衍"。他率兵"大田三年，积粟百万，威服外国"。汉宣帝甘露元年（前53年），西域乌孙国发生内乱，汉朝政府派遣破羌将军辛武贤将兵万五千人至敦煌，"通渠积谷，欲以讨之"⑨。他"遣使者按行表，穿卑鞮侯井以西，欲通渠转谷"，"下流涌出在白龙堆东土山下"⑩。这是兼顾运输、灌溉两方面

① 《汉书》卷28下《地理志》。
② 《汉书》卷28下《地理志》。
③ 《后汉书》卷76《任延传》。
④ 《汉书》卷69《赵充国传》。
⑤ 《后汉书》卷24《马援传》。
⑥ 吴礽骧等释校：《敦煌汉简释文》，兰州：甘肃人民出版社，1991年，第264页。
⑦ 甘肃省文物考古研究所、甘肃省博物馆等编：《居延新简》，北京：文物出版社，1990年，第451页。
⑧ 甘肃省文物考古研究所、甘肃省博物馆等编：《居延新简》，第449页。
⑨ 《资治通鉴》卷27，汉宣帝甘露元年四月条。
⑩ 《汉书》卷96下《乌孙国传》。

的水利设施。

以上说明，两汉时期，不仅京都地区的水利建设蓬蓬勃勃，这是官民生产生活的需要；而且随着国家控制区域的扩大、驻兵的增加，为了屯田积谷，解决军粮，农田水利事业乃从关中核心区扩大到了河西四郡、湟中、宁夏以及西域部分地区，出现了西北开发史上第一个农田水利建设的高峰。

二、唐代西北农田水利建设的新高峰

继两汉之后，魏晋南北朝中原丧乱，社会经济和水利设施都遭到极大的破坏，相比之下，陇右河西一带相对安定。这里前后建立的一些割据政权，都比较重视水利，因而农田灌溉事业仍在延续，灌溉技术又有革新。如曹魏时，扶风人马钧"作翻车，令童儿转之，而灌水自覆，更入更出，其功百倍于常"[1]。我们知道，翻车并不是马钧创制的，早在汉灵帝中平三年（186年），东汉政府就使掖庭令毕岚"作翻车、渴乌，施于桥西，用洒南北郊路，以省百姓洒道之费"[2]。可知最迟东汉时已有翻车。马钧的贡献是将翻车从提水洒道，推广应用到了园囿灌溉上，它对农业提灌起了明显和巨大的启发作用。魏明帝时（227—239年），徐邈为凉州刺史，征得朝廷同意，"修武威、酒泉盐池，以收虏谷。又广开水田，募贫民佃之"，出现了"家家丰足，仓库盈溢"的景象。[3]这条史料不仅反映出当时河西有政府官员在抓农田水利开发，而且可以佐证当地少数民族也在农业灌溉上做出了很大努力。灌溉在武威、酒泉等河西地区是农业的必备条件，假若那里的"虏"人不修农田水利，何来"虏谷"让政府官员动念，而修盐池以来交换呢？魏齐王嘉平（249—254年）时，安定人皇甫隆任敦煌太守，发展并改进了灌溉方法，"初，敦煌不甚晓田，常灌溉滀水，使极濡洽，然后乃耕，又不晓作耧犁，用水，及种，人牛功力既费，而收谷更少。隆到，教作耧犁，又教

---

① 《三国志》卷29《魏书·杜夔传》注。
② 《后汉书》卷78《张让传》。
③ 《三国志》卷27《魏书·徐邈传》。

衍溉，岁终率计，其所省庸力过半，得谷加五"①。从灌溉看，这是他号召农民将滀灌（用水泡地）改为衍灌（走水漫灌），从而避免了土地伤水，影响按时下种；加上推广使用耧犁，收到又省力又增产的效果。前凉（314—376年）时，沙州刺史杨宣在敦煌郡修建了北府渠。后太守阴澹又在敦煌城西南开阴安渠和阳开渠，百姓多蒙其利。北魏攻占河西后，一直重视那里的水利建设，在今宁夏地区，北魏太武帝太平真君五年（444年），薄骨律镇（治今宁夏灵武市南）镇将刁雍表请凿黄河以西的艾山，作渠溉田，"溉官私田四万余顷"。诏褒许之。②这是一项巨大的黄河引灌工程。魏孝文帝太和十二年（488年）五月，"诏六镇、云中、河西及关内六郡，各修水田，通渠灌溉"③。

在关中，魏明帝青龙元年（233年），政府组织人力"开成国渠，自陈仓至槐里；筑临晋陂，引汧洛溉舄卤之地三千余顷，国以充实"④。东晋太元十年（385年），前秦的苻坚与慕容冲"战于仇班渠，大破之。既而战于白渠，坚兵大败"⑤。说明泾阳县的古白渠晋时仍在利用，而且出现了一条新渠仇班渠。北魏太和十三年（489年）八月，"又诏诸州、镇有水田之处，各通灌溉，遣匠者所在指授"⑥。西魏文帝大统中（535—551年），西魏政府以泾、渭灌区渠堰废毁，乃命贺兰祥修造富平堰，开渠引水，东注于洛，功用既毕，民获其利。⑦大统十三年（547年），西魏"开白渠以溉田"⑧。北周时，"于蒲州开河渠，同州开龙首渠，以广灌溉"⑨。隋朝政府在秦陇、北地、湟中、河西、西域等广大西北地区设置了很多屯田，没有与之俱建和完善的水利设施，官营农业就无法开展。尽管魏晋至隋西北的水利设施大都是维持性、恢复性的，创新的因素不太多，而且灌溉面积比前代减少了很多，但灌溉传统和技术的延续，仍然为西北在唐朝出现农田水利建设新的高峰打下了基础。

---

① 《三国志》卷16《魏书·仓慈传》，注引《魏略》。
② 《魏书》卷38《刁雍传》。
③ 李昉等：《太平御览》卷103，北京：中华书局，1960年。
④ 《晋书》卷26《食货志》。
⑤ 刘於义等：《陕西通志》卷39《水利》，引《晋书·苻坚载纪》。
⑥ 《魏书》卷7《孝文帝纪》。
⑦ 《周书》卷20《贺兰祥传》。
⑧ 《北史》卷5《西魏文帝纪》。
⑨ 《周书》卷5《武帝纪》。

唐朝政府在工部下设有专门的都水监，监有“水部郎中、员外郎各一人，掌津济、船舻、渠梁、堤堰、沟洫、渔捕、运漕、碾硙之事。凡坑陷井穴皆有标，京畿有渠长、斗门长。诸州堤堰，刺史、县令以时检行而莅。其决筑有埭，则以下户分牵，禁争利者”①。在一些水利发达的地区，刺史、县令以下，还有专门负责农业用水的低级官员。如敦煌遗书残卷P. 3560号《开元水部式》记载，当地州县官以下，州设都渠泊使，县设平水、前官，乡设渠头、渠长及斗门长等吏员，专门负责水利管理。

唐朝中前期，陇右、河西、朔方、西域等地驻有数以十万计的军队，按照当时政府规定，“凡军州边防镇守，转运不给则设屯田以益军储”②。西北交通不便，挽运困难，因此所有驻军都有屯田的任务，兴修水利是每一个军士为公、也为解决身家口粮必干的一件事。此外，政府行政系统还要组织百姓屯田、营田，种好均田，为此也必须抓好西北的农田水利建设。何况唐朝的都城在西北，它在关中地区的水利设施与其他地方不完全相同。在这里，既有农田灌溉，又有宫廷、官民生活用水，还有磨袱、漕运等渠道建设。农业用水主要是政府官员和百姓私人田地的灌溉，不同于边郡的军事性屯田和营田。现据文献所及，将唐代京畿和关内道的农业灌溉情况列表如下：

渠堰名	开设年代	灌溉州县	灌地面积	资料来源
永丰渠、普济渠		武功		刘於义等《陕西通志》卷40《水利》
升原渠		武功、咸阳、岐山、宝鸡、扶风、兴平		《长安志图》卷下，刘於义等《陕西通志》卷38、39、40
高泉渠	如意元年(692)			《新唐书》卷37《地理志》
杜阳水	开皇二年(582)	武功	数千顷	刘於义等《陕西通志》卷40《水利》
引白渠入金氏二陂	武德二年(619)	下邽		《新唐书》卷37《地理志》

①《新唐书》卷46《百官志·工部》。

② 李林甫撰，陈仲夫点校：《唐六典》卷7，北京：中华书局，1992年。

续表

渠堰名	开设年代	灌溉州县	灌地面积	资料来源
龙门渠	武德七年(624)	韩城	6000 顷	《新唐书》卷37《地理志》
引乌水入库狄泽	贞观七年(633)	朔方	200 顷	《新唐书》卷37《地理志》
郑白渠	永徽六年(655)		10000 顷	《元和郡县图志》卷1
强公渠		华原		《新唐书》卷100《强循传》
敷水渠	开元二年(715)	华阴县		刘於义等《陕西通志》卷40《水利》
利俗渠、罗文渠	开元四年(716)	郑县		《新唐书》卷37《地理志》
引洛、堰河水	开元七年(719)	朝邑、河西	2000 顷	《旧唐书》卷185下《姜师度传》
通灵陂	开元七年(719)	朝邑	100 顷	《新唐书》卷37《地理志》
成国渠		郿县		《元和郡县图志》卷2
阳班湫	贞元四年(788)	合阳		《新唐书》卷37《地理志》
白渠(刘公渠)、彭成堰	宝历元年(825)	高陵	700 顷	刘於义等《陕西通志》卷39《水利》
疏通旧六门堰	大中间	武功		《新唐书》卷203《李频传》

续表

渠堰名	开设年代	灌溉州县	灌地面积	资料来源
白渠	秦汉至唐	泾阳		刘於义等《陕西通志》卷39《水利》
陵阳渠	建中三年(782)	九原	寻废	《新唐书》卷37《地理志》
太白渠	宪宗时	泾阳		《元和郡县图志》卷2
中白渠		高陵		《元和郡县图志》卷2
南白渠		高陵		《元和郡县图志》卷2
咸应渠、永清渠	贞元中	九原	数百余顷	《新唐书》卷37《地理志》
修复旧光禄渠			1000顷	《旧唐书》卷133《李晟传附李听传》
特进渠	长庆四年(824)		600顷	《新唐书》卷37《地理志》
汉渠		灵武		《元和郡县图志》卷3
千金陂左右湖渠、御史渠、百家渠等八渠			500余顷	《元和郡县图志》卷3
六门堰(渭白渠)	咸通十三(872)	武功、兴平、咸阳、高陵	20000顷	宋敏求《长安志》卷14

许多唐渠是在汉魏旧渠基础上疏浚而成。《旧唐书》卷133《李晟传附李听传》记载：李听节度灵、盐二州时，境内有故光禄渠，废久，听复开决以溉田。是听所开亦汉故渠。《新唐书·吐鲁番传下》记载，唐代宗大历十三年（778年），吐蕃"大酋马重英以四万骑寇灵州，塞

汉、御史、尚书三渠以扰屯田"。这三条渠中的汉渠就是光禄渠，三渠都是汉代创开，而唐朝还在使用。吐蕃要对唐朝造成重创，就从破坏唐的屯田渠道下手，其心固狠；而唐朝在宁夏平原大规模的屯田灌溉，于此也见一斑。

唐代陇右河西地区的水利建设以河西最为发达。在千里走廊的狭长地带，大黄山、黑山和宽台山将大地分割成三大块，绵延的祁连山雪水汇聚成石羊河、黑河、疏勒河和党河等内陆河流，由南而北而西，像是大地母亲献出的乳汁哺育着武威永昌绿洲、张掖酒泉绿洲和敦煌玉门绿洲。唐政府为了供应这里长年驻扎的十四五万军队的粮草，组织了大规模的屯田水利建设；与此同时，私人的开发也没有停歇。

甘肃敦煌发现的《沙州图经》，反映出唐时敦煌有相当完善的农田灌溉渠系。这个灌溉网以甘泉水（今党河）为源头，以马圈口堰为水利总枢纽，分流、分向、分片浇灌。主干渠有东河渠、神农渠、阴开渠、宜秋渠、都乡渠、阴安渠及北府渠共七条，每条干渠又分为许多支渠和斗渠（或叫子渠），渠上斗门繁密。较大的干渠，如敦煌城西的宜秋渠，长二十里，两岸修有十里长的护堤，堤高一丈，底宽一丈五尺，遗迹至今犹存。都乡渠也是长二十里，水流量大，曾经屡溃屡修，河面不断加宽，到五代时竟成了一条长流河。马圈口堰据传是西汉时修建的，唐时逐渐增大。据《沙州都督府图经》记载，此堰南北长一百五十步，阔二十步，高二丈，总开五门分水，以灌田园。上述七条主干渠每年可灌溉六千多亩粟、麦、麻、豆、菜等农作物及闲地三至六遍。敦煌地区还有一些拦河蓄水坝，如沙州东部阶亭驿附近的长城堰，拦截苦水以溉农田，是当地官民经过极其艰苦的努力才建成的。此外，敦煌还有一些泉水、大泽，如东泉泽、四十里泽、大井泽、二师泉等，也被引来灌田。瓜州"少雨，以雪水溉田"。唐玄宗开元十五年（727年），吐蕃攻陷瓜州，渠堰尽被毁坏，在瓜州刺史张守珪的督修下，"水道复旧，州人刻石以纪其事"[①]。唐朝有地方政府向中央按期申报图经的制度，河西其他各州的图经虽已不存，然而《沙州图经》的发现，足以供我们想象自然条件差不多的其他各州当时的水利盛况。

---

① 《旧唐书》卷103《张守珪传》。

甘州为张掖河（今黑河）漫衍之区，到处洼下，掘土成泉。滞则有沮洳之虞，疏则有灌溉之利。唐代李汉通等在甘州开置屯田，兴修了许多水利工程，据近人慕寿祺考证，直到近代晚期还在利用的张掖盈科渠、大满渠、小满渠、大官渠、永利渠、加官渠等，都是唐代创开的。估计唐时这些渠道的溉田面积有4654顷左右，[①] 经济效益相当可观。如武周长安三年（703年），郭元振任凉州都督时，令甘州刺史李汉通开置屯田，"尽水陆之利，稻收丰衍"[②]。陈子昂向朝廷上疏云：甘州屯田"四十余屯，水泉良沃，不待天时，岁取二十万斛"[③]。另据《通典》记载，唐玄宗天宝八年（749年），天下屯田收入总计有1913960石，其中河西所收者就有260088石，加上关内的563810石，陇右的440902石，[④] 仅西北东部地区的屯田总收入就超过了全国的60%以上。又河西道的和籴仓储量占全国的32.6%，常年仓储量占全国各道的36.1%，[⑤] 当时河西只有17万多人口，占全国总人口的3%。我们从这些数字中，完全可以看到唐代河西水利和农业在全国的先进地位。

陇右地区较大的水利工程，见于记载的有开元七年（719年），刺史安敬忠在会州会县（今甘肃靖远县）筑的黄河堰，修筑此堰的主要目的是"以捍河流"[⑥]，扩大灌溉，当时沿黄地区以及泾、渭等河流域都有比较发达的引流灌溉。西北是唐朝主要的屯田区，"诸军州管屯总九百九十有二"[⑦]，其中关内、陇右、河西三道就占584屯，这些屯田大都要水利设施的支撑。唐朝西北水利建设的高峰，正是以上述屯田和其他的官私水利设施为代表。

在今新疆地区的焉耆，其时"逗渠溉田，土宜黍、蒲陶，有鱼盐利"[⑧]。《大唐西域记》则描述和称赞当地"泉流交带，引水为田"[⑨]。

---

① 慕寿祺：《甘州水利溯源》，《新西北》1940年第3卷第4期。

② 《旧唐书》卷97《郭元振传》。

③ 《新唐书》卷107《陈子昂传》。

④ 杜佑撰，王文锦等点校：《通典》卷2，北京：中华书局，1996年。

⑤ 杜佑撰，王文锦等点校：《通典》卷12。

⑥ 《新唐书》卷37《地理志》。

⑦ 李林甫撰，陈仲夫点校：《唐六典》卷7，按同书各道所列屯数统计，实为1139屯。

⑧ 《新唐书》卷221上《西域·焉耆传》。

⑨ 玄奘、辩机著，季羡林等校注：《大唐西域记校注》卷1，北京：中华书局，1985年。

在今和田境内，唐时"有大河西北流，国人利之，以用溉田"①，也已有灌溉农业的生产设施。

强盛的国力，相对稳定的社会环境，边防驻军、京师供应及广大民众的客观需要，促使形成了唐朝前、中期西北水利和农业发展的新高峰。晚唐五代时期，这一发展势头受到民族矛盾和战争的冲击，一时呈现衰飒迟回的景象。

三、明清西北农田水利建设的历史性突破

宋元以降，西北的水利建设继续受到民族矛盾和国家军事活动的影响，但仍在一个新的波峰前游移前进。

宋代西北的水利建设重点在关中、陕南地区；河西、宁夏和湟中的农田水利建设也较多，但那主要是党项、吐蕃等少数民族经营的结果。在今陕西境内，这一时期的水利设施见于史载的有宋真宗大中祥符二年（1009年）凤翔县开置的隁子堰，仁宗前后有张载首开的东、西井田渠，有宋嘉祐中开的吕公渠，有熙宁时开的六门堰、长乐堰（又名吴家堰），有南宋孝宗乾道七年（1171年）开的山河堰等。②流珠堰、杨填堰、丰利渠（旧郑国渠）等旧有渠道在宋朝也得到较好的维修。金时除了疏浚旧有渠道外，新开的渠有耀州的甘家渠、通城渠，流经武功、兴平二县的成国渠，高陵等县的三白渠③，栎阳县的五渠④等。

宋代宁夏、河西等历史上农田水利建设发达的几个区域都被党项西夏所控制。李元昊建国后，在前代基础上，又修筑了自今青铜峡至平罗县的"昊王渠"或称"李王渠"，宁夏平原的总灌溉面积达到九万余顷⑤。河西地区"以诸河为溉……故灌溉之利，岁无旱涝之虞"⑥。宋神宗元丰八年（1085年），银、夏二州大旱饥，夏国王"秉常令运甘、凉诸州

---

① 玄奘、辩机著，季羡林等校注：《大唐西域记校注》卷12。
② 刘於义等：《陕西通志》卷40《水利》。
③ 指太白渠、中白渠和南白渠。
④ 指中白、析波、中南、高望、偶南五渠。
⑤ 齐履谦：《知太史院事郭公行状》，苏天爵：《元文类》卷50，《文渊阁四库全书》本。
⑥ 《宋史》卷486《夏国传下》。

粟济之"①。宋徽宗大观四年（1110年），河西的瓜、沙、肃三州饥，夏国王"乾顺命发灵、夏诸州粟赈之"②。说明西夏时期甘、凉、灵、夏等地的农田灌溉和农业生产继续看好。

元朝建立后，"内而各卫，外而行省，皆立屯田，以资军饷"③。元政府为了在西北地区建置屯田，水利建设也就被提上了议事日程。至元元年（1264年），元政府在甘肃设置总督府，开始兴修水利，派张文谦"以中书左丞行省西夏、中兴等路……浚唐来、汉延二渠，溉田十数万顷，人蒙其利"④。河西地区的水利设施也得到较好的维修、保护和利用，至元十八年（1281年）正月，"命肃州、沙州、瓜州置立屯田"。又"发军于甘州黑山子、满峪、泉水渠、鸭子翅等处立屯田"，至元二十二年（1285年），"迁甘州新附军二千人往屯额齐讷合即渠开种"⑤。从而使这里的水利资源得到了新的开发利用。至元二十五年（1288年），下诏"中兴、西凉无得沮坏河渠"⑥。官办屯田和水利事业的恢复、发展，带动了河西、宁夏、陇右等地农业的发展，加上地方合理筹划，甘肃"诸仓俱充溢……兵饷既足，民食亦给"，⑦一时出现了难得的富裕、和谐气象。这一切，都为明清西北农田水利建设高峰的出现铺垫了历史性的坚实基础。

明代自洪武（1368—1398年）以来，就很重视农灌事业。"遣国子生、人才分诣天下郡县，集吏民，乘农隙修治水利"⑧。代宗景泰三年（1452年），明朝政府还根据户科右给事中路璧的建议，移文巡抚、镇守官，修筑淤塞的水利设施，严惩强占者，"仍令府州县官于考满文册内载其事功，以为黜陟"⑨。明宣宗宣德六年（1431年）十二月，明政府"遣御史巡视宁夏、甘州屯田水利"⑩。明宪宗成化十二年（1476年），

---

① 吴广成撰，龚世俊等校证：《西夏书事校证》卷27，兰州：甘肃文化出版社，1995年。
② 吴广成撰，龚世俊等校证：《西夏书事校证》卷32。
③ 《元史》卷100《兵志三》。
④ 《元史》卷157《张文谦传》。
⑤ 《元史》卷100《兵志三》。
⑥ 《元史》卷15《世祖本纪十二》。
⑦ 《元史》卷121《博尔欢传》。
⑧ 《明太祖实录》卷243，洪武二十八年十二月条。
⑨ 《明英宗实录》卷221，景泰三年闰九月辛未条。
⑩ 《明史》卷9《宣宗本纪》。

巡按御史许进奏言："河西十五卫，东起庄浪，西抵肃州，绵亘几二千里，所资水利多夺于势豪。宜设官专理。"诏屯田佥事兼之。①世宗嘉靖（1522—1566年）中，明政府又令陕西及延绥、甘肃、宁夏各巡抚都御史，严督所属司府州县卫所等官，务必亲至郊野，相视地宜，疏浚水渠。正是在这些政策诏令的推动下，西北的旧有渠道得到维修，新渠不断开建。据《明一统志》记载：宁夏卫的汉延渠、唐来渠、新渠、红花渠、秦家渠、汉伯渠，卫城西南的引黄灌区，卫城南分唐徕渠水的灌区，黄河东南、西南的引河灌区②；宁夏中卫的中渠、蜘蛛渠、白渠、羚羊渠、石空渠、枣园渠、七星渠等③，灌溉面积总计在四万顷以上。河西地区，据顺治《重刊甘镇志·水利》统计，当时仅甘州五卫、山丹卫和高台所几处的干渠大坝就有116条（处），灌田18964.66顷。

湟中地区，据顺治《重刊西宁志·水利》记载，西宁卫的农田灌溉渠道，有伯颜川渠（支渠9条）、车卜鲁川渠（支渠11条）、那孩川渠（支渠5条）、广收川渠（支渠4条）、乞答真渠、哈剌只沟渠、大河渠、季彦才渠、观音堂沟渠、红崖子沟渠、把藏沟渠、壤吃塔沟渠、楳儿沟渠、西番沟渠、撒都儿沟渠、东弩木沟渠、虎狼沟渠、巴川渠、暖川渠等，以上各渠共灌地2631.61顷。

明代在今陕西开发的农田灌溉干渠，见于雍正《陕西通志·水利》、民国《续修陕西通志稿·水利》明确可辨的有六十多条，这个数字显然太低，不能反映真实面貌。其实，见于记载的清前期陕西七百八十多条渠、堰、堤、泉、沟、河、水、濒、溪等，④大都始建于明代甚至更早，只因历时久远，时人已经不能一一指明始建年代，只以"古渠"概之罢了。

清代陕西、甘肃、新疆三省均有超迈前代的农田水利开发成就。若将这一时期西北的农渠名字都列出来，那会太占篇幅，因此，我们只举一些数字以作说明。

我们先来看陕西的情况。据民国《续修陕西通志·水利》统计，清末民初陕西行政区分为西安、同州、凤翔、汉中、兴安、延安、榆林等

---

① 《明史》卷88《河渠志六》。
② 李贤等：《明一统志》卷37《宁夏卫》，《文渊阁四库全书》本。
③ 李贤等：《明一统志》卷37《宁夏中卫》。
④ 刘於义等：《陕西通志》卷39、40统计。

7府，乾州、鄘州、邠州、商州、绥德州等5直隶州，下辖75县厅州。见于上书记载的渠堰灌溉面积共909081亩。此外，乾隆二年（1737年）巡按陕西崔纪上奏说当年陕西打井68980余口，约可灌田20万亩。陕西旧有大小井76000余口。当时有人上章弹劾他虚报数字，打井效益不佳。崔纪"旋因此去职"[①]。后陕西巡抚陈宏谋下令各州县查实打井情况，令文中对崔纪在陕西打井的成绩给予充分肯定和高度的评价。在打井数量上，说当时"共册报开成井三万二千九百余眼，开而未成填塞者数亦约略相同"[②]。将崔纪上报的灌溉亩数打50%的折扣，正好与陈文中所列的相仿。这样，旧井灌溉面积约20万亩（按崔纪的折算法），加上新开的，将清中后期陕西井灌面积估计为30万亩当离实际不远。再考虑到基层各县厅州统计中许多只有渠坝而没有灌地面积等因素，清中后期陕西的渠井灌溉合计当在120万亩上下。不到甘肃的1/5，更不到新疆的1/9。这是什么原因呢？合理的解释：一是统计不准确，陕西有很多渠道的灌溉面积都存缺，而甘新许多地方和渠道的灌溉面积则明显是粗估的数字；二是陕西灌溉的主要是私人的田地，国家投资少，水利规模小，而甘新地区的渠道灌溉的大量是官营屯田，土地面积很广阔，国家投资又多，明清时期，仅宁夏卫、甘州卫的农灌面积都比今陕西全省的还要多；三是受战争和灾荒影响的程度不同。战争和灾荒对整个西北都有破坏性作用，但甘新受到的影响是局部性的；而陕西"自清代乾嘉以迄咸同，兵事频兴，奇荒屡值，官民两困，帑藏空虚"，"河渠多废而不修"，[③]造成破坏的范围和程度比甘新更大、更严重。

再来看甘肃（含今宁夏、青海）的情况。截至清朝后期，甘肃省兰州、巩昌、宁夏、庆阳、平凉、西宁、凉州、甘州8府，秦州、固原、泾州、安西、肃州5直隶州，见于宣统《甘肃新通志》卷10《舆地志·水利》的灌溉面积有61262顷。此外，还有以里计者906，以段计者61882，以石计者8022，以坊计者97。除阶州直隶州没有统计数字外，甘肃其他各府、直隶州都有水浇地，而以宁夏、甘州、兰州的灌溉面积为较多。对于计算单位的复杂，乾隆《西宁府新志》卷6《地理志·水利》解释

① 杨虎城、邵力子：《续修陕西通志稿》卷61《水利·井利附》，1934年铅印本。
② 杨虎城、邵力子：《续修陕西通志稿》卷61《水利·井利附》。
③ 杨虎城、邵力子：《续修陕西通志稿》卷61《水利余论》。

说："边郡田土，计段下籽，无顷亩，即《赋役全书》所载，亦系约略之词。"可知原来这里的段、里、石、坊等统计单位和数字都是约略的量化单位；且与陕西相比较，仅渠灌面积就超过四倍。由此也见当时的统计本来就不是精确的，但我们从这些统计中还是能够看到清后期甘肃农田灌溉事业发展的大致趋势。

接下来分析新疆的情况。清朝政府平定了新疆的少数民族上层叛乱以后，随着屯垦事业的发展，新疆的水利建设也进入了历史上的最好时期。前代只有南疆地区水利设施比较多，清代北疆地区的水利建设也是突飞猛进。据《西域图记》卷32记载，迪化州（今乌鲁木齐市）下属的东阜康县、西昌吉、绥来县，都南倚天山，山泉北流，汇成长河，如乌鲁木齐河、特纳格尔河、济木萨河、胡图克拜河、玛纳斯河、昌吉河、罗克伦河等，分流浸润，膏泽土田，岁收倍稔。伊犁三面负山，地势平广，土膏饶厚，空格斯河、哈什河、特刻斯河等三条河流，各长三百余里，汇为伊犁河，经流其地，辟支渠数十道，分灌民田。加上地气和暖，牛羊粪多，是天山北部的沃壤。嘉庆七年（1802年），在锡伯营总管图默特提议下，清朝地方官组织在察布查尔山口劈山引水，费时六年，开出一条长达二百余里的新渠，灌溉周围维吾尔族人民的田地。维吾尔族人还在伊犁河北开了一条大渠，被称作黄渠。[①]

天山南部的水利灌溉设施也得到较好的保护、维修和扩建。辟展（今新疆鄯善县）、哈喇沙尔（今新疆焉耆县）、哈密、哈什噶尔（今新疆哈什）、库车、乌什、阿克苏等地，也都利用天山雪水和附近山间的水利资源，形成蛛网般的灌溉渠道，使新疆地区"自下种以迄刈获，皆资山泉水润，以秀以实"[②]。据《新疆图志·沟渠志》统计，清代天山南北各道共有干渠944条，支渠2363条，灌地1119万余亩。这些水利设施大都创开于清朝乾隆以后，且一直相沿使用。

以上统计虽然不很精确，但它反映清代西北水利灌溉面积的历史性突破是无可怀疑的。我们通过这些数字，看到了明清两代陕、甘、新等西北地区水利建设事业发展的新高峰。

---

① 徐松著，朱玉麒整理：《西域水道记》卷4，北京：中华书局，2005年。
② 椿园七十一：《西域闻见录》卷7，兰州：兰州古籍书店，1990年。

第二节　古代西北农田水利建设的技术

西北历史上的水利是关系到民生、防务、社会稳定和发展的关键因素，前人对它给予极高的评价，说水利之所在，民命之所关。"有圣人出，经理天下，必自西北水利始。水利兴而后天下可平，外患可息，教化可兴矣。"[①] 把西北的水利置于天下安危、教化兴衰的重要地位来认识，这在古代是有一定代表性的。正因为这样，西北历史上历代官民无不在水利建设上给予极大的关注和投入。同时，发明改进了丰富的水利技术，积累了很多有价值的经验。遗憾的是历代政府并不重视科技资料的搜集和保存，致使许多科技发明和技术旋生旋灭，今人只能根据一些历史的碎片，来整合和透视前人的相关成果。西北历史上的水利设施形式，主要有灌溉渠道、坝堰池塘、筒车提灌、灌溉用井等。

一、引流灌溉技术

陕西汉中地区的农业灌溉已有数千年的历史。其"治渠之善，东南弗过也"。清人严如熤从汉中地区的农业灌溉历史中，总结出如下六条科技经验：

择水。稻田水宜清宜暖，浊不宜秋苗，冷则苗不长发而迟熟……凡山向阳者，水性不甚寒。泉脉从石隙出，其流必清。这种水最适宜于作物种植。

择土。五方之土，黄壤、白壤、青黎、黑坟、赤埴，色各不同，性亦互异，种植各有所宜。种稻则宜涂泥。大约种稻之土，泥壤为上，泥多带沙者次之，泥沙相半者次之，黄壤带沙，沙细杂少泥亦可用，若纯是黄壤、白壤、青壤、亮沙，则决不可用。修渠先要辨别土质，渠修而土不宜稻，徒费工本，不可不慎。

---

① 杨虎城、邵力子：《续修陕西通志稿》卷57《水利·序言》。

修渠身。垦田之地低，作渠之地高。高则可由上灌下，渠身应选择土性稍坚者开引。渠身一道，盘纡常百里数十里，选择引水之地的时候，要同时考虑泄水之地。引水之地得而渠有头，泄水之地得而渠有尾。所引之水，下游或退回本河，或流入大河，都要根据地形，通盘预计，然后才能动工。还有一个重要问题就是所引之水流速不可太急；渠身长一些，水行数里、十数里而后灌田，可以避免灌沙冲筒之患。同时渠身宜广宜深，如溉田至五六万亩，则渠身必须宽三四丈，深一丈四五尺，进渠之水，常有二三尺，方才够用。渠堤要用挖出的土培筑，使其厚而坚固。支渠水口要开在渠堤靠田地一面的底部堤帮上，并用砖石衬砌。渠堤背田的一面，要留空以收野水助溉。筑堤时遇对面有潦沟，尤须加固。

分筒口。渠身离田有远有近。凡大渠一道，必分堰口数十道，灌田数百亩千亩数千亩不等。堰渠一道，又必分筒口十数道，灌田十数亩数十亩百亩不等。堰口宽长各有尺寸，启闭各有日期，要详细计算，以所进之水足灌其田，不致干涸为原则。上游田地灌足后，将余水放入下游。下游又作水田，雨多之年，也可有收。

修龙门。渠与溪河相接，引水进渠处为龙门，乃一渠之咽喉。不能迎水，则水不入渠。迎水而太当溜，则涨发时有决冲之患，故作龙门，最好是寻找和利用石质或土质坚硬的小山阜。旁吸河流，以避正溜。龙门要比渠身窄狭，做个比喻，龙门就像是口，渠道像是颊，口之所入，颊大才能容纳。龙门两帮的堤岸，须用灰土坚筑，结成整体，每边各包十丈，或用砖砌四五层。须知这里用石头砌筑不好，因为石缝过大，容易浸水，造成渠帮塌陷。若是河水很大，可在龙门下数十丈、百余丈处作减水坝，堤身就不至冲塌。建造龙门得法，则不论遇到旱或是涝，就都只有水之利，而无水之害了。

拦河。龙门既用旁吸法，则渠道进水就不是正面流入，这就必须在正河上截流，水才能流进渠道。于是修拦河坝便成为关键了。汉中一带拦坝，往往用石头砌断河流。而萧（何）曹（参）的遗制并不是这样的。砌石看似坚固，可河水冲击，从底下穿石而过，就会造成塌堤。萧、曹的办法是用四五丈长的木桩，纵横钉入水中，垒以乱石，截其大水入渠，而仍听石隙之水下流，这样水势不急，便可以避免河水冲刷底部。看似疏漏而实际上更加牢靠，是又简单又能保持长久的拦河技术。采取这种方法引水，遇到河水太浅时，也可以用板席等堵截，做到让河流"点水不滴"。此外，还可以用木圈、竹笼盛石，碇以巨椿的办法拦河。严如煜说："凡此六事，皆汉中作渠溉田，行之数千年，而有利无害者。西北可以相通，仿而行之，利济无穷矣。"① 看来这是具有普遍意义的一项水利技术。

二、坝堰池塘修造技术

西北的坝堰池塘以汉中和河西地区较为集中。其建造技术状况也可以汉中为例来说明。古人在堰坝系统的建置上，相当注意"相其流泉，度其原隰，因地之宜，顺水之性"，并把修复渠堰，节宣蓄泄，俾灌溉有资，看作"农事首务"。②

明代汉中地区在堰坝建筑技术上，采取于堰坝下游处"多置圆石木栏"，以防冲击渠道。而在堰坝上游则"中流留龙口"的办法来处理。③这里的龙口指泄洪口，它在建筑上比堰坝低一半，洪水来时用以分流，防止涨水漫过大坝，确保堰坝的安全。为了加固堤坝，各地还普遍在渠堤上密栽桑榆等树木。树长根深，盘结包固堤岸，又能采桑养蚕，发展多种经营，补充养护费用。

在没有水泥的时代，垒石为堤是最坚固的建筑材料了。但石隙经历常年的湍水冲击，也容易出现垮坝，是堰坝建设的一大难题。汉中官民针对这一情况，传统的做法是"堰头每年培修，只准垒石铺草，拉沙塞水，不得编笼"④。即用石间塞草、拉沙堵水的办法来解决水冲堤垮的问题，也确实收到了一些效果。最迟到明代，人们在建筑材料和技术上发明了"油灰灌隙"⑤的技术，即用石灰和桐油合成的"油灰"灌注于

---

① 刘於义等：《陕西通志》卷39《水利》。
② 许容等：《甘肃通志》卷15《水利》作者语。
③ 李乔岱：《土门贾峪二堰碑记》，杨虎城、邵力子：《续修陕西通志稿》卷60《水利·汉中府城县》。
④ 杨虎城、邵力子：《续修陕西通志稿》卷60《水利·汉中府南郑县》。
⑤ 李时馨：《石堰碑记》，杨虎城、邵力子：《续修陕西通志稿》卷60《水利·汉中府洋县》。

石隙间，以这种办法来处理石砌堰堤的壁面，利用石头的监固性和桐油的隔水性能，来确保新修的堰坝既坚固又能防止渗漏。这一技术固然有效，然其成本太高，推广受到局限。为了减少成本，人们也常常采取不用桐油，而只用石条、石灰砌堤的办法。如洋县修建土门、贾峪二堰时，就用了"推去沙石，巨石为底，上累条石，涂以石灰"的技术，它比不上桐油的隔水性能，却比垒石铺草、拉沙塞水的老办法进步了好多，是一项既适用又造价较低的技术措施。

清朝前期西北渠坝建筑技术，难度较大或费工较多的是在山体下凿洞通水，在沟壑上飞槽渡水，在田高水低的地方偃水上流，在沙漠弥漫的引水工程中衬砌渠道等。这方面的技术发展状况，可以从清人沈青崖《创凿肃州坝庄口东渠记》一文中略见一斑。文中有云：红水河东、西二洞子坝，都是前人凿山穿隧开成的。人们又从肃州的坝庄口偃红水上流，凿洞十里，可灌田数百顷；其西岸工程量与东边相等。东洞子南面，平野相望，约行三十里，黄壤青沙，可以开垦为田地，只是缺乏灌溉条件。上坡不几步，就是新渠龙尾，俯瞰河底，窅然而深，东西两岸，都是百丈陡崖，壁东有一蜿蜒小路，人马走在上面，远远望去小得就像蚂蚁一样。壁间每隔十余丈开一洞口，用以运出凿土。凿工钻进洞穴施工，灯火相望。洞穴高度与人相若，宽可二人擦背通过，民工食息不离其处。尤其奇异的是，在没有专用仪器的情况下，他们从洞两头摸索着向前开挖，而到打穿以后，两头正好对接。外洞栉比鳞次，如排笙风箫。再往南走，就是小干沟，由于山水冲击，此地已成断崖，准备驾飞槽渡水，测量者担心难通大水，就改凿为沟坳，屈曲绕过南壁。从此以下，明渠暗洞，互相递接。再往前一里左右，就到了土陡崖，那里山更峻峭，夫役沿梯而上，缒绳而下，如猱如鸟，要不是亲眼看见，很难想象人能在那上边通行。再往南，地稍平坦，间或有三四段明沟。瀑布从悬崖间泻下，晶莹壁立。再向南，见有凿挖的暗洞一里许，通到薛家弄大干沟，其地断壁更加严重。沟后直通羌族聚居区。由于这一段不能用隧洞来连接，人们就从洞底开挖阴沟，一直通到龙口。那工程更加险峻奇特，以至使人疑为神设鬼造。从此往南两百余丈，方始筑堰，张嗉以受北来之水。再往后十余里，凿洞竟占工程量的十之七八。西岸所开新渠，洞工占十之四五。那段渠的形状，就像是蚂蚁穿通九曲珠，又像是虫蛀木头，蚓食土壤，五丁之开蜀道……渠成以后，可以灌田数百十顷，每年增加官私粟麦约两万石。① 这段记载，将西北先民不畏险难，开拓进取的精神和智慧，栩栩如生地反映出来了，也使我们看到了清前期河西水利建设的技术水平。

用草垡衬砌渠道以防渗漏，植树固沙以防溃堤，是戈壁沙漠地区农田灌溉中一项成功的经验。清人在肃州（今甘肃酒泉市）三清湾屯田等农渠保护工程中，充分利用了这一技术。雍正间，主持肃州三清湾屯政的慕国琠调动民工，挖取土垡，来贴砌渠道帮底，垡间用泥沙填实，再用柳桩钳住，等土垡串根长芽，柳桩扎根以后，就能坚固地锁住沙龙，而渠水也不会大量渗漏了。为了防止沙堤被水冲垮，慕国琠又指挥民工在渠道两旁也用柳桩土垡，犬牙交错地衬砌堤面，加固渠道基址。还每隔一丈，建一土墩，以固堤身。从三清湾渠口至屯地，沿渠两旁，都用草皮树桩封固，使草根盘结，树木交错，造成绿树成荫，风尘不惊，昔日滚滚流沙地，变成了数十万亩良田。在今新疆地区，为了防止渠水渗漏，人们除了用草皮、砾石衬砌渠道外，甚至有用毛毡铺垫渠底的。

兴修水利必须与疏导积水、排除水患相结合，这不仅是一个技术问题，而且是更大的战略性思考。西北先民在这方面也为我们留下了值得总结和借鉴的做法。陕西华州、华阴二州县历史上深受水涝之苦。光绪二十年（1894年），陕西巡抚魏光焘议修二华水利，得到朝廷支持。于是，二州县疏通旧渠，修浚新渠70条，排除积涝，恢复田地15万余亩。② 光绪二十九年（1903年），陕西巡抚升允奏准招募"水利军"，疏通通济渠，华阴之长涧河、柳叶河，咸宁的浐堤和灞堤、太一峪渠、回龙桥、读书寨，长安的金家堰、雷家村高家渠，临潼的周家堡，朝邑的引洛渠，鄠县的井田、斜谷二渠，武功的东马厂堤等，"计共筑堤堰数十道，开支河十余，修渠三十余道，灌田十万余顷"。百姓比之为"郑白渠"。"其余如凤翔之东湖，韩城之毓秀桥，华阴各河下游，延安各属渠工，鄠州城工，朝邑黄洛堤工"，"具属紧要工程"。在这些工程建设中，都

---

① 黄文炜：《重修肃州新志·肃州文》，甘肃酒泉县博物馆翻印，1984年。
② 杨虎城、邵力子：《续修陕西通志稿》卷58《水利·同州府华州》。

很关注将兴水利和除水患相结合。仅华阴县的长涧、柳叶等河修好后，就既排除了"该河连年漫溢""沙石积压官道民舍"的水患，又将旧渠"开宽取直，水势畅流"，灌田四万余亩。①

三、水车和井灌技术

水车是田高水低之处的主要灌溉工具。傅玄《傅子》卷5《马先生传》记载，曹魏时，扶风（今陕西兴平县）人马钧发明了一种翻车（又叫龙骨车），其法是在转轮上拴一圈唧筒，"令儿童转之，而灌水自覆。更入更出，其功百倍于常。"这种水车结构精巧，操作省力，是水泵发明前最为先进的提灌工具，因而迅速地推广和流传开来。唐文宗太和二年（828年）闰三月，朝廷"内出水车样，令京兆府造水车，散给缘郑白渠百姓，以溉水田"②。明代兰州人段续③，服官南方时得水车法，"里居时创翻车，倒挽河流以灌田，致有巧思，沿河农民皆仿效焉"④。到清道光（1821—1850年）前后，仅兰州府城周围就有水车150多轮，灌地18000余亩。⑤府属诸县，如金县、靖远县，还有河州等地都有水车灌溉。著名的兰州园艺业，名闻遐迩或被列为贡品的"焦桃"、水梨、苹果、瓜、菜等，其中相当一部分就是由水车浇灌出来的。

传统水车的制作材料，南北方一般都用木头。陕西石泉县一带的农民就地取材，改用竹子做成筒车。每个筒车用2.4丈的竹子24根，中横木轴，以竹为辐，做成轮状，每两根竹子末缚一竹筒，每筒后加一竹笆。安到渠上，引水急流于下，插入面激竹笆则车自转动。上边筒旁高架木槽，接水入田间。每车每天灌田一顷，"不烦人力，可夺天巧"⑥。它虽然不如木制筒车坚固，却能就地取材，因陋就简，与木制水车提灌效果相同，又比其省工本费很多，有更多的人家能够置办得起。清末，面

---

① 杨虎城、邵力子：《续修陕西通志稿》卷58《水利·同州府华阴县》。

② 《旧唐书》卷17上《文宗本纪》。

③ 段续，字绍先，兰州人，嘉靖二年进士，曾任云南道御史（张国常：《重修皋兰县志》卷22《人物》，兰州：甘肃文化出版社，1999年）。

④ 张国常：《重修皋兰县志》卷22《人物》。

⑤ 张国常：《重修皋兰县志》卷22《人物》。

⑥ 杨虎城、邵力子：《续修陕西通志稿》卷60《水利·兴安府石泉县》。

积不大的石泉县境内就有这样的筒车50多架，保守的估计是平均每部筒车溉田40亩，那也可以总灌2000余亩，这对一个小县来说是一个大数字，同样反映了当地人民在水利灌溉事业上的积极性和创造力。

缺乏地表水源或引流灌溉不便的地方，打井能起到独特的抗旱作用。清代陕西学人王心敬说，掘井一法，正可通于江河渊泉之穷，而实补于天道雨泽之缺。他根据历史经验，提出打井应注意的几个技术性问题："首在视村堡人丁多寡之数，次视地势高下浅深之宜，又次计成井取水难易省费之详，又次必先事预备，不至缓时以失事机"，并指出要解决好这些问题，"紧要则在乡约村村得人，而大纲纽则在太守贤明，实心实力，严饬州县，信赏必罚，丝毫不以假借也"①。西北各地尤其是陕西许多地方，应用各种适合于本地的技术措施，打出数以万计的灌溉用井，充分显示出民间在这一领域的智慧。

比普通灌溉用井难度更大的，还有井渠或叫坎井技术。所谓坎井，即地下水渠。挖这种井渠，必须每隔一段就在地面上凿一井口，各井底部相通，直抵水源，下达明渠，然后引以灌溉，它的优越性是既克服了低水不能远伸的困难，又能有效地防止水面蒸发，是西北人自汉代以来就发明了的一项灌溉技术。《史记·河渠书》所云汉朝政府发卒万余人，自征（今陕西澄城县西南）引洛水至商颜山下，乃凿井，"井下相通行水"的"井渠"，就是清人说的"坎井"技术。王国维先生对此论之甚详甚确。②

鸦片战争时期，林则徐谪戍到西域后，推动坎井技术在吐鲁番等地广泛实行，并收到更大的经济效益。法国汉学家伯希和说新疆的坎井技术与波斯之地下水道相似，因而疑此法自波斯传来，那是不符合实际的猜想。

---

① 王心敬：《井利说》，《皇朝经世文统编》卷21《地舆部六·水利》。
② 王国维《观堂集林》卷13《西域井渠考》谓：井渠始载《史记》，汉武帝时即行此法。又《汉书·乌孙传》记破羌将军辛武贤"遣使案行卑鞮侯井事"，即"大井广通渠也，下流涌出，在白龙堆东土山下，井各通渠，又有上下流，确是井渠"。石家庄：河北教育出版社，2002年。

第三节 古代西北农田水利建设的类型投资者 与基本经验

西北古代的农田水利，有两个投资源支撑着两种类型的开发：一是私人投资的经济型开发，一是国家投资的军事型开发。两类开发的目的、力度和持续性各不相同，客观效果差别很大，但都为我们积累了丰富的水资源开发的历史经验。

一、古代西北农业和水利开发的两种类型

水利是农业的命脉，农业是古代官私共同的利源。对于西北地区而言，开发水利，发展农业，除了解决人们衣食，推动经济发展外，还有一个重要的方面，就是供应军需，加强防务，维护边境和社会安全。

西北自古就是多民族聚居区，民族、割据政权等势力以及中外国家之间的战争接连不断。对于衣食之源的农业开发，广大民众竭力以之，地方政府和官员也不得不考虑，而对于国防军需问题，则主要是历代中央政府所考虑的。据此，可以把西北水利、农业和整个经济开发的动力分解为经济型的和军事型的两大类。

从西北经济开发的历史实际看，不论从时间的向度或空间的向度，都很难截然划分出何者为经济型的，何者为军事型的，因为这两类开发在社会实践中总是并驾齐驱、相辅而行的。陕西算是内地，可在宋元两代屯田成就斐然；敦煌接近边关，然史书上常见那里有弦歌之声的记载。事实上，划分经济动力型和军事动力型的关键就在军事行动本身。西北地域辽阔，交通困难，两汉以后，中原政权凡在西北用兵，必然要置屯营田等官营农业。因此，哪里有驻军，哪里就有军事型经济开发。今日西北各省区，当时都有驻军，因此都有军事型开发。但若从整体上粗略地划分一下，则陕西处于内地，历史上军事活动相对较少，且有骤起骤落的特点，不见旷年累代的战争。与之相比较，历史上河西、西域、宁夏、青海一带的军事活动就相当频繁。正因为这样，常年驻兵的几率就

大一些，没有一个古代政权不把上述地区的驻军及军粮供应放在国家头等重要的位置，而拿出大量的人力、物力和财力去解决。因此，从水利开发的角度，可以将民间开发暂时不计，而粗略地将历史上尤其是封建社会后期甘新官营农业区的水利建设看作是军事动力型的；而将陕甘等地私营农业的水利设施看作是经济动力型的。前者主要由政府投资；后者主要由灌溉受益者出力、投资，官府起组织协调作用。在农田灌溉建设上，国家在军事活动频繁的河西、西域、宁夏等地区，对官营农业、官修水利的投入相当大，这是历史上河西、西域、宁夏等地水利事业兴旺发达的主因，尤其以明清两代最典型。而对私营农业经济，私田灌溉问题，国家不会对其拨款。倒是有一些官员、绅商等，为了获取政绩或发自循良善念，愿意捐私俸、掏私钱，为乡间公众兴建一些小型的渠堰。

下面以清朝后期为例，我们将前已提到的主要是民建的陕西水利与官建的甘肃部分地区、新疆地区的几个水利灌溉数字集中到一起，做个比较：

省名	府、直隶州名	水渠灌溉面积	井灌面积	合计亩数	资料来源
陕西		909081 亩	300000 亩	1209081 亩	《续修陕西通志稿》卷 57 至 61《水利》
甘肃	宁夏府	4224540 亩		4227970 亩	《甘肃新通志》卷 10《水利》
甘肃	固原直隶州	3430 亩			
甘肃	甘州府	868720 亩		868720 亩	《甘肃新通志》卷 10《水利》
新疆		11190000 亩		11190000 亩	《新疆图志》卷 73 至 78《沟渠志》

在统计过程中，我们发现地方志中有许多府县的灌溉面积缺载，以陕西最为严重。这固然与统计不到位有关，但更主要的原因殆是该府县水利条件差，灌地面积少以致被略去了。对于一个州、县、厅的水利状况，作者们往往用一句笼统的"可资灌溉"相搪塞，而不愿说出具体的灌溉数。这种情况，陕西汉中府、兴元府等历史上水利灌溉发达的地区就较少，更说明缺载的是一个不大的数字，我们在论述中同样可以忽略不计。还有一点是新疆的统计数字很大，比陕西高出八倍多，怎样看待这个统计？我们认为这里或许也有统计不准、粗估高算的因素，但我们的资料来源当时新疆最高地方官"总督"监造的方志，该志是要上报朝廷、奏告皇帝的，因此志书不敢也无须虚报灌田数字，因此我们在论断时也只能对其认可。这就得出一个结论：清代陕西省的灌溉总面积少于甘肃宁夏府，只比甘州府多一点，①而不到新疆的1/9。这些数字反映的当就是经济开发型与军事开发型农业水利在投资源上的差别。

二、反差巨大的投资者——以清朝为例

西北古代水利建设的两种类型，是由两个性质不同的投资源支撑的。附属于军事活动的官田、官水利由中央政府投资筹办，它对甘新等地的农业和农田水利不惜花钱，并从全国各地调集军队、招募移民、发配罪犯，补充劳动力，还从收获物分配政策等方面予以关照和倾斜。如清朝前期西域屯田，除了从陕、甘一带抽调绿营兵外，还从张家口、盛京、黑龙江、热河等地调集察哈尔、锡伯、索伦、厄鲁特四营官兵到伊犁驻屯。四营屯地俱引用河水灌溉：索伦营八旗八佐领分左右翼。左翼屯田疏引西阿里玛图河水灌溉，右翼屯田则引图尔根河水灌溉。察哈尔营八旗分左右翼。屯田皆依博罗塔拉河岸，河北之田多引山泉，河南之田引用河水灌溉。厄鲁特营上三旗六佐领屯田四处：敦达察罕乌苏、霍依图察罕乌苏、特尔莫图和塔木哈，均导引其地之水灌溉；下五旗十四佐领屯田十六处：昌曼、哈什、春稽布拉克、苏布台、浑

---

① 甘州五卫、山丹卫、高台所明末的灌溉面积是1896000亩（见《重刊甘镇志·地理志》），也比清代陕西的灌溉面积多。

多赖、衮佐特哈、库尔库垒、呢勒哈、大吉尔噶朗、算珠图、特勒克、明布拉克、特古斯塔柳、沙喇博果沁、巴哈拉克及弩楚衮，亦各有其地之水灌溉。[①] 辽阔的地域，艰巨的工程，切割的行政辖属，使这里的水利开发离开中央政府的投资和协调，就一筹莫展。正是在这个节点上，中央政府确实起到了关键的作用。而且水渠建好以后，即使军队东撤，只要社会稳定，那里的水利设施就会在地方政府管理下长期发挥作用。宁夏诸卫早在明代的灌溉面积就达到4万顷以上，[②] 清代又有发展，甘州诸卫灌溉面积明代是近2万顷，[③] 清时虽然大降，仍不失为水利奥区。这些地区的水利之所以那样发达，也和新疆一样，首先是得到了中央政府的投资和组织修建。地方政府和民间投资的作用是次要的。

相反，在离军事活动较远的陕西和甘、新其他地区，中央政府则不予投资，水利建设资金和人力、物力主要靠地方官员和灌溉受益者筹措，间有为数不多绅商富人的公益资助。地方性和私人投资的水利建设，经济色彩要浓一些，但其建设力度比国家投资就相形见绌了。清代康熙时的岳锺琪，乾隆时的陕西抚按官崔纪、巡抚陈宏谋、毕沅，道光时的林则徐，同光时的左宗棠等封疆大吏，都曾以地方官的身份在西北倡修水利，推动这里农业经济的开发和发展。低级地方官员筹资、组工或捐俸修建水利工程的也很多。如乾隆时，宝鸡县令乔光烈上任后到本县李村，见民田数百顷一望平展，但无灌溉条件，靠天下雨耕种，遇到天旱即尽为赤土，连种子都收不回来。他得知县境北邻汧阳，有汧水自北而南，当地农民引以溉田，收获很好，便决定引以灌溉李村的田地。开工后，他"取俸钱给其佣值"，村民也主动向开渠者供应饮食。官民用三年的时间，数万人工，开成一渠，将汧水引到了李村，使数百顷土地"悉溉且润"。[④] 西安府盩厔县的让泉渠，在县东二十五里，引苇园泉水，经流大庄、大坚社等堡，灌田2200亩。让泉渠旧名苇园泉渠，康熙前后，大庄堡民与大坚社堡民争水兴讼，数年不止。董霱任县令后，

① 松筠：《钦定新疆识略》卷6《屯务》，兰州：兰州古籍书店，1990年。
② 李贤等：《大明一统志》卷37《宁夏卫》《宁夏中卫》。
③ 杨春茂著，张志纯等校点：《重刊甘镇志·地理志》，兰州：甘肃文化出版社，1996年。
④ 贺长龄：《皇朝经世文编》卷114《工政二十·各省水利》，台北：文海出版社有限公司，1972年。

一方面调解纠纷，谕令两堡轮番灌溉，并将渠名改为让泉渠，"取让畔、让路之意也"；另一方面又捐金买地四分，让两堡居民悉力掘地，扩大水源，① 完满地解决了两堡百姓争水的矛盾，给地方官为民办实事树立了一个榜样。

再如汉中府南郑县的班公堰，最早是由南郑县署知县班逢扬于嘉庆七年（1802年）开筑的。该堰首自李家街，引冷水绕赖家山、石鼓寺、大沟口、黄龙渠、楮家河口、梁滩河、娘娘山口，直到城固县的干沙河止，"湾环三十余里"，灌地8700余亩。② 正当工程进展之际，班逢扬调离了南郑县。于是，后任知县杨大坦接续修建。嘉庆十三年（1808年），汉中知府严如熤也从旁赞助，使工程加快了进度。嘉庆十六年，水渠延至下坝，整个工程完成。严如熤和当地士民以此堰创自班逢扬，"因名之曰班公堰"。此后，该堰屡损屡修，上中下三坝始终岿然而立，长久地发挥着近万亩地的溉灌作用。在这件事情上，历任官员的事业心，官民兴修水利的一致性及严如熤官高不倨，以下级官员的姓氏命名水堰的风格，都是难能可贵和值得赞扬的。

光绪二十九年（1903年），陕西巡抚升允在给朝廷的上奏中说："近年白河县修渠灌田二百余亩，留坝开渠成田四百余亩，西乡开木马支渠，洋县修汉王城渠堰，以及各县开井灌田，均系就地筹款，藉资民力，自应推广办理。"他说陕西未竣工程尚需银66600两，"概由本省自行筹备，不再动用公款"③，这里由封疆大吏出面组织，"自筹"经费修建的水利工程，规模当然是较大的了，但它也属于地方性水利建设。

民间自修渠道的也不乏其例。汉中府定远厅的北河堰，是康熙间粮户贺大用开修的，可灌田十余亩。同厅的周家坝堰是光绪间邑绅程敬民募资修建的，可灌田十余亩。④ 雍正时人"高如玉，葭州人……州南谭家坪地滨河，最称沃衍，河身适当洼下，不能行地，乃捐金集众，凿石引流以资灌溉"⑤。这是一个乡民出资，为公众修渠的例子。乾隆时，

① 贺长龄：《皇朝经世文编》卷114《工政二十·各省水利一》。
② 杨虎城、邵力子：《续修陕西通志稿》卷60《水利·汉中府南郑县》。
③ 杨虎城、邵力子：《续修陕西通志稿》卷58《水利·同州府华阴县》。
④ 杨虎城、邵力子：《续修陕西通志稿》卷60《水利·汉中府定远厅》。
⑤ 刘於义等：《陕西通志》卷62《人物·孝义》。

沔阳县"屈家湾开渠一道，筑坝二处，并筑石渠二十八丈，引沔水分支旁导，约灌田三顷有奇；葫芦铺开渠一道，约灌田一顷有奇；黄里铺开渠一道约灌田二顷；龙王庙开渠一道约灌田二顷有奇；又赵家滩渠一道；寇家河渠一道。退水之处现具疏通……以上六渠，皆小民自愿开渠"修建。①

汉中留坝厅向无水利设施，清朝后期，"川楚徙居之民就溪河两岸地稍平衍者，筑堤障水，开作水田。又垒石溪河中，导小渠以资灌溉"。在西江口一带资太白、紫金诸河之利，在小留坝以下乘间引留水作渠。"各渠大者灌百余亩，小者灌数十亩，十数亩不等。町畦相连"②，禾苗丰茂，在当地水利建设中可谓创举。但由于地势低洼，设施简陋，每到夏秋涨水时节，很多田和渠被冲淤，给农民造成巨大的经济损失。我们在看到清代陕南外来开荒者对当地农田水利建设作出了贡献的同时，也看到了他们生产生活的艰难。

此外，陕北榆林府怀远县境内有白莲和黑河二渠，各灌田数十顷，"皆民人自行疏浚，无待官修"③。绥德州的普济渠，"引邢家沟、卜家沟之石溪水，自霍家坪入渠至桃花坪止，共灌田三百余亩"，创始于光绪三年，由镇绅马扬休、霍应兰、郝兆熊等筹款建成。④当然，许多小型水利工程虽然都是由民间或官绅、商人出资、出力，但地方官府仍然起了一定的组织协调作用。如汉中的水渠"每逢夏秋，淋雨过多，遇有水涨，溪河拥沙推石而进，动将堰身冲塌，渠口堆塞。必乘冬春雇募人夫修砌挑挖，使水之时，方能无误。工费日加繁重，需用银钱，虽按地均拥（摊），民间各举首事收之，而派拨人夫，必须官为督催"。两县或几县通用水渠的相关事宜，更是必须由当地官府派专员负责处理。⑤清代甘肃多数府县的水利设施，也是由官司主管，农户出力、出资修建的。

总之，国家和私人两种投资，代表两类不同的水利、农业开发目的

---

① 杨虎城、邵力子：《续修陕西通志稿》卷59《水利·沔阳县》。
② 杨虎城、邵力子：《续修陕西通志稿》卷60《水利·汉中府留坝厅》。
③ 杨虎城、邵力子：《续修陕西通志稿》卷61《水利·榆林府怀远县》。
④ 杨虎城、邵力子：《续修陕西通志稿》卷61《水利·绥德州》。
⑤ 杨虎城、邵力子：《续修陕西通志稿》卷60《水利·汉中府》。

和两个水利建设的动力源。在这里，中央政府既是主要的投资者，又是历史上西北水利建设事业的总机制。因为不论民间的、官员自筹捐俸的或是绅商捐建的水利工程，一则规模不大，二则都须得到中央政府的支持与协调。任何较大的农业灌溉项目，离开中央政府的投资、规划和组织协调，都是无法进行的。然而汉、唐、宋、明直至清代，国家只有遇到大的军事行动，才会投资来开发西北的农业和水利。战事停息，兵员东撤或减少，中央政府的投资便立即削减或停止了。

正因为西北历史上许多大的经济开发项目都是由政府投资的，也都是在民族、社会矛盾激化的背景下作为军事行动的配套措施提出和开展的，因此，历史上尤其是甘、宁、青、新地区农业水利开发，大都逃不出军事动力的窠臼，也脱不开忽起忽落的实践轨迹。反倒是像关中、陕南等那样的经济开发型水利项目，尽管其规模有大有小，但均能在历史上比较长久地发挥作用。这一方面说明了为什么以关中地面之大，三陕水源之富，而其在封建社会后期实际开发出来的农田灌溉面积，竟不如宁夏、甘州一府之多；另一方面也告诉人们，为什么像宁夏、甘肃河西、新疆等水利设施密如蛛网、翘楚西北、不让东南的地区，在历史上却总是处于经济落后的地位。

三、古代西北农田水利建设的基本经验

从行政管理的角度看，西北农田水利开发的基本经验，以下几点最为重要。

一是国家实行保护农田水利的政策。

农田者民食攸关，而水利尤西北急务，这是古代官民的一致看法。纵观西北历史，凡水利建设较好的时代，政府照例都实行农田灌溉用水优先及部分赋税照顾的政策。在农业用水与磨椎、运输等发生矛盾时，政府出面调解，总是首先确保农田灌溉用水。如唐高宗永徽六年（655年），雍州长史长孙祥奏言："往日郑白渠溉田四万余顷，今为富商大贾竞造碾硙，堰遏费水，渠流梗涩，止溉一万余顷。请修营此渠，以便百姓。"修营不光是单纯的修渠，它还包括拆除一切影响水利灌溉的碾硙等。唐高宗同意长孙祥的看法。对此，太尉长孙无忌讲得更加清楚，

他说："白渠水带泥淤，灌田益其肥美，又渠水发源本高，向下枝分极众，若流至同州，则水饶足，比为砲碾用水泄渠，水随入滑，加以壅遏耗竭，所以得利遂少。"于是遣长孙祥等分检渠上碾砲，皆毁之。① 这是唐朝通过政府决策，在农田灌溉季节遏制非农用水，保证农田灌溉的一个例子。唐玄宗开元元年（713年），李元纮为京兆尹，诏决三辅渠，"时王、主、权家皆傍渠立砲，潴竭争利，元纮敕吏尽毁之，分溉渠下田"②。后李栖筠作工部侍郎，关中豪戚继续阻壅郑白二渠上游，建砲取利，"且百所，夺农用十七"，栖筠上奏朝廷，"请皆撤毁，岁得租二百万，民赖其入"③。得到允行。黎干作京兆尹时，泾水壅隔，请开郑白支渠，复秦汉故道以溉民田，"废碾砲八十余所"④。薛王李知柔为京兆尹，郑白渠梗壅，民不得岁（稔）。知柔用强硬的手段"治复旧道，灌浸如约，遂无旱虞"⑤。《旧唐书》卷120《郭子仪传》记载了这样一件事：郭暧是郭子仪的第六子，年十余岁，尚代宗第四女升平公主。时升平年亦与暧相仿。公主恩宠冠于戚里，岁时锡赉珍玩，不可胜纪。大历十三年（778年），"有诏毁除白渠水支流碾砲，以妨民溉田。升平有脂粉砲两轮，郭子仪私砲两轮，所司未敢毁彻。公主见代宗诉之，帝谓公主曰：'吾行此诏，盖为苍生，尔岂不识我意耶？可为众率先。'公主即日命毁。由是势门碾砲八十余所，皆毁之"。唐文宗开成二年（837年）六月，崔珙迁京兆尹。"是岁，京畿旱，珙奏浐水入内者，十分量减九分，赐贫民溉田，从之"⑥。这些诸王、公主、权势之家、富商大贾前后一贯地大修碾砲，与民争利，而政府及正直官员在处理这一问题时又总是向农田用水倾斜，不徇私情，不畏权势，致使数以百计的碾砲，毁而复修，修而复毁。这一事实说明了灌溉在关中农业、国家税收和社会稳定中的极端重要性，也反映了政府对农田用水的优先政策。直到宋代遗风犹在，据载陕西"渭南豪家，置砲以擅水利，岁旱，

---

① 刘於义等：《陕西通志》卷39《水利》引《白孔六帖》。
② 《新唐书》卷126《李元纮传》。
③ 《新唐书》卷146《李栖筠传》。
④ 刘於义等：《陕西通志》卷39《水利》引《白孔六帖》。
⑤ 《新唐书》卷81《三宗诸子》。
⑥ 《旧唐书》卷177《崔珙传》。

一勺不以与人，公（曾公望——引者）至，即破硇渠，水使得与众共，凡溉民田千顷"①。这又是一个抑豪佑农的官员。

对一些水利项目实行政策照顾，可以清前期陕西打井灌溉为例。康熙二十八、二十九年，陕西大旱、民饥，鄠县人王心敬写了一篇《井利说》，倡导民间打井抗旱，并对陕西可以打井的府县、打井的方法、官方组织的作用、应该注意的事项等都有详细明确的论说，但当时打井并不多。乾隆二年（1737年），崔纪巡按陕西，坚信"凿井灌田一法，实可补天道雨泽之缺，济地道河泉之穷，而为生养斯民有备无患之美利，正大《易》所谓养而不穷之道也"。他习见家乡蒲州凿井灌田的实利，有相当丰富的打井灌田的知识，乃令属下各县"相地凿井"，并向朝廷奏请将地丁耗羡银借给贫民，作凿井费，待收成后，分三年归还政府。由于井灌成本较高，与引水灌溉不同，又"请免以水田升科"，即农民凿井灌田，赋税仍按旱地缴纳，"得旨允行"。后以百姓借耗羡银请领不便，改由社仓积储借给。从当年五月到十一月底，奏报开井数目，全省共新开各类井68980余口，约可灌田20万亩。加上旧有大小井76000余口，新旧井已共144980余口，灌溉总面积至少当有40多万亩。②虽因忌之者上章弹劾，以致乾隆帝批评崔纪"办理不善，只务多井之虚名，未收灌溉之实效"。但一时掀起打井抗旱的热潮，并凿了许多井却是事实。这一打井热潮的出现，与地方官的积极倡导督率分不开，也是政府借贷和免于升科的政策照顾的结果。

二是水规水法严明。

如唐朝西北的农田灌溉，从敦煌遗书残卷P.3560号《开元水部式》看，其水管制度包括管水机构的设置、干支渠灌溉次序、斗门设置、浇灌时间和方式、各斗门启闭时间和控水量、渠道维修及运输兼营等，考虑得相当细致周密。大的渠堰，统由地方政府派专人管理，"农忙之际，用水启闸，各堰口官为经理，具有成法，不至纷争"③。

陕西宝鸡县的利民渠，是明朝弘治时开的。清乾隆二十九年（1764

① 强至：《祠部集》卷35《曾府君墓志铭》，《文渊阁四库全书》本。
② 杨虎城、邵力子：《续修陕西通志稿》卷61《水利·井利附》。
③ 杨虎城、邵力子：《续修陕西通志稿》卷60《水利·汉中府西乡县》。

年），知县许起凤重新疏浚，并针对前此灌溉无序，上游、强者抢水等弊端，订立四条《章程》，刊石明示，使居民知所遵守：一是本境居民，同乡共堡，休戚相关，渠道经过之处，民田有所浸损，即用淤塞旧渠道弥补，不得阻挠通渠，如违秉究；二是每春浚修渠堤，由各堡渠长按亩派工，统一标准，不得推诿观望，影响工程。否则许渠众秉究；三是灌水自下游开始而至上游，依次递灌，不得紊争，违者秉究；四是灌水时设一粉面木牌，按日按时上下接灌，逐日登记，明白交代。敢有恃强不遵者，渠长秉究。①章程简明公平，有力地保证了灌溉的秩序。从西北各省府州县地方志可以看到，大凡农田水利比较发达的地区，几乎每一条灌溉渠道都有比较详明严格的管理章程和灌溉制度，从而有效地减少了分水不均、偷挖霸占、出工出钱不公等水利争讼，确保了灌区的集体收益。

三是建立长官负责制。

如清朝甘肃屯田区的各级行政长官，大都负有兴修和管理水利的职责。在屯垦比较集中的州县，设"州同""县丞"等"专司水利"。这些官员下面，有农官、渠正（长）、管水乡老（水老、水利乡老、水利老人）、水利把总等吏目，管理具体事务。农村基层行政组织的头目乡约、总甲、牌头等，也负有管理水利的任务。举凡水渠的巡察与维修，每块农田用水的渠口，时间和数量，上下游灌水次序的安排，水利纠纷的评判，以及水规水法的宣传，灌溉情况的上报，劝喻农民按规定用水等，都由他们负责。各州县分水渠口，还多立有"宪示碑"（水利碑文），载明各坝额粮额水、分水渠口长阔、水管人员职责等内容。间有不平，曲直据此而判。水规也很具体，如甘肃古浪县诸水渠，用红牌限定用水时刻，从下游到上游，轮流灌溉。每个坝口还有使水花户册，载明地、粮、水额，一式两份钤印后，一本存县，一本管水乡老收存，遇到纠纷，便据簿查对。

对于水利分配利用中发生的不法行为，清正的地方官都会按水规水法和灌溉制度给予严厉的打击和惩办。清人陈世镕在《古浪水利记》中记载了这样一件事：甘肃古浪（今永登县）西北之水皆入休屠泽（在今

---

① 杨虎城、邵力子：《续修陕西通志稿》卷59《水利·宝鸡县》。

甘肃民勤县北），居民因河为渠以溉地。这里的五坝在四坝之左，地势较高，渠坝分水稍稍不均，则水侧泄于四坝，五坝便会受旱，"故立桩刻识，分寸不能相假"。当地有个名叫胡国玺的人，乃"四坝之奸民也"，他与县衙相勾结，甚至能够挟制数任县官，在四坝旁私开汊港，叫做"副河"。渠水下来，必先灌满这里的正、副两河，而后五坝才得见水。古浪县四百里地面，胡的爪牙就散布了三百里。"五坝之民，饮泣吞声，莫敢谁何也。"胡国玺巧立名目，私收公款，各坝"岁纳数千金，以为治河之费，其征收视两税尤急，用是一牧羊儿而家资累万"。陈世镕做县令到任后，根据五坝之民的呈诉，前往勘验，核实胡国玺"一坝而占两坝之水，藉以科派取利"的事实，"即令毁其副河，以地之多寡为得水之分数"，并请立案，将"胡国玺照扰害地方例惩办，而讼以息"。①这是一个依法惩治地痞恶棍的典型案例。

四是重视激励官绅和普通百姓的投资热情。

光有政府的需求和投资，而没有官绅和百姓的配合就不能落实和扩大农田水利建设的规划。因此，历代政府和主管官员将农田水利建设的成绩作为考评属官的指标。如清乾隆二十年（1755年），陕西巡抚陈宏谋在《饬修渠道以备水利檄》中首述了河西水利的极端重要性，说河西的凉、甘、肃等地，历来夏天少雨，全靠祁连山的雪水浇灌，凡渠水所到，树木荫翳，烟村庐列，否则一望沙碛，四无人烟。接着，他说他亲眼看到一些地方，渠道不通，堤岸多坍，渠水泛溢道路，使有用难得之水漫流可惜，而道路阻滞亦有碍于行人。官司以向系民修，漫无督率，以致缺水之岁，则各争截灌。遇水旺之年，又随意挖泄，毫无长计远虑。为此，他要求当地官员学习宁夏府修渠的经验，查明境内所有大小水渠名目、里数，造册通报，责成州县利用农隙督率近渠得利之民，分段计里，合力公修。提出关键性的一条是："即以修渠之勤惰，定州县之功过，遇有保举，将如何修渠造入事实册内，以表实在政迹；不可视为无关紧要之末务"。这是对河西说的，河东有渠道的地方，亦"皆照此办理"②。他将水利管理、利用的成绩与官员的政绩、迁转紧密地联系在一起。类

---

① 陈世镕：《古浪水利记》，《皇朝经世文续编》卷118《工政十五·各省水利中》。
② 陈宏谋：《饬修渠道以备水利檄》，《皇朝经世文统编》卷21《地舆部六·水利》。

似记载很多，它无疑是一条很得力的水利建设和管理的措施。

农田水利建设直接关系到普通民众的生产生活，因此，在国家、官府组织水利建设的地方，都有民众积极配合。同时，民众出于生产生活的需要，还在政府关注不到的地方，如前述陕南移民区，不等不要，凭自己的一手一足办水利，西北地区这样由百姓自筹自建的水利设施虽然规模小，又分散，但其总数不少，是民间自力更生，开拓进取，兴办农田水利传统的继续。一些地方在缺乏河渠水利资源的情况下，人们还收集雨水灌田，如汉中洋县一带没有水池坝堰，那里的民众就通过凿池，"惟收天雨"①，来积聚饮灌用水。

---

① 杨虎城、邵力子：《续修陕西通志稿》卷60《水利·汉中府洋县》。

第二章　元明清时期宁夏平原水利建设

　　宁夏平原北起石嘴山，南到黄土高原，东至鄂尔多斯高原，西接贺兰山，黄河斜贯其间，沿黄河两岸地势平坦，主要包括银川平原和卫宁平原。银川平原，自汉代以来就开始引黄河水开渠溉田，经营农业，成为中国西北最早开发的灌区之一。著名的古渠有唐来渠、汉延渠、惠农渠、秦渠、汉渠等。平原南部灌溉条件好，是宁夏平原的农业高产稳产区。北部盐渍化严重，但后备土地资源较多，发展农牧业潜力巨大。卫宁平原亦灌溉发达，境内有美利渠、跃进渠、羚羊角渠、羚羊寿渠、七星渠等。

　　宁夏平原农业灌溉历史悠久，早在秦汉时期，宁夏平原的水利建设就获得了较大的发展，如秦家渠、汉伯渠、光禄渠、七级渠、汉延渠、尚书渠、御史渠、高渠、蜘蛛渠、七星渠等就是在秦汉时期修建的。此后历朝历代都十分重视宁夏平原的水利建设。据张维慎研究，汉代宁夏平原的耕地面积达59.78万亩，北魏时期平原的灌溉面积在30万亩左右，隋唐时期平原的耕地面积大约在38.5万亩左右，[①]西夏时期平原的灌溉面积大约在160万亩左右。[②]这为元明清时期该区的水利发展奠定了坚实的基础。在前人研究的基础上[③]，本章讨论元明清时期宁夏平原水利事业的发展状况。

---

　　① 张维慎：《宁夏农牧业发展与环境变迁研究》，陕西师范大学博士论文,2002 年，第 33、51、65 页。

　　② 杨新才：《关于古代宁夏引黄灌溉区灌溉面积的推算》，《中国农史》1999 年第 3 期。

　　③ 关于历史时期宁夏平原水利开发和建设的研究主要有：鲁人勇、吴忠礼、徐庄：《宁夏历史地理考》，银川：宁夏人民出版社,1993 年；吕卓民：《明代西北农牧业地理》，台北：洪叶文化事业有限公司,2000 年；宁夏农垦志编撰委员会编：《宁夏农垦志》，宁夏人民出版社,1995 年；汪一鸣：《宁夏人地关系演化研究》，银川：宁夏人民出版社,2005 年；徐安伦、杨旭东：《宁夏经济史》，银川：宁夏人民出版社,1998 年；许成：《宁夏考古史地研究论集》，银川：宁夏人民出版社,1989 年；张维慎：《宁夏农牧业发展与环境变迁研究》，陕西师范大学博士论文,2002 年；钟侃、陈明猷主编：《宁夏通史·古代卷》，银川：宁夏人民出版社,1993 年；钟侃编：《宁夏古代历史纪年》，银川：宁夏人民出版社,1988 年；杨新才：《关于古代宁夏引黄灌溉区灌溉面积的推算》，《中国农史》1999 年第 3 期；杨新才：《宁夏引黄灌区渠道沿革初考》，《农业考古》2000 年第 1 期；左书谔：《明代宁夏水利述论》，《宁夏社会科学》1988 年第 1 期；马启成：《宁夏黄河水利开发述略》，《西北史地》1985 年第 2 期；张维慎：《试论宁夏中北部土地沙化的历史演进》，《古今农业》2005 年第 1 期；陈育宁、景永时：《论秦汉时期黄河流域的经济开发》，《宁夏社会科学》1985 年第 5 期。

第一节　蒙元时期宁夏平原的水利建设

一、蒙元时期宁夏平原的水利建设

水利是农业生产的命脉，在干旱半干旱地区尤是如此。蒙元时期重视宁夏地区的水利建设，采取了一系列措施建设宁夏水利，主要表现在水渠的修浚和较先进工程技术上的采用上。

蒙元时期宁夏平原的水渠修浚 [①]，集中在旧有渠道，并重视实地考察。《元史》卷5《世祖二》记载："至元元年（1264年）五月乙亥，诏遣唆脱颜、郭守敬行视西夏河渠，俾具图来上。" [②] 派朵儿赤督率军民"塞黄河九口，开其三流"，而且任用著名的水利专家郭守敬实地考察宁夏平原的河渠。经考察得知，西夏濒河五州，皆有古渠，其在中兴州者，"一名唐来，长袤四百里；一名汉延，长袤二百五十里。其余四州，又有正渠十，长袤各二百里，支渠大小共六十八，计溉田九万余顷。兵乱以来，废坏淤浅" [③]。此举可以掌握宁夏平原的水渠现状，为整治和修浚水利工程提供了第一手资料。在实地查勘的基础上，至元三年（1266年）五月即动工修浚西夏中兴汉延、唐来等渠。 [④] 除此之外，至元元年（1264年）修浚唐来、汉延二渠，"溉田十数万顷" [⑤]，"至元元年（1264年），（郭守敬）从文谦行省西夏……兵乱以来，废坏淤浅，守敬更立闸堰，皆复其旧" [⑥]。至元二十三年（1286年）"浚治中兴路河渠" [⑦]，对宁夏平原的重点渠道进行了全面整修。

---

① 本节参考张维慎《宁夏农牧业发展与环境变迁研究》，第79—87页。
② 《元史》卷5《世祖本纪二》。
③ 《元史》卷164《郭守敬传》。
④ 《元史》卷6《世祖本纪三》。
⑤ 《元史》卷157《张文谦传》。
⑥ 《元史》卷164《郭守敬传》。
⑦ 《元史》卷14《世祖本纪十一》。

关于该时期宁夏平原修浚水渠的数量与长度，宣德《宁夏志》记载了11条渠道，列表如下：

宣德《宁夏志》所见宁夏河渠情况一览表 ①

渠名	与黄河位置关系	长度（闸口至渠尾）	所属州
汉延渠	黄河西	250 里	宁夏卫
唐来渠	黄河西	400 里	宁夏卫
秦家渠	黄河东	75 里	灵州
汉伯渠	黄河东	95 里	灵州
蜘蛛渠	黄河西	50 里	应理州
石空渠	黄河西	34 里	应理州
枣园渠	黄河西	35 里	应理州
中渠	黄河西	36 里	应理州
白渠	黄河西	30 里	应理州
羚羊渠	黄河东	44 里	鸣沙州
七星渠	黄河东	22 里	鸣沙州
合计		1071 里	

由上表可知，宁夏平原的河渠大都分布在黄河西岸，其渠道总长达835里，而黄河东渠道总长仅236里，黄河西岸渠道总长为黄河东渠道总长的3.5倍。从而也可以推知蒙元时期黄河东岸的农业发展水平不如黄河西岸。另外从地域上来讲，银川平原有4条主干渠道，卫宁平原有7条主干渠道，卫宁平原的渠道数量较银川平原多，但这仅是从渠道的数量上而论并未考虑渠道的长度及灌溉面积。虽然银川平原有四道主渠，但它们的总长度为820里；卫宁平原虽然有7道主要水渠，但是其总长度仅有251里，仅为银川平原渠道长度的1/3，况且卫宁平原的渠道长度皆未超过100里。因此可推知银川平原的农垦灌溉事业比卫宁平原发达。

---

① 朱旃撰修，吴忠礼笺证：《宁夏志笺证》，银川：宁夏人民出版社，1996年，第196页。

蒙元时期在宁夏平原水利建设中运用了比较先进的水利工程技术。主要表现为元初郭守敬在总结前人治水经验的基础上，创造了水坝、水闸 (斗门) 调节水流的方法。这种先进的水利技术在宁夏平原的水利建设中得到推广，"旱则开闸引水入田，以收灌溉之利；涝则关闭闸门，以避泛滥之灾"①。该方法能在一定程度上使农业生产水、旱相宜，减少因水、旱而使农业生产受到损害的频率。郭守敬推广的水坝、水闸调节水流的方法，技术先进，被称为"人工灌溉史上的一大进步"②,而且工程也相当精良，至明代中期还在继续使用："逮今两坝桥梁，尚其遗制，工作甚精。"③甚至是今天用水坝、水闸调节水流的方法，仍在普遍使用。蒙元时期推广的水坝、水闸调节水流的方法，推动了宁夏平原水利建设的发展，促进了宁夏平原农业生产的发展。

二、蒙元时期宁夏平原的土地垦殖

宁夏平原自"蒙古灭西夏以来，三十余年间未曾恢复元气"④。因为战乱致使大批田地荒芜。"土瘠野旷，十未垦一"⑤是元初宁夏平原农业社会发展的真实写照。为恢复与发展宁夏平原的经济，元朝建立后重视宁夏平原水利建设，并招徕流亡的民众在宁夏平原进行屯垦。据《元史》等文献记载，元至元间迁徙东南及内地民户三千多户至宁夏从事屯垦活动，扩大了垦殖面积，促进了该区的农田灌溉事业发展。

关于蒙元时期宁夏平原土地灌溉面积，大多文献作"溉田九万余顷"⑥或"溉田十万余顷"⑦等，而弘治《宁夏新志·宦迹》和嘉靖《宁

① 李幹：《元代社会经济史稿》，武汉：湖北人民出版社，1985年，第143页。

② 李幹：《元代社会经济史稿》，第143页。

③ 胡汝砺编，管律重修，陈明猷校勘：《嘉靖宁夏新志》卷1《宁夏总镇·水利》，银川：宁夏人民出版社，1982年。

④ 邱树森：《浑都海、阿蓝答儿之乱的前因后果》，《宁夏社会科学》1990年第5期。

⑤ 《元史》卷134《朵儿赤传》。

⑥ 齐履谦：《知太史院事郭公行状》作"溉田九万余顷"，《元文类》卷50。宣德《宁夏志》卷上《河渠》引《元史·郭守敬传》亦作"溉田九万余顷"。

⑦ 李谦：《中书左丞张公神道碑》作"溉田十万余顷"，《元文类》卷58。宣德《宁夏志》卷上《河渠》引《元史·张文谦传》作"溉田十数万顷"；弘治《宁夏新志·沿革考证》《嘉靖宁夏新志》卷4《沿革考证》俱作"溉田十万余顷"。

夏新志·宦迹》中郭守敬事迹介绍，俱作"溉田万余顷"。究竟是十万余
顷还是万余顷呢？

大多学者都对9~10万余顷持否定态度。① 我们也同样认为元代宁夏
平原的灌溉面积在应万余顷左右。我们在上述学者考证的基础上，从另
一个角度对宁夏平原的土地灌溉面积加以考证。

宣德《宁夏志》所见宁夏河渠灌溉面积情况一览表

渠名	与黄河位置关系	灌田数	所属州
汉延渠	黄河西	4876 顷	宁夏卫
唐来渠	黄河西	4718.13 顷	宁夏卫
秦家渠	黄河东	892.35 顷	灵州
汉伯渠	黄河东	729.43 顷	灵州
蜘蛛渠	黄河西	184.30 顷	应理州
石空渠	黄河西	60.80 顷	应理州
枣园渠	黄河西	95.60 顷	应理州
中渠	黄河西	126.60 顷	应理州
白渠	黄河西	91.60 顷	应理州
羚羊渠	黄河东	385 顷	鸣沙州
七星渠	黄河东	223.80 顷	鸣沙州
合计		12383.61 顷	

① 据张维慎《宁夏农牧业发展与环境变迁研究》，元初仅恢复了西夏旧渠而没有创新的情况下，溉田764.1万~849万亩（相当于元代的9万~10万余顷），显然是不可能的。即使退一步如杨新才所说，元人在为郭守敬、张文谦立传时，是"沿袭西夏可自流灌溉9万~10万顷的旧说"夏时的9万~10万余顷，相当于现在的300万~360万亩，正好与历史上所说的可灌溉面积相等"（杨新才《关于古代宁夏引黄灌区灌溉面积的推算》，《中国农史》1999年第3期），依元初的灌溉能力，也是难以达到的。因此后人对于元人的记载多持怀疑态度，认为其记载"似都偏大"（黄河水利史述要编写组：《黄河水利史述要》，北京：水利出版社，1982年，第226页）。有鉴于此，当今学者多否定"溉田九万余顷""溉田十万余顷"之说，而肯定"溉田万余顷"之说。

宣德《宁夏志》所记为元末明初六十多年间宁夏平原的史事，故文献所记灌溉面积当和元代的面积相差不大。据上表可知宣德年间宁夏平原的灌溉面积为12383.61顷，这是明代经过一段时间恢复、发展后才达到的规模，此数应大于元代宁夏平原的土地灌溉面积。故元代的土地灌溉面积不可能达到九万或十万顷，文献中灌田九万或十万顷的记载是不实的。故蒙元时期宁夏平原的灌溉面积当在"万余顷"左右。

综上所述，蒙元政府采取一系列措施修复被战争破坏的农业基础，恢复和发展水利灌溉生产。元代宁夏平原土地灌溉面积大概在一万顷左右。

第二节　明代宁夏平原的水利建设

经历了元末明初的战乱，宁夏平原的水利设施遭到不同程度的破坏，且原有渠道不少淤塞。因此明初恢复发展生产所面临的首要问题即为整修和恢复旧有渠道，保持和巩固原有的水利成就，在此基础上进一步兴建新的水利工程，以扩大和发展本区的农业生产。明代宁夏平原的水利建设成就主要表现在设置专门的水利管理机构、修浚河渠以及水利工程技术的利用上。

一、水利管理机构与用水制度

在西北干旱气候条件下，人们深知"水利者，农之本也，无水则无田"[①]的道理。明太祖朱元璋意识到恢复发展生产的根本在于水利的兴修，故在立国之初，就鼓励兴修水利，并派官员到全国各地督促实行。故宁夏水利在洪武、永乐时已有部分兴修。洪武十二年 (1379年)，河州卫指挥使宁正兼领宁夏卫事，率领军民"修筑汉、唐旧渠……引河溉田万余顷"[②]。而派官员到各地督促水利的兴修，为设置专门的水利管理

---

① 徐光启：《农政全书·凡例》，上海：上海古籍出版社，1979年，第2页。
② 《明史》卷134《宁正传》。

机构提供了一系列经验。洪武二十七年（1394年）"遣国子监生及人材分诣天下郡县，督吏民修治水利，上谕之曰：'耕稼衣食之原，民生之所资，而时有旱涝，故不可已无备……朕尝令天下修治水利，有司不以时奉行，至令民受其患，今遣尔等往各郡县，集吏民乘农隙，相度其宜。凡陂塘湖堰可潴蓄以备旱暵，宣泄以防霖潦者，皆宜因其地势修治之，毋妄兴工役，搯克吾民。'众皆顿首受命，给道里费而行"①。在一年后其水利就已颇具规模，洪武二十八年（1395年）"开天下郡县塘堰，凡四万九百八十七处，河四千一百六十二处，陂渠堤岸五千四十八处。先是遣国子生、人才分诣天下郡县，集吏民，乘农隙，修治水利，至是工成"②。为了保证水利建设的顺利进行，并使专员管理水利的制度能够有效执行，明政府在宣德六年（1431年）开始设立专门的机构对水利建设进行管理。宣德六年（1431年）九月为了革除宁夏"有势力者占据水道，军民莫敢与争，多误耕种"的弊端，始设提举司，置宁夏正提举司一员、副提举司二员及吏目一员、司吏二名、典史四名，"专掌水利，兼收屯粮"，同时令御史二人往，理其事。③宣德六年十二月（1431年），明政府"遣御史巡视宁夏甘州屯田水利"。④自此宁夏的水利事业有了专门机构和官员的管理。景泰三年（1452年）户科右给事中路璧奏请移文巡抚镇守官，督官修筑颓败淤塞的陂堰圩塘，并对侵占水利者进行惩治，"户科右给事中路璧言：天下陂塘圩塘，多颓敝淤塞，及为强梁者侵占。遇有旱潦，民受其患。宜敕该部移文巡抚镇守官，于颓淤者督官修筑，侵占者重加惩治"⑤。

用水规章制度是保证水利正常运行的重要依据。明代为了确保宁夏平原水利的正常运行，制定了一整套用水规章制度。嘉靖《宁夏新志》卷1《宁夏总镇·水利》载："其分灌之法，自下流而上，官为封禁修治。"⑥可知其用水方法是下游用过以后，上游才能使用，并且由官府

---

① 《明太祖实录》卷234，洪武二十七年八月乙亥条。

② 《明太祖实录》卷243，洪武二十八年十一月己未条。

③ 《明宣宗实录》卷83，宣德六年九月庚辰条。

④ 《明史》卷9《宣宗本纪》。

⑤ 《明英宗实录》卷221，景泰三年闰九月庚午条。

⑥ 胡汝砺编，管律重修，陈明猷校勘：《嘉靖宁夏新志》卷1《宁夏总镇·水利》。

对开口、闭口进行统一管理。这种用水方法既保证了下游农田的顺利灌溉，又能使上游及时浇灌，避免出现"少不如法，则水利不行，田涸而民困矣"的局面。

二、河渠的修浚

同前代相比，明代宁夏平原渠道的数量有了明显增加，修浚的力度也相对较大。明政府在宁夏平原新修了一批水渠，特别是在各干渠新建了一些支渠。根据《明一统志》卷37《宁夏卫、宁夏中卫》的记载，英宗天顺朝宁夏镇水利情况如下表：[①]

卫名	渠名	位置	灌田数	卫名	渠名	位置	灌田数
宁夏卫	汉延渠	卫城东南	10000 顷	宁夏中卫	中渠	卫城南5里	100 顷
	唐徕渠	卫城西南	10000 顷		蜘蛛渠	卫城西20里	200 顷
	新渠	卫城南	数百		白渠	卫城东20里	90 顷
	红花渠	卫城南5里	700 顷		羚羊渠	卫城南40里	380 顷
	秦家渠	黄河东南	数百		石空渠	卫城东20里	60 顷
	汉伯渠	黄河西南	200 顷		枣园渠	卫城东90里	95 顷
	合计:灌田约 22000 顷				七星渠	卫城东南120里	120 顷
					合计:灌田 1045 顷		
总计:灌田约 23405 顷							

---

① 李贤等：《明一统志》卷37《宁夏卫、宁夏中卫》；张维慎：《宁夏农牧业开发与环境变迁研究》，第97页。

如上表所列，英宗天顺朝宁夏镇的水渠计有上述13条，其中在宁夏卫者有汉延渠、唐来渠、新渠、红花渠、秦家渠、汉伯渠；在宁夏中卫者有中渠、蜘蛛渠、白渠、羚羊渠、石空渠、枣园渠、七星渠。和宣德朝相比，天顺朝时宁夏卫增加了新渠、红花渠两渠，而新渠、红花渠均为"分唐来水"，为唐来渠的支渠，应是明朝新修的支渠。在弘治《宁夏新志》卷3《灵州守御千户所》中记有灵州守御千户所原有渠道两条，即汉伯渠和秦家渠，以及里、仁、李、罗、大、中等支渠，并记有新开渠道金积渠溉田三十余万亩。实际上金积渠并未开凿成功，据嘉靖《宁夏新志》卷3《所属各地·灵州守御千户所·水利》载："金积渠，在州西南金积山口，汉伯渠之上。弘治十三年（1500年），都御史王珣奏浚，长一百二十里，役夫三万余名，费银六万余两，夫死者过半。遍地顽石，大者皆十余丈，锤凿不能入，火醋不能裂，竟废之。今存此虚名耳。"①据此可推知金积渠由于自然、人力、费用等原因并没有修凿成功，故其灌溉30万亩之说亦不能成立。

这一时期卫宁平原的水利建设亦有较好发展，据弘治《宁夏新志》卷3《宁夏中卫·水利》、嘉靖《宁夏新志》卷3《所属各地·宁夏中卫·水利》所记，将宁夏中卫各渠列表如下：

渠名	与黄河位置关系	长度
蜘蛛渠	黄河西	58里
石空渠	黄河西	73里
白渠	黄河西	42里
枣园渠	黄河西	35里
中渠	黄河西	36里
羚羊角渠	黄河东	48里
七星渠	黄河东	43里
贴渠	黄河东	48里

---

① 胡汝砺编，管律重修，陈明猷校勘：《嘉靖宁夏新志》卷3《所属各地》。

续表

渠名	与黄河位置关系	长度
羚羊殿渠	黄河东	45 里
夹河渠	黄河西	27 里
柳青渠	黄河东	35 里
总计	490 里	

与上表英宗天顺时期宁夏中卫的水渠相比，此时所增加之贴渠、羚羊殿渠、夹河渠、柳青渠四条水渠，应是天顺以后新修建的。渠道总计长490里，相较于元代应理州和鸣沙州渠道251里增长近2倍。

除新修渠道外，明代还对原有旧渠进行了一系列修补。上已言及，早在洪武十二年（1379年）宁正就率领军民"修筑汉、唐旧渠，引河水溉田"①。英宗正统四年（1438年）宁夏巡抚都御史金濂除"督宁夏河渠提举司，修治汉唐诸渠及诸坝口以溉田"外，②又奏请皇帝批准，发夫四万人，疏浚了鸣沙州淤塞已久的七星、汉伯、石灰三渠。③ 正统十三年（1448年）又修复被河水冲决的汉、唐渠坝。④宪宗成化年间"导河流，溉灵州屯田七百余顷"⑤。作为"宁夏恃以为重者"的汉延、唐来两大主干渠，由于"修治稍不如法，则水利不行，田涸而民困矣，公私无所倚"⑥。弘治七年（1494年）巡抚都御史王珣言："宁夏古渠三道，东汉、中唐并通，惟西一渠傍山，长三百余里，广二十余丈，两岸危峻，汉、唐旧迹俱堙。宜发卒浚凿，引水下流。即以土筑东岸，建营堡屯兵以遏寇冲。请帑银三万两，并灵州六年盐课，以给其费。"⑦所以弘治时，政府不仅组织人力定期修浚、官为封禁，而且已经制度化，

---

① 《明史》卷134《宁正传》。

② 《明英宗实录》卷56，正统四年六月丁丑条。

③ 《明史》卷88《河渠六》；《明英宗实录》卷五六正统四年六月条也是如此记载：宁夏军务右金都御史金濂奏：宁夏原有五渠引水溉田，今鸣沙州七星汉伯石灰三渠淤塞年久，田地荒芜，请令河渠提举司浚之，计用人力四万，然渠成可溉芜田一千三百余顷。

④ 谈迁：《国榷》卷27，英宗正统十三年七月条，上海：上海古籍出版社，1958年。

⑤ 《明史》卷185《张悦传》。

⑥ 胡汝砺编，管律重修，陈明猷校勘：《嘉靖宁夏新志》卷1《宁夏总镇·水利》。

⑦ 《明史》卷88《河渠志六》。

正所谓"每年春，发军丁修治之"①。《明史》卷88《河渠志六》载弘治七年（1494年）王珣请于灵州金积山河，开渠溉田，给军民佃种。②弘治《宁夏新志》卷1《宁夏总镇·山川》所载："靖虏渠，自唐坝西起，至黑山营止，长三百余里；弘治十三年（1500年），都御史王珣奏设，以遏绝虏寇，兴水利。"③嘉靖《宁夏新志》卷1《宁夏总镇·山川》记载更为明确："靖虏渠，元昊废渠也，旧名李王渠。南北长三百余里。弘治十三年（1500年），巡抚都御史王珣奏开之，以更今名：一以绝虏寇，一以兴水利。但石坚不可凿，沙深不可浚，财耗力困，竟不能成，仍为废渠。"④嘉靖四十一年（1562年）夏，鉴于中卫境内的蜘蛛渠"迩年河流背北趋南，渠口高淤，水莫能上"，遂发丁夫三千人加以修浚，"甫月余而渠成，渠口作于旧口之西六里许，肇工于壬戌岁九月七日，竣事于十月十有六日。渠阔六丈，深二丈，延袤七里，复入故渠。口设闭水闸一道六空，旁凿减水闸一道五空……遂易名曰美利，盖取乾始美利之义。"⑤万历十九年（1591年），周弘禴言："宁夏河东有汉、秦二坝，请依河西汉、唐坝筑以石，于渠外疏大渠一道，北达鸳鸯诸湖。"⑥明代对宁夏原有旧渠的疏浚全面展开。

除了史料直接载明之水渠疏浚外，文献中所见宁夏各卫征发的力役也大都为挑浚河渠。列表如下：

嘉靖《宁夏新志》宁夏各卫所春三月力役情况表

卫所名	修治渠道名
宁夏卫	汉延、唐来、新渠、良田等渠
左屯卫	汉延、唐来、新渠、良田等渠
前卫	汉延、唐来、新渠、良田等渠

① 弘治《宁夏新志》卷1《宁夏总镇·水利》，上海：上海书店，1990年。
② 《明史》卷88《河渠志六》。
③ 弘治《宁夏新志》卷1《宁夏总镇·山川》。
④ 胡汝砺编，管律重修，陈明猷校勘：《嘉靖宁夏新志》卷1《宁夏总镇·山川》。
⑤ 王业：《中卫美利渠记》，张金城修，杨浣雨纂，陈明猷点校：《乾隆宁夏府志》卷19《艺文·记》。
⑥ 《明史》卷88《河渠志六》。

续表

卫所名	修治渠道名
右屯卫	汉延、唐来、新渠、良田等渠
中屯卫	新渠
灵州守御千户所	汉伯、秦坝
中卫	蜘蛛等渠
鸣沙州	七星渠
广武营	石灰及其支渠大沙、快水等渠

由上表可知，宁夏各卫每年春天力役挑浚的重点即为各地水渠，其中汉、唐两渠及其支渠占多数。这也说明明政府对汉唐两渠的重视程度。当然其他渠道，如汉伯、秦家、金积、蜘蛛、七星等渠也在修浚之列。

三、水利工程技术

明代宁夏平原水利建设的发展，还表现为水利工程技术的广泛使用，这些技术主要包括以石代木、设芦洞以及飞槽的使用等。

关于以石代木的情况，史载，嘉靖四十一年（1562年）夏，中丞毛鹏在修浚蜘蛛渠时，采取了移动渠口，设置闭水闸、减水闸等措施，[①]这些措施显然是元代郭守敬水利技术的进一步应用，并在此基础上有了新的发展，采取了以石代木的方法改造旧渠。这种方法主要在明代后期得以广泛应用。

最先提议以石代木方法修浚旧渠的是宁夏金事汪文辉。隆庆六年(1572年) 汪文辉鉴于汉延、唐来二大主干渠一直使用木闸，而"洪涛冲溢，非木可支"，加之"迄今渠久浸淤，岁发千夫浚之，木植劳费，不啻万计"[②]。于是汪文辉征得总督戴才的同意，上奏皇帝，请改"木闸

① 王业：《中卫美利渠记》。
② 孙汝汇：《汉唐二坝记》，张金城修，杨浣雨纂，陈明猷点校：《乾隆宁夏府志》卷19《艺文》。

为石闸"。但由于汪文辉的调任，改木闸为石闸之事被搁置下来了。万历二年 (1574年) 继任宁夏佥事的解学礼，在总督罗凤翔的支持下，采取以石代木的方法修复唐坝、汉坝。竣工后的汉、唐二坝，不仅有进水正闸各一座，而且"坝之旁，置减闸凡十。中塘、底塘及东西厢、南北厢各覆以石。上跨以桥，桥之上穿廊轩宇"①。

水渠中如水过多会对水渠造成损害，故明代在修浚水渠的同时多开设芦洞以排泄多余之水。天启年间 (1621—1627年) 按察副使张九德鉴于秦家渠"土薪间筑，旋筑旋圮。久之益废，不复治"②，致使渠道"溃水暴泄，不能灌溉"③的状况，对该渠进行了修治，使长堤"延袤四百余丈，高厚坚致，亘如长虹，水无壅滞泛滥，顿成有年"④。在修治汉伯渠时，张九德"开芦洞，长十三丈五尺，高广各三丈五尺，自秦渠北岸抵洼桥，疏渠道三十里，泻水入河"⑤。由于张九德"又筑长坝于秦渠，开芦洞于汉渠，使涸者有所蓄，而涝者有所泄"，各得所宜，故当时两渠间出现了"翼翼或或，绿野如云"的繁盛景象。

明代宁夏平原水利建设中还广泛使用飞槽引水技术。"五道渠，城东，汉延渠支渠也；东南小渠，引红花渠，飞槽跨壕入城，旧城内资其灌溉；西南小渠，引唐来渠，飞槽跨壕入城，新城西南一方资其灌溉；西北小渠，引唐来渠，飞槽跨壕入城，新城西北一方资其灌溉。"⑥嘉靖《宁夏新志》卷1载："东南小渠，引红花渠飞槽入旧城内。西南小渠，引唐来渠飞槽，跨壕入新城西南。西北小渠，引唐来渠飞槽，跨壕入新城西北。"⑦飞槽引水技术的运用，可以有效跨越地形障碍，扩大灌溉区域，促进了明代宁夏平原的水利发展。

---

① 孙汝汇：《汉唐二坝记》。
② 崔尔进：《灵州张公堤记》，张金城修，杨浣雨纂，陈明猷点校：《乾隆宁夏府志》卷19《艺文》。
③ 张九德：《灵州河堤记》，张金城修，杨浣雨纂，陈明猷点校：《乾隆宁夏府志》卷19《艺文》。
④ 崔尔进：《灵州张公堤记》。
⑤ 张九德：《灵州河堤记》。
⑥ 弘治《宁夏新志》卷1《宁夏总镇·水利》。
⑦ 胡汝砺编，管律重修，陈明猷校勘：《嘉靖宁夏新志》卷1《宁夏总镇·水利》。

第三节　清代宁夏平原的水利建设

清政府同样重视宁夏平原的水利建设。"维甘省之宁夏一郡，古之朔方。其地乃不毛之区。缘有黄河环绕于东南，可资其利。昔人利其形势，开渠引流以灌田亩，遂能变斥卤为沃壤，而俗以饶裕，此其所以有塞北江南之称也。"①正是由于有黄河水的灌溉，才使宁夏平原成为塞北江南。清政府认识到"河渠为宁夏生民命脉，其事最要"②，故在宁夏平原进行了大规模的水利建设。较之明代，清代宁夏的水利事业更为发达，不仅新开水渠比明代既多又长，而且对旧渠的改造与修浚亦比明代用力，同时还广泛地采用了以石代木等先进技术，故所取得的成就更为突出。③

一、水利制度

清代较之明代建立了一套更加完备的水利制度，主要表现在以下几点：

（一）力役制度

力役是修复水渠的关键。如果无法保证充足的劳动力，那么水渠的修复则无法正常进行。清代修浚水渠的力役情况是根据田亩的数量确定

---

① 杨应琚：《浚渠条款》，张金城修，杨浣雨纂，陈明猷点校：《乾隆宁夏府志》卷八《水利》。

② 杨应琚《浚渠条款》张金城按语。

③ 袁森坡：《康雍乾经营与开发北疆》主要论述了清代修浚汉延、唐来、秦家、汉伯、大清、美利、清塞、惠农、昌润等渠的状况。由于清塞渠的资料相对较少，仅是康熙五十三年（1714年）在平罗县五墩一带开凿的一条唐渠的支渠，长67里，溉田18顷，故本节没有把清塞渠单独介绍，仅在唐渠的支渠表中予以标出。（北京：中国社会科学出版社，1991年，第421—424页）。黄正林《黄河上游区域农村经济研究》认为清代宁夏农田水利有了更进一步的发展，无论工程技术水平和管理制度，还是灌溉面积都超过前代水平，主要表现为对水渠进行比较彻底的修浚和修建新渠道上。（河北大学博士论文，2006年，第95—98页）。张维慎《宁夏农牧业发展与环境变迁》主要对清代新修的三条主干渠道大清渠、惠农渠、昌润渠进行了论述，并对唐渠的弊病、弊病的原因、修浚改进的方法以及清代宁夏平原水利建设的经验进行了较为详尽的论述。（第114—122页）。我们在此基础上对宁夏平原的水利建设作进一步论述。

的。"旧例每亩田一分，出夫一名。"田满一分的人夫从清明开始上工，历时一月，到夏至时竣工。但是田只半分的人夫，只需要上工十五天，田亩更少的，只挑渠一二日。冬季的卷埽，按照惯例派遣只有半分田的人夫，他们冬月的卷埽可以充抵来年春天的春工。其各渠正夫，皆出自本渠受水各堡。到工迟延，或有逃亡者，按照逃亡的时间，加倍惩罚。①

这种力役制度既能保证有充足的劳动力从事修复清理水渠的工作，又能保证水渠的正常运行。值得注意的是清代的力役根据田亩的多少来确定其工期的长短，这既能在一定程度上体现力役的公平原则，又不至于挫伤力役出工的积极性。当然为了保证有充足的劳动力，按期完成修浚水渠的工作，对延迟或逃亡的役夫采取一定的惩罚性的措施也是有必要的。

（二）水手、委官制度

水渠修浚及完工后，需要专门的人员进行管理。清代宁夏平原建立了水手、委官制度，以保证对水渠进行完善的管理。水手是掌管各个闸的启闭、观察渠口水势消长并向上级呈报的人员。委官是在每年春浚的时候，聘用绅士练达，渠务分段督修的人员。这些人员都是临时聘用的，没有固定的人数。②

水手制度的实施，有利于掌握水势消长的实时情况，为应付突发的水利灾害提供一定的帮助。委官则是对修复渠道工程的一种监督制度，由于这些人员是临时聘用的，就能较有效地防止在渠道修复过程中的腐败行为，保证渠道修复工作的顺利完成。

（三）颜料征收制度

力役及管理制度得到保证后，修浚水渠所需要的材料即成为修渠的关键。修建水渠的材料被称为颜料，颜料是根据田亩的数量进行计量征收的。"旧例每田一分，出柴四十八束，每束重十六斤；沙桩十五根，长三尺。"③水利同知在前一年的十一月征收，贮存在各个大坝，以备第二年春天使用。颜料主要是红柳、白茨、夕吉，则令民完纳，抵其应

---

① 张金城修，杨浣雨纂，陈明猷点校：《乾隆宁夏府志》卷8《水利》。

② 张金城修，杨浣雨纂，陈明猷点校：《乾隆宁夏府志》卷8《水利》。

③ 张金城修，杨浣雨纂，陈明猷点校：《乾隆宁夏府志》卷8《水利》。

交之草，总名曰"颜料"。修坝所需的石灰，亦于干草内折银烧造。每草一束，折银一分。闸坝有冲毁的地方所需石块，也需要在前一年冬天采办，运到需要用的地方，其所需费用也在折银内开销。但是此种制度并不是一成不变的。如康熙四十八年（1709年）"每田一分，收草二十四束"；雍正八年（1730年）"六本四折征收""草一分折钱三百五十文，桩一分折钱六十文"①。

清政府根据田亩的数量确定需要交纳颜料的数量、类别等规定，在一定程度上体现了公平的原则。同时又采用一定的制度保证颜料能够正常地采办和运送，这既是修浚渠道的需要，也保证了来年农作物的种植。

（四）封俵法则

封俵，分封水和俵水。所谓封水就是将水渠上游各个支渠陡口的闸门关闭，逼迫渠水流至渠尾，"取稍民得水结状以为验"②。所谓俵水，就是在封水之时，在大渠酌留水二三分不等，曰"俵水"。水到渠尾后，自下而上，依次开放。头水、二水，以至冬水，都是采取此类办法。

这是一条非常重要的用水规则，它的实施能够有效地保证渠道下游田亩灌溉，而又不至于延误渠道上游灌溉。并且由官府管理封俵，能够妥善解决上下游因为用水问题而产生的矛盾纠纷，保证上下游都能得到较为充足的用水。

（五）卷埽

每年用完冬水以后，河水已经冻结了。于是在十一月的时候，用柴土堵塞渠口，这就是"卷埽"。卷埽的目的在于春天水融化时，河水不能溢进水渠。由于水不能进入水渠，渠身干涸，这样才能使来年的春工不受影响。到立夏的时候，则决去所卷之埽，开水入渠。在各正闸立木竿，为候水则，五寸为一分。河水小则闭退水闸，逼水尽入正闸；河水大则开退水闸，泻入河。

（六）用水节候

清代宁夏平原的用水节候有头轮水、二轮水、三轮水之说。皆官为

① 张金城修，杨浣雨纂，陈明猷点校：《乾隆宁夏府志》卷8《水利》。
② 张金城修，杨浣雨纂，陈明猷点校：《乾隆宁夏府志》卷8《水利》。

封俵，上下始给。[①]头轮水，是在立夏后一月内浇灌的水，主要浇夏田农作物如大麦、小麦、豌豆、扁豆、胡麻、青豆、高粱、蚕豆、瓜菜、旱糜、谷等。二轮水，是小满至夏至时期浇灌的水，主要浇灌夏、秋田。所谓秋田就是在小满后种谷子，芒种前后种稻，夏至种糜子、绿豆。秋田年前不浇冬水，等到来年立夏的新水浇灌。三轮水，是在小暑至大暑之间浇灌的水。亦浇灌夏、秋田。在白露前后时水可稍退，然亦酌留四五分，浇荞麦、迟糜子及冬菜。冬水，在霜降以后开始封俵，至立冬后须遍，此为来岁夏田根本，须灌足，及春方可下种。然此后水无所用，往往有浸灌道涂者，亦须禁。大抵各色麦、豆，得水四次大获，次者亦丰收。种稻需水最多。用水节候能够保证用水的时效性，不至于因为用水不及时而导致庄稼减产。

总之，清政府在力役、水手、委官、颜料、封俵、卷埽、用水节候等方面，对水利建设、管理所需的各个环节做了较为完备的规定，可以保证宁夏平原农业发展的顺利进行。

二、水利的兴修与成就

清代在宁夏平原建立的较为完备的水利制度，为水利工程的兴修与管理奠定了制度基础。在此基础上清代在该区展开了一系列水利建设，以下分灌区进行讨论。

（一）河西渠道

1. 汉延渠及其支渠

汉延渠为宁夏平原的主要引灌渠道之一。《甘肃新通志》载：汉延渠[②]，在宁朔县东南，一名汉渠，开宁朔县陈俊堡二道河，经府城自东而北至宁夏县王澄堡归入西河。设石闸四空，正闸外设退水闸三道，水

[①] 张金城修，杨浣雨纂，陈明猷点校：《乾隆宁夏府志》卷8《水利》，王全臣《上抚军言渠务书》载：及时到夏至日止，以长夏禾，名曰头轮水。立秋日起封俵之法亦如之。至寒露止，以长秋禾，名曰二轮水。立冬日起封俵亦如之，至小雪止，以备春耕，名曰三轮冬水。

[②] 白眉《甘肃省志》载：汉延渠，在宁夏县东南，即古汉渠也，凿河引黄河绕城之东而北流十二里至汉坝堡，设正闸一，外设退水闸三，水小闭各闸使水皆入渠，水大则开闸，以泄之。又设暗洞四，以泄渠西之积水，渠长二百三十里，经宁夏东界，而北合惠农渠，溉田三千八百九十余顷。清顺治、康熙、雍正时皆会治理。兰州：兰州古籍书店，1990年。

小则闭，各闸使水皆入渠，水大则开闸泄之。渠长二百三十里。经宁朔、宁夏东界而北，溉田三千八百九十余顷，[①]合惠农渠。明宁夏道汪文辉修葺。[②]汉延渠有大支渠十三道，陡口四百五十八道。渠东小支渠有被惠农渠隔断者，架飞槽引之，飞槽六道。

　　汉延渠见于记载的修复有六次，分别为：顺治十五年（1658年）巡抚黄图安重修；康熙四十年（1701年）河西道鞠宸咨补修；康熙五十一年（1712年）同知王全臣重修各暗洞；雍正九年（1731年）、乾隆四年（1739年）俱发帑修渠；乾隆四十二年（1777年）宁夏道王廷赞借帑大修。[③]汉延渠修复的时间间隔，从顺治到康熙相隔43年，康熙年间的两次修浚中仅相隔11年，康熙至雍正中间相隔19年，雍正到乾隆中间仅相隔8年。渠道的修复趋于频繁。

汉延渠支渠表[④]（采访长度缺失的按长度一览所记计算）

渠名	长度	采访长	所在位置	渠名	长度	采访长	所在位置
水磨	20里	25里	叶升堡	三水渠	20里	25里	
任春果子渠	40.3里	30里	任春堡	大营后渠	25里		镇河堡
小营后渠	16里		金贵堡	大高渠	19里	16里	潘昶堡

---

　　① 张金城修，杨浣雨纂，陈明猷点校《乾隆宁夏府志》卷8《水利》载：长一百九十五里八分，大小陡口共四百七十一道，灌田五千六百九十分，内至叶升堡张天渠起，至王澄堡殷家口，陡口二百八十七道，灌宁夏县田四千八百八十七分。

　　② 张金城修，杨浣雨纂，陈明猷点校《乾隆宁夏府志》卷8《水利》载：长一百九十五里八分。大小陡口共四百七十一，浇灌宁夏、宁朔二县田五千六百九十分。自叶升堡张天渠至王澄堡殷家口，陡口二百八十七道，灌宁夏县田四千八百八十七分。自渠口起至唐铎堡后渠，陡口一百九十四道，灌宁朔田八百三分。在《甘肃新通志》所记汉延渠支渠所记：灌宁夏、宁朔二十一堡，田五千六百九十分。

　　③ 升允、长庚修，安维峻纂：《甘肃新通志》卷10《舆地志·水利》，兰州：兰州古籍书店，1990年。

　　④ 升允、长庚修，安维峻纂《甘肃新通志》卷10《舆地志·水利》：按旧志汉渠东西两岸支渠共二十八，每年四月开水必自下而上灌溉田亩。官为分表诸渠同。而府志所载支渠只十三道耳。《乾隆宁夏府志》所载支渠只有13道，没有记载三水渠。

续表

渠名	长度	采访长	所在位置	渠名	长度	采访长	所在位置
南毛渠	19里	10里	潘昶堡	北毛渠	29里	16里	潘昶堡
各陡渠	30里		金贵堡	毕家渠	30里		金贵堡
洿浑渠	23里	30里	王洪堡	南皋渠	19.3里	9里	王洪堡
北皋渠	25里	9里	王洪堡	大北渠	15里		叶升堡
合计	178.3里	120里		合计	157.3里	136里	

据之，汉延渠长230里，其支渠长335.6里，汉延渠及其支渠总长则为565.6里。

2. 唐来渠、唐来贴渠、唐来渠支渠

唐来渠又名唐渠，[①]黄河出青铜峡东流，渠口即在峡之尽处，距汉延渠之上30里，经府城西，自西而北行二十里至唐坝堡，旧设木闸六空，西四空为唐渠，东二空为贴渠，北至平罗县上宝闸，归入西河。渠长320余里，[②]溉田4800余顷，[③]口宽18丈，深7尺，陡口446道。于宁朔之唐坝堡地方距渠口二十里，建石闸一座。正闸外建退水闸四座，滚水坝一道，去正闸八里二分，从口起至平罗县属上宝闸堡归入河西，长三百七十里七分。内大支渠十道，浇灌宁夏、宁朔、平罗三县三十三堡。

唐来旧贴渠与唐渠同口异闸。唐渠东岸地之高者，自南迤北至汉坝堡，稍入汉渠。宽三丈五尺，深六尺，长二十四里，陡口三十一道，溉

① 白眉《甘肃省志》载：唐来渠在宁朔县西南，亦名唐渠。距汉延渠之上三十里，黄河出青铜峡东北流，渠口即于峡之尽处开凿，引水绕城，自西而北行二十里至唐坝堡，设渠惟六空，西四空唐渠，东二空为贴渠，外亦设退水闸三，渠长三百二十里，经宁朔、宁夏、平罗县界，东岸支渠十五，西岸之区十七，共溉田四千八百余顷，清雍正、康熙时重加修治。

② 升允、长庚修，安维峻纂《甘肃新通志》卷10《舆地志·水利》：渠长320里。《乾隆宁夏府志》载：渠长三百二十里七分一十三丈。两者相差不大。

③ 升允、长庚修，安维峻纂《甘肃新通志》卷10《舆地志·水利》：渠溉田4800余顷，而在下文记载溉田五千七百六十三分。《乾隆宁夏府志》载：浇灌宁夏、宁朔、平罗三县五千七百六十三分。而下文所记：灌宁夏、宁朔二县田二千二百三十五分，灌平罗县二千五百二十八分。二者记载不同。我们认为出现这样的差异尚待探讨，暂存疑。

大坝、陈俊二堡田一百二十二分。新贴渠由旧渠分水自南迤北至清渠沿稍，因稍远被清渠隔断，于清渠正闸下架飞槽引之，长五十六里，陡口十八道，溉大坝、陈俊、蒋鼎、玉泉等堡田三百九十七分半。贴渠素被河水侵啮，昔人筑张贵坝以护之，岁费修理。康熙四十七年（1708年）都司王应龙于河水冲入处筑坝，曰马关嵯，水遂不入张贵坝。

唐渠支渠表 [①]

渠名	长度	所在位置	渠名	长度	所在位置
良田渠	99 里	城西	大新渠	76 里	城南
红花渠	28 里	城东南	他他渠	15 里	靖夷堡
掠米渠	18 里	羊登堡	满答剌渠	60 里	城西北
白塔渠	29.3 里	桂文堡	新济渠	65 里	镇朔堡
大罗渠	25 里	洪广堡	小罗渠	20 里	常信堡
果子渠	23.5 里	高荣堡	和集渠	17 里	周澄堡
柳新渠	9 里	平罗城	黑沿渠	15 里	平罗城
亦的小新渠	20 里	张亮堡	柳郎渠	20.5 里	平罗城
曹李渠	10 里	平罗城	扬招渠	2.5 里	平罗城
罗哥渠	60 里	常信堡	高荣渠	20 里	高荣堡
清塞渠	67 里	五墩	即里渠	39 里	
老唐渠	4 里		新济渠	65 里	
宋子渠	23.5 里		县册千渠	5 里	
火渠	5 里		双渠	7 里	
营前渠	7 里		边渠	3 里	
营后渠	7 里		虎尾渠	5 里	
大化延渠	4 里		小化延渠	3 里	
长度合计 877.3 里					

---

① 升允、长庚修，安维峻纂：《甘肃新通志》卷10《舆地志·水利》，《乾隆宁夏府志》卷8《水利》。

　　唐渠的修复情况为：顺治十五年（1658年）巡抚黄图安奏请重修，雍正九年（1731年）发帑重修，乾隆四年（1739年）发帑重修，乾隆四十二年（1777年）又大修。唐渠的修复，顺治至雍正之间相隔73年，雍正至乾隆之间相隔8年，乾隆年间相隔38年。

　　由于唐渠淤塞过多，一度濒临废弃的境地。在经过勘查后水利同知王全臣在《上抚军言渠务书》中认为唐渠有三大弊病，渠口不能受水、地渠不能通水、渠身过远。①渠口不能入水的原因是渠口与河相背，入于唐渠的水仅仅是黄河溢出的水，这样水就没有力量，容易造成渠口的淤塞。地渠不能通水的原因是由于淤沙的堆积，在刮大风的时候就会堆积唐渠，致使渠底与两岸田地齐平。由于进入渠的水量比较小，而渠身很长，这样水流迟缓，渗漏较多。在此情况下，每年的挑浚方法又弊端丛生，故造成唐渠淤塞以至荒废。②

　　王全臣在找到唐渠弊病的同时，又提出解决唐渠弊病的办法。他认为汉渠口之上有一小渠名曰贺兰渠，渠宽数尺长十余里，此渠"别引黄河之水，灌田数顷"。为此王全臣与诸司水王应龙商议，欲藉此渠另开一渠，以助汉唐水利。"距旧贺兰渠口之上三里许，直迎水势，另开一口至马家庄地方引入旧渠，而扩之使宽，行三四里至陈俊、坝坝两堡之交，即弃旧渠，而西引水由高行，以达于唐渠。虽远至数十里而庄园坟墓皆绕以避之，毫无所伤。其所损田亩，尽为除厥差徭，居民莫不欢欣乐役"③。该

---

　　① 张金城修，杨浣雨纂，陈明猷点校《乾隆宁夏府志》卷8《水利》载王全臣《上抚军言渠务书》：比年以来，唯唐渠淤塞过甚，濒于废弃。居民虽纷纷借助于汉渠，不过稍分于沥，地之高者，竟屡年荒芜，而汉渠亦因以受困。职全细按唐渠之大病有三：一苦于渠口之不能受水也，相传先年唐渠口下，河中有一石子沙滩，障水之势以入渠，厥后滩渐消没，河流偏注于东，而渠口竟与河相背，其入渠者，不过旁溢之水耳！水之入渠也无力，遂往往有澄淤之患；一苦于地渠之不能通水也，唐坝以下自杜家嘴至玉泉营，尽系淤沙，每大风起，辄行堆积，唐渠经由于此，实为咽喉。向者以风沙不时，旋去旋积，遂相与名曰地渠。盖因两岸无坝与平地等，故名之也。此处自来不在挑浚之例，因循日久，竟致渠底与两岸田地齐平，甚有渠底高于两岸田地者，较唐坝闸底，约高三四尺。河水泛涨时，入渠之水非不有余，乃自人闸以来，至此阻梗，由是旁灌月牙倒沙两湖，迨两湖既满，然后溢于渠内，徐徐前行，不知费几许水力，经几许时日，乃得到玉泉桥也。况有此阻梗，水势迂回，水未前行，而挟入致浊泥，已淤积闸底数尺矣；一苦于渠身之过远也，水之入口也，原自无多，而又苦于咽喉之不利，以有限之水，流三百余里，供数百陡口之分泄，其势自难以遍给，若遇河水减落，则束手无策矣。唐渠有此三大病，而又加以年年挑、浚之法积弊多端。

　　② 有关修渠挑浚积弊情况，参见张维慎《宁夏农牧业发展与环境变迁研究》。

　　③ 张金城修，杨浣雨纂，陈明猷点校：《乾隆宁夏府志》卷8《水利》。

工程于乾隆四十七年（1782年）九月初七兴工至十三日渠即成。其渠口上距唐渠口二十五里，下距汉渠口五里，口宽八丈，深五尺，渠身长七十五里二分，上三十里宽四丈深六七尺，下三十里宽三丈五尺、深五六尺，末梢长十五里二分，宽一丈六尺、深五尺。东西共陡口一百六十七道，灌溉陈俊、蒋鼎、汉坝、林皋、瞿靖、邵岗、玉泉、李俊、宋澄九堡田地，共一千二百二十三余顷。该渠至宋澄堡地方，仍汇入唐渠，为避免再次淤塞，于是令各渠疏通也，于是于乾隆四十八年在陈俊堡建石正闸一座，计两空，每空宽一丈，闸外建石退水闸三座。其闸命名为大清闸，渠曰大清渠。

　　大清渠的修建成为宁夏平原又一重要水利工程，并较为有效地缓解了唐渠的淤塞问题，对此史书载："此建闸之处乃旧贴渠经由之地。贴渠较清渠高六尺有余，竟为清渠截断……造木笕置诸闸后两旁石墙之上，中更用大木架之，傍桥房之栏，以渡贴渠之水自西而东。笕宽四尺，长三丈，名曰过水。此不特贴渠无伤，而闸上、闸下水流交错，波声互应……陈俊等九堡田地乃素用唐渠之水者，清渠即成，则不须唐渠灌溉，其入唐渠之水，可使之直趋而下，而所省灌溉九堡之水，实足以补唐渠水利之不足，不患渠身之过远矣。况清渠余水汇入唐渠者，又能大助其势也，唐渠之病去其一。""至于唐渠口，则于黄河内筑迎水坝一道，用柳囤数千，内贮石子，排列两行，中间用石块、柴草填塞，上复用石草加叠，过于水面，更用大石块衬其根基，其坝宽一二丈，高一丈六七尺不等。自观音堂起至石灰窑止，共长四百五十余丈，逆流而上，直入峡内。中劈黄河五分之一，以为渠口，口宽至二十余丈，较旧渠口约高数尺。挽河流东注之势，逼令西折入渠，是迎水坝之力，已能逆水使之高，束水使之急，吞噬洪流，势若建瓴，不患澄淤矣，而口又加宽，受水实多，渠内之水，赖以倍增，唐渠之病又去其一。""历年不挑之地渠，则多用夫役挑浚，使之低于闸底，以通水路。两旁复立高厚坝岸，使渠水至此得以疾趋，不致绕道于湖，水行既急，则沙随水走，莫能淤积，唐渠之病又去其一。"①

　　综上可见，王全臣解决唐渠弊病的方法主要有：一是在汉唐二渠之

---

① 张金城修，杨浣雨纂，陈明猷点校：《乾隆宁夏府志》卷8《水利》。

间开新渠一道，即大清渠，清渠修成后灌溉田亩，可减轻唐渠的灌溉负担，补充唐渠水利的不足。二是用里面贮存石子的柳囤，排列两行，中间用石块、柴草填塞，筑成迎水堤坝，逆流而上，增加水流的速度，解决在渠口淤塞的弊病，又能增加唐渠的水势，克服唐渠水利不足的弊病。三是挑浚历年来不曾挑浚的地方，使闸底通水，在两旁修筑高大的堤坝，使水流急促，不至于绕道淤塞河湖。该渠修成之后，各方皆可受益，"由是口内洋溢，咽喉无阻，向之唐渠以有限之水灌溉三十四堡田地，常虑不足者，今以有余之水，又省九堡之分泄，止灌溉二十五堡，自无不充裕矣。不须借助于汉渠，而汉渠亦并受其益矣"①。

王全臣不仅找到了解决唐渠弊病的方法，而且也找到了解决挑浚之弊的方法。王全臣在《上抚军言渠务书》曰：

> 至若奉委协助都司挑浚各渠，则革尽从前积弊，唯以新渠用夫之法为例，于清明兴工前一月，将汉唐各渠自口到稍逐细查丈……应用夫若干……预造一工程册，乃以额夫合算，除修理闸坝、迎水，及各大支渠用夫若干外，计挑挖唐、汉、大清各渠，实止夫若干。于是量土派夫，每夫一日以挖一丈深三尺为率。夫数既定，乃自下而上，挨堡顺序，如威镇堡在唐渠之稍，该堡额夫若干名，以土合算，应挖若干里，既定以里数，分立界限，开明宽、深丈尺，令从稍末挖起。至分界处，接连即用平罗堡之夫；又接连，即用周澄堡之夫。余俱逐堡顺派，以近就近，各照分定界限挑挖。其夫即用本堡堡长督率，每工开一丈尺细单，务挑挖如式。挑挖之土，俱令加叠低薄坝岸，高厚之处不许妄排多人，致防正工。其支渠之大者，但度量工程，拨给夫役，但往岁于各堡中混派，令则止令受水之民自行挑挖。夫数或稍减于旧额，而用工则不啻数倍。至十余里及三五里之小支渠，即算入正渠工程之内一并挑挖，不另拨夫役，以杜隐射、包折之弊。②

---

① 张金城修，杨浣雨纂，陈明猷点校：《乾隆宁夏府志》卷8《水利》。
② 张金城修，杨浣雨纂，陈明猷点校：《乾隆宁夏府志》卷8《水利》。

　　王全臣认为在修浚渠道之前，应首先丈量计算，量土派遣夫役，制定每天的开挖标准，以土地合算每堡的派夫额数，分立界限，采用就近派遣的原则，挑挖的土方加固堤坝薄弱的地方，不能胡乱安排，避免妨碍正渠的工程。大小支渠一并计算入正渠的工程，一并挑挖。这种修浚取得了一定的效果。

　　除此之外，王廷赞也在唐渠的修浚过程中摸索出了一套较为有效的手段。乾隆四十二年（1734年）王廷赞主持唐渠大修，采取了"束水攻沙"的调沙技术，"是岁兴工……唐渠之口入水不数尺。公偿011土人议，增叠迎水坝数十丈……知口外积沙为埂，横亘若阈而沉伏水底，人力无所施……既而工竣，决埽放溜，河流牵引，直注渠口，积沙自徙"①。王廷赞所采用的技术是依靠水流本身的力量迁移淤积的泥沙。这种方法能够有效地解决河床淤积泥沙的问题。今天的水利建设中也往往采用此法解决渠道及水库中沉积泥沙的问题。

　　为了保证渠道顺利修浚，并使修浚渠道有法可依、便于管理，巡抚杨应琚制订了浚渠条款："爰定春浚规条十二则，以告后之官。斯土者一分，塘须五丈为定，以便点查也；一民夫不许影折代充，以免虚旷也；一锹锨背笼不许破坏碎小也；一堆土须相度坝岸形势也；一各工料，宜留心稽查也；一挖高垫低，遇冻重修之弊宜除也；一上下工，必须相照应也；一支渠陡口宜严督修理坚固也；一挑浚宜复旧制也；一渠口下石子宜挖除尽，净以清水口也；一各工人夫宜详查变通也；一各处桥闸飞槽宜严督修整坚固也。"② 修浚条款对工料、渠口、陡口、民夫的职责等方面做了较为详细的规定，为保证渠道的修浚起到了十分重要的作用。

　　3. 清渠及支渠

　　大清渠，俗称清渠，由原贺兰渠改筑，③ 为宁夏府城南部河西干

---

　　① 张金城：《大方伯王公修渠记》，张金城修，杨浣雨纂，陈明猷点校：《乾隆宁夏府志》卷20《艺文三》。

　　② 升允、长庚修，安维峻纂：《甘肃新通志》卷10《舆地志·水利》。

　　③ 白眉《甘肃省志》载：大清渠在宁夏县南，唐汉二渠之间，距汉渠口五里，引黄河水北流至陈俊堡西，设正闸一，退水闸三，又引流而北，凡七十五里。经宁夏、宁朔二县西南，合唐来渠。东岸支渠九，西岸和支渠六，共溉田一千一百二十余顷，清康熙四十八年，王全臣创开，雍正九年重修。

渠。康熙四十七年（1708年）由宁夏府水利同知王全臣主持修成。先是康熙三十八年（1699年），管竭忠出任宁夏道，在宁朔县大坝堡（今青铜峡市大坝乡）唐来、汉延二渠间开挖小渠一道以溉田，取名贺兰渠。① 至康熙四十七年（1708年），水利同知王全臣为了增加耕种面积，于农历九月一日开工，十三日竣工，"于旧贺兰渠口之上三里大坝堡马关嵯地方，直迎水势开口至马家庄引入旧渠而扩之使宽，行三四里至陈俊、汉坝之高即弃旧渠而西，引水达于唐渠。其口上距唐渠二十五里，下距汉渠五里，宽八丈、深五尺。照汉唐制建石正闸一座二空，去河口十三里，滚渠一道，退水闸三道，上暗洞二道，从口至尾稍归入唐渠，后因河水东趋，将渠口移下十余里韦家滩地方另开辟新口，仍旧从口起至尾稍宋澄堡归入唐，长七十五里三分"②。该渠大小陡口一百二十九道③，灌溉宁朔县田一千零六十六分六亩七分。④

大清渠各支渠如下：东岸魏家渠、鸭子渠、长行渠、台坝渠、王渠、大小边渠、董渠、召名高渠、红庙渠；西岸地八渠、姜家渠、曹家渠、罗家渠、蒋家渠、李家渠。⑤

4. 天水渠

天水渠即河忠堡渠，是河东灌区河忠堡境内引水灌溉之小干渠，光绪三十四年（1908年）修成。宁夏县河忠堡在顺治初年，因灵州被洪水冲啮，为解决此问题，即于河忠堡西岸挑沟以分黄河水势，后竟引得黄河水西徙，遂将堡地隔绝在河东，原有受水于汉延渠水的河忠堡渠断废。为了解决水源，堡民在东岸开挖小渠二道，直接导引黄河水灌田，

---

① 马福祥等修，王之臣纂：《朔方道志》卷6《水利志上》，台北：成文出版社有限公司，1968年。

② 马福祥等修，王之臣纂：《朔方道志》卷6《水利志上》。《乾隆宁夏府志》卷8《水利·河西渠道》为72里。《甘肃新通志》作渠长72里，采访长七十五里二分。

③ 张金城修，杨浣雨纂，陈明猷点校：《乾隆宁夏府志》卷8《水利·河西渠道》。《甘肃新通志》载：大小陡口一百二十九道，采访作一百二十八道。

④《甘肃新通志》卷10《舆地志·水利》载：溉宁朔县田一千一百二十余顷，其下又作：浇灌九堡田一千九十分；同书王全臣上巡抚言：东西共陡口一百六十七道，灌溉陈俊、蒋鼎、汉坝、林皋、瞿靖、邵岗、玉泉、李俊、宋澄九堡，田地共一千二百二十三顷有余。我们据《乾隆宁夏府志》一千零六十六分六亩七分，按旧郡田户以六十亩为一分，新户以百亩为一分，一分即一顷也，共田一万六千五百十二分。此处田户是新户还是旧户值得考虑。如果以新户算和《甘肃新通志》随即相差不大，但是如果是旧户，则要以六十亩为一分，则有很大的差距。究竟是新户还是旧户尚需要新的文献资料来论证，此处暂存疑。

⑤ 升允、长庚修，安维峻纂：《甘肃新通志》卷10《舆地志·水利》。

但因河形无定，常苦工役繁重，导水难及。光绪三十四年（1908年）宁夏府知府赵惟熙拟于此地修渠，因无合宜进水口址，决定从清水沟洞接汉渠退水，导入新界堡至河忠堡。高田处又高架飞槽渡水，稍水则以暗洞泄入黄河，故名天水渠。渠长三十余里，溉田数千亩。[1]

5. 小渠

小渠，明永乐间总兵何福以宁夏城中地齰水咸，于西北正南开渎，凿小渠二道，引唐渠水入城，又于东南开渎，凿小渠一道，引红花渠水入城，以资灌园汲取。[2]

6. 惠农渠、昌润渠及其支渠

惠农渠，又名皇渠，俗称黄渠[3]，为宁夏平原河西灌区干渠之一。雍正三年（1725年），以查汉托护地方为汉唐二渠余波所不及。遂于雍正四年（1726年）七月命盛京工部侍郎通智、宁夏道单畴书主持开凿[4]，至雍正七年（1729年）五月告成，投银十六万两。原先渠首在宁夏县叶升堡（今青铜峡市叶盛乡）东南陶家嘴南黄河花家湾开口引水，[5]并汉渠而北，北流至平罗县西河堡，稍入黄河西河汊，长二百里。乾隆五年（1740年）"奏请修复，自俞家嘴至通润桥，即黄渠桥，在平罗通润堡，增长一十里有奇。乾隆九年（1744年）宁夏府知府杨灏详请通润桥以下接筑渠尾至市口堡，又增长三十里。乾隆十年（1745年）又改口于宁朔县林皋堡朱家河。乾隆三十九年（1784年）因河流东注，又改口于汉坝堡刚家嘴，至平罗县尾闸堡归入黄河。长二百六十二里，新采访二百六

---

① 马福祥等修，王之臣纂：《朔方道志》卷六《水利上》，《宁夏青铜峡河东灌区渠道志》第二章渠道沿革。《甘肃新通志》卷10《舆地志·水利》：河忠堡渠在宁夏县，东南去灵州五里，受汉延渠之水。顺治初，因黄河冲啮灵州，乃于西岸挑沟以泄其势，后竟成河。而河中堡遂在河中矣。有小渠二，沿长十余里。溉田三十余顷。系堡民自开，每岁春工，官为董率之。

② 升允、长庚修，安维峻纂：《甘肃新通志》卷10《舆地志·水利》。

③ 白眉《甘肃省志》载：惠农渠系清雍正四年，命兵部侍郎通智等始于河西陶家嘴南花家湾地点，在金积县之对岸，凿大渠，引水北流，长三百里，下与西河会，于渠口建进水、退水等闸，随时蓄泄，又设暗洞三，二通上下之流，一接汉渠余水……两岸各开支渠百余道，或七八里或三四十里，共溉田二万余顷，又于渠之东岸筑堤长堤以障黄河之泛滥，于渠之西，复疏西河旧淤，以泄汉唐两渠诸湖之溢水。

④ 徐保字《平罗纪略》卷4《水利》载：惠农渠始于康熙五十年。兰州：兰州古籍书店，1990年。

⑤ 马福祥等修，王之臣纂：《朔方道志》卷6《水利志上》为俞家嘴。《乾隆宁夏府志》卷20：通智《惠农碑记》为陶家嘴南花家湾。而在《乾隆宁夏府志》卷8《水利》惠农渠上为俞家嘴。《甘肃新通志》卷10《舆地志·水利》为俞家嘴南花家湾。

十里"①。"建进水正闸一，曰惠农。退水闸三，曰水护、曰恒通、曰万全。设永宏、永固暗洞二，以通上下交流。设汇归暗洞一，以接汉渠余水。正口加帮石屯，头闸坚。造石桥，建尾闸以蓄泄之，累石节以巩固之。"②建有陡口一百三十六道，浇灌宁夏、平罗二县田四千五百二十九分五厘。自口东岸起渠，至通吉堡、宝塔，陡口一十三道，灌溉宁夏县田二百余顷。自通义桥以下至稍，陡口一百二十三道，灌平罗县田二百余顷。新采访现灌田十一万一千四百七十一亩零。渠道经过多次修复，渠首移至林皋堡方家巷（今青铜峡市小坝镇林皋村方家巷自然村），渠稍延至平罗县尾闸堡（今惠农县尾闸乡尾闸村）入黄河。

惠农渠于雍正四年（1726年）七月兴工，雍正七年（1729年）五月告竣，费时三年；乾隆五年（1740年）宁夏道钮廷彩重修；乾隆四十二年（1777年）宁夏道王廷赞请帑重修，五十一年（1786年）再修；嘉庆十七年（1812年）宁夏道苏成额领帑重修；道光四年（1824年）宁夏道瑞庆请帑重修；光绪二十七年（1901年）河流西趋，外坝刷没二十余里，屡修屡圮，数年不得水泽；至三十一年（1905年），宁夏知府高熙喆改筑道于杨和堡之东，渠流复旧，民困始纾。③从惠农渠开凿竣工到第一次修复间隔11年，乾隆年间的三次修复之间的间隔分别为37年和9年，从乾隆到嘉庆间隔26年，嘉庆至道光间隔为12年。道光以后由于战乱和人口的逃亡，直到光绪二十七年（1901年）才进行修复，之间间隔77年，而光绪年间的两次修复间隔仅为4年。

惠农渠支渠④

渠名	渠长	渠名	渠长
六墩渠	10里	泮池渠	14里
交济渠	25里	仁义渠	15里
隆业渠	10里	壬吉渠	15里

---

① 马福祥等修，王之臣纂：《朔方道志》卷6《水利志上》。
② 升允、长庚修，安维峻纂：《甘肃新通志》卷10《舆地志·水利》。
③ 马福祥等修，王之臣纂：《朔方道志》卷6《水利志上》。
④ 升允、长庚修，安维峻纂：《甘肃新通志》卷10《舆地志·水利》。

续表

渠名	渠长	渠名	渠长
惠威渠	25 里	新改渠	5 里
宝闸渠	20 里	小三渠	90 里
滚珠渠	18.6 里	普润渠	15 里
普济渠	15 里	官四渠	50 里
元元渠	16 里	县册李家渠	6 里
宝闸老渠	5 里	二号渠	15 里
三渠	15 里	上新渠	6 里
下新渠	6 里	大四渠	5 里
铁四渠	5 里	四合渠	6 里
暗洞渠	5 里	万仓渠	7 里
宝济渠	5 里	聚兴渠	5 里
聚则渠	5 里	朱家渠	3 里
边渠	3 里	官渠	3 里
合计　　449.6 里			

　　昌润渠，与惠农渠同时开。昌润渠原名六羊河，是黄河流至宁夏查汉托护地区形成的数条支叉中的一条，名曰六羊河。雍正七年（1729年）改名为六羊渠，经过修浚以后，赐名为昌润渠。①原接引惠农之水，后因两渠一口，不敷分灌。乾隆三十年（1765年）宁夏知府张为旃详准，受水户民自备夫料，另由宁夏县通吉堡溜山子开口，至永屏堡归入黄河，长一百三十六里，大小陡口一百一十三道，浇灌平罗县埂外田一千六百九十七分半。②由于黄河东注西趋无常，经乾隆、嘉庆、道光间多次大修，灌溉面积逐渐增加。

---

① 张金城修，杨浣雨纂，陈明猷点校：《乾隆宁夏府志》卷8《水利·河西渠道》。
② 张金城修，杨浣雨纂，陈明猷点校：《乾隆宁夏府志》卷8《水利·河西渠道》。

昌润渠的修复情况如下：昌润渠于雍正四年（1726年）开渠；乾隆三十年（1765年）另由宁夏县通吉堡溜山子开口至永屏堡归入黄河；乾隆四十二年（1777年）重修；嘉庆十七年（1812年）重修；嘉庆二十一年（1816年）重修；道光四年（1824年）重修。昌润渠修复的时间间隔分别为12、35、4、8年，后期较为频繁。

昌润渠支渠表 [①]

渠名	渠长	渠名	渠长
滂渠	60里	徐家渠	7里
王家渠	15里	陈家渠	8里
秦家渠	9里	赵家渠	7里
宋家渠	12里	永惠二渠	15里
孟家渠	10里	官三渠	17里
穆家渠	15里	毛家渠	8里
杨家渠	7里	张家渠	9里
田家渠	15里	西边渠	10里
西官渠	13里	白茨渠	10里
天生渠	10里	帖六渠	12里
仓湾渠	9里	新五渠	6里
小六渠	10里	五大支渠	10里
西其渠	13里	总计	307里

滂渠是昌润渠支渠，在分水闸开口，西岔昌渠，东岔旁渠。道光五年（1825年）河崩渠废，知县徐保字豁除灾户钱粮，转改渠口，自温家桥起至东永润堡中闸子止，长三十里，复由中闸子分为两岔，东岔贴旁渠，西岔正旁渠至渠阳堡合流入黄河，长三十里，共长六十里。浇灌渠口等堡田亩四百四十四分，支渠有金家渠、黄家渠、尹家渠、陈家渠、

---

① 升允、长庚修，安维峻纂：《甘肃新通志》卷10《舆地志·水利》。

中闸子渠、何家渠、大五渠。

7. 清塞渠

清塞渠在平罗县五墩左右，受唐来渠水，长六七十里，溉田一千八百余亩，东西两岸共支渠陡口二十二道。康熙五十三年（1714年）同知王全臣、千总里朴创开（按平罗采访，不言此渠，现依旧通志）。[1]

（二）灵州渠道

根据乾隆《宁夏府志》《甘肃新通志》及其他相关文献的记载，清代灵州的灌溉渠道大致如下：

1. 秦渠　又名秦家渠，自青铜峡开口至灵州北门外泄入涝河，渠口有正闸二空，曰秦闸。尾闸曰黑渠闸，沿长一百五十里，有支渠一十二道，旧溉田一千三百顷零，今溉田八万数千亩。康熙年间参将李山重修，以石鳖底，长百余丈，岁省夫料无算。后又续开大支渠十道，口大一尺二寸至七八寸不等，俱系木口。光绪三十年（1904年）决口，知州廖葆泰筹修。光绪三十二年（1906年）知州陈必准重修，光绪三十四（1908年）年陈必准又修理。

2. 汉渠　一曰汉伯渠，渠口即在灵州秦渠上，青铜峡之麓，长八十里，溉田一千三百顷。入渠口一，设闸二空，曰汉闸、曰秦闸，两闸明初始易木以石。清康熙四十五年（1706年），祖良桢改建两闸，其底较前深六尺，疏浚之，上下深亦如之，又增长两渠迎水坝。明代张九德创开芦洞，长三十丈五尺，高广各三尺五寸。自秦渠北岸抵窑桥疏沟三十里泄水入河，复故田数百顷，岁久淤损。康熙五十二年（1713年），祝兆鼎重修东岸。乾隆三十八年（1773年），灵州知州黎珠创迎水新口，随流累石，筑为长坝，利来至今。有支渠九条，分别是：旧新黑渠、阎家渠，新阎家渠、马兰渠、波罗渠、瓜连渠、沙渠、朱渠。

（三）中卫县渠道

中卫县渠道较多，现根据乾隆《宁夏府志》并参照《甘肃新通志》及其他相关文献的记载梳理如下：

1. 美利渠　自元以来名蜘蛛渠。以前渠口在石龙口，因渠口淤塞，于嘉靖壬戌年（1562年），改浚于旧口之西六里，改名美利渠。

---

[1] 升允、长庚修，安维峻纂：《甘肃新通志》卷10《舆地志·水利》。

清朝康熙四十年（1701年），开石叠坝，水复流通，康熙四十五年（1706年），加深三尺，广阔一丈，南岸亦砌石为坝，共浇地四万六千五百亩。渠口下至迎水桥十五里许，设闭水闸一道，计六空。旁凿水闸一道，凡五空。其下有赵通闸、头闸、营儿闸、王家闸、汪家闸、李家闸，渠尾出油梁沟胜金关西入黄河。渠身阔三丈五尺，深一丈，沿长二百里。[①]

2. 贴渠　自县西南边墙抵河处开口，引水东北流，溉城南暨柔远堡地二万三千一百余亩。[②]至黎家庄、范家庄下，沿长六十里，归油梁沟入河。渠口下有闸七道，退水三处，大桥三处，暗洞一道，飞槽九处。

3. 镇靖堡北渠　自县南河沿开口引水东北流，过砖塔寺，绕堡东南，沿长三十里入河，计溉田一万一千八百四十亩。[③]渠身阔二丈五尺，深五尺。自口至身，有三百户闸、北渠闸、高渠闸、杜家树退水、雍家庄、潘家湾二退水暗洞。

4. 镇罗堡新北渠　自县南河沿开口，引水东北流，至李家庄绕堡东南，抵石家渠入河。沿长四十里，阔二丈五尺，深四尺，计溉田一万九百五十亩。出水一道，暗洞一道。

5. 永兴堡新渠　自镇罗南李家嘴开口，引水向东北，分为南北二渠，南渠分溉长滩一带，北渠分溉雷家庄一带。二渠共闸一十一道、橇槽二道、暗洞一道，溉田共六千二十余亩。[④]渠身阔一丈五尺，深四尺。延长二十五里，稍入河。

6. 石空寺堡胜水渠　自县城东南得胜墩开口，引水向东流，至本堡东北，环过东南倪家营，延长七十里，溉田二万余亩。渠身阔二丈五尺，深三尺，渠稍入河。

7. 张义堡顺水渠　自石空司堡西南河沿开口，引水向东北流，至枣园西北山脚，延长十五里，溉田三千三百七十七亩。[⑤]渠身阔一丈五

---

① 升允、长庚修，安维峻纂《甘肃新通志》载：渠长120里，灌溉41500亩。
② 升允、长庚修，安维峻纂《甘肃新通志》载：新顺水渠及贴渠，灌溉12000亩。
③ 升允、长庚修，安维峻纂《甘肃新通志》载：镇靖堡北渠、镇罗堡北渠，溉田8440亩，长30里。
④ 升允、长庚修，安维峻纂《甘肃新通志》载：溉田7260亩。
⑤ 升允、长庚修，安维峻纂《甘肃新通志》载：溉田3600亩。乾隆《宁夏府志》所记3377亩。

尺，深三尺，渠稍入河。

8. 枣园堡新顺水渠 旧与石空、张义、枣园三堡共一渠，至明天启五年（1625年），堡人郭珠倡众自石空寺东南倪家营另开新口，引水向东北流，至炭窑墩，延长七十里，阔一丈八尺、深四尺。贴渠自石空寺赵家滩开口，引水至朱家台，延长二十里，阔一丈，深三尺。两渠共溉田一万九百余亩，①两稍俱入河。闸一十一道，暗洞三道。乾隆十五年（1750年），续开减水闸共五道，并原闸一十六道。

9. 铁桶堡长水渠 旧自俞家湾河沿入口，工力浩费。至乾隆二十三年（1758年）秋，渠湃岸尽为河流冲刷，崩坏约四里有余。岸高水下，民力不能修。……另于旧引水塌坝微上小支河北岸、枣园于家庄下，跟寻旧渠水道于李姓田中。近河买地四亩，因势作口引水，自白马湖下荒滩行五里许。渠身阔一丈六尺，深四尺。时枣园近渠民纠众控阻……导以渠路，始得兴工。越二旬余……渠遂通，得达旧渠，接流而下。至乾隆二十五年（1760年），水势颇溢于前，乃于堡东越石灰渠架木槽，渡水于新淤滩，垦复旧荒焉。渠稍至炭窑墩下入河，延长二十五里许，溉田四十五顷。②其渠自口至堡西南，有阴沟二，为枣园渠稍泄水用。

10. 渠口广武堡石灰渠 自铁桶碾盘滩起，至广武五塘沟止，延长六十里，溉田一万二千三百余亩。③康熙中，渠坝壅崩。岁修，夫少力不及，提督俞益谟为捐金建闸疏滞，堡人有千金渠之誉。渠旧有水上闸四道、拦河闸、李祥闸、赵行闸、上沙渠闸；退水闸四道：曰永安闸、双闸、小闸、拖尾闸。

11. 常乐堡羚羊角渠 自堡西南边墙石敞沟开口，引水东流，至陆家园湾，延长二十八里，溉田二千四百亩。④渠身阔一丈五尺，深三尺，稍入河。该渠口受水颇高，工重夫少，修浚不易。

12. 永康堡羚羊殿渠 自堡西燕子窝滩开口，引水自杨家滩东流，至宣和堡东岳庙，延长四十里，多石难浚，稍入宣和渠。渠身阔二丈，

---

① 升允、长庚修，安维峻纂《甘肃新通志》载：新顺水渠及贴渠，灌溉12000亩。
② 升允、长庚修，安维峻纂《甘肃新通志》载：溉田2500亩。
③ 升允、长庚修，安维峻纂《甘肃新通志》载：长57里，溉田12700亩。
④ 升允、长庚修，安维峻纂《甘肃新通志》载：溉田1100亩。

深四尺。渠口紧逼燕子窝沟，去口二里许，为山水口子两处，山水一发，渠流中断。康熙四十七年（1712年），山水口搭暗洞一道，长百十丈。雍正十二年（1734年），筑坝八百余丈，改名为甘来坝。有杨家滩退水一道、闸一道，阎家闸一道，刘家湾退水一道、闸一道，宴公庙减水一道，曹家山沟闸一道。共溉田一万四百余亩。①

13. 宣和堡羚羊夹渠　本堡旧与羚羊殿渠一渠使水。至康熙十五年（1676年），自永康堡东北三里许买田开口引水，向东流至泉眼山，延长四十余里。共退水八道，闸七道，暗洞四道，溉田一万八千一百六十亩。②渠身阔二丈，深五尺，渠稍入河。

14. 旧宁安堡柳青渠　自堡西泉眼山下开口，引水向东流至堡南，绕入恩和堡胡麻滩，延长四十里，溉田二万九千八百余亩。渠身宽一丈五尺，深四尺，渠稍入河。

15. 七星渠　自泉眼山开口，引河水东南流。历经改修，浇灌田地。康熙年间，督修石口，创流恩闸，修盐池闸，挑浚萧家、冯城两阴洞，渠乃通畅，无山水之患。雍正十二年（1734年），重建环洞五空，上为石槽，引水下行。垦白马滩至张恩堡地三万八百五十六亩零。③

16. 张恩堡通济渠　延长四十里，溉田二千五百五十二亩，④渠稍入河。

综观以上论述，可知清代在宁夏平原不仅开凿了一批主干渠道，而且在原有渠道的修浚方面也取得很大成就，仅就主干渠道来讲唐来渠就曾修浚3次，汉延渠7次，大清渠4次，惠农渠6次，昌润渠5次，秦渠4次，汉伯渠4次，美利渠3次。

康乾时期是宁夏平原水利建设全面展开的重要时期，在这个时期水利工程建设数目大，水渠修浚次数多，并且在该时期涌现出一批尽心竭力于宁夏水利的官员。史书中关于宁夏官员修治水渠的记载不胜枚举。

---

① 升允、长庚修，安维峻纂《甘肃新通志》载：溉田7780亩。

② 升允、长庚修，安维峻纂《甘肃新通志》载：溉田13300亩。

③ 张金城修，杨浣雨纂，陈明猷点校：《乾隆宁夏府志》卷8《水利》。《甘肃新通志》载：溉田39000亩。《中卫县志》载黄恩锡《改建冯城环洞碑记》：冯城红柳沟两环洞而下，以四万八千四百余亩之正赋，四十余里，千百家衣食命脉所系。郑兆吉续修七星渠碑记：泽可利四万余顷……我朝雍正十二年，疏浚于观察钮公……各安乐业，庶我四万余亩。

④ 升允、长庚修，安维峻纂《甘肃新通志》载：溉田2800亩。

如："雍正八年，帝以宁夏水利在大清、汉、唐三渠，日久颓坏，命通智同光禄卿史在甲勘修。"乾隆三年（1738年）川陕总督鄂弥达等言："宁夏新渠、宝丰，前因地震水涌，二县治俱沉没。请裁其可耕之田，将汉渠尾展长以资灌溉。惟查汉渠百九十余里，渠尾余水无多，若将惠农废渠口修整引水，使汉渠尾接长，可灌新、宝良田数千顷"；"乾隆五十年，修宁夏汉延、唐徕、大清、惠农四渠。"①中卫县令王树枏广灌溉、通暗渠，此人素讲求水利，"崧蕃檄令勘工，自七星渠上接白马通滩，流濬通深百八十余里，灌田六万余亩，硗确变为沃壤，逃亡复业。又以渠水分自黄河，势汹涌，春夏山水骤发，与黄流浑合，泥沙杂下，旋濬旋塞。乃仿古人暗洞激水法，凡傍山之渠，架油松成洞，覆以石板，山水流石上，而渠水潜行洞中。又度地势筑高堤，导山水使入黄河，并于渠口筑进水、退水两坝，使黄流曲折入渠，不致冲漫。工竣，数经暴水，卒不圮"②。此外，尚有乾隆十九年（1754年）周克开修整旧有水渠，"唐延渠所经地多沙易漫，克开治之使深狭，又颇改其水道，渠行得安。渠有石窦，泄水於河，以备旱涝，民谓之暗洞。时暗洞崩塞，渠水不行，上官欲填暗洞而竭唐延入汉来，克开恐夏、秋水盛无所宣泄，时新水将至，不可待。克开请五日为期，取故渠及废闸之石，昼夜督工，五日而暗洞复，两县皆利。大清渠长三十余里，凿自康熙间，久而石门首尾坏，民失其利，克开亦修之，皆费省而工速"③。再有龚景瀚乾隆四十九年治理七星诸渠，成就颇著，"七星渠久淤，常苦旱，景瀚筑石坝，遏水入渠，始通流。又濬常乐、镇静诸渠，重修红柳沟环洞及减水各闸，溉田共三十万亩，民享其利"④。可见宁夏地方官员对平原水利的重视，在其任内皆作出有利水利之举。

从以上清代宁夏平原水渠的修建情况可见，清代是宁夏平原水利建设与修浚的重要时期，各灌区内的水渠数量皆获得较大增长，灌溉面积亦不断扩大，极大地促进了宁夏地区农业的进步与发展。如乾隆年间宁夏府的引黄灌溉面积约1683025亩，合今1548384亩；嘉庆年间宁夏府直

---

① 《清史稿》卷129《河渠四》。
② 《清史稿》卷438《崧蕃传》。
③ 《清史稿》卷477《周克开传》。
④ 《清史稿》卷478《龚景瀚传》。

接引黄渠道大小共有23条，灌溉面积达2.17万顷，[①]合今1996400亩。在政府推行重农政策的促进下，宁夏平原农田垦殖获得较大发展。

根据乾隆《宁夏府志》所记宁夏府各地灌溉面积，列表如下：

乾隆《宁夏府志》所载各水渠灌溉面积一览表

渠名	长度	灌溉	渠名	长度	灌溉
（大）清渠	72 里	65766 亩	惠农渠	262 里	217770 亩
昌润渠	136 里	101850 亩	唐来渠	320 里	345780 亩
汉延渠	195 里	341400 亩	秦渠	120 里	210700 亩
汉伯渠	100 里	125800 亩	美利渠	200 里	46500 亩
贴渠	60 里	23100 亩	北渠	30 里	11840 亩
新北渠	40 里	10950 亩	新渠	25 里	6020 亩
胜水渠	70 里	2000 亩	顺水渠	15 里	3377 亩
新顺水渠	90 里	10900 亩	长永渠	25 里	4500 亩
石灰渠	60 里	12300 亩	羚羊角渠	28 里	2400 亩
羚羊殿渠	40 里	10400 亩	羚羊峡渠	40 里	18160 亩
柳青渠	40 里	29800 亩	七星渠	140 里	79160 亩
通济渠	40 里	2552 亩	合计	2148 里	1683025 亩

---

① 嘉庆《重修大清一统志》卷264《宁夏府》，上海：上海书店，1984年。

乾隆《宁夏府志》卷七《田赋》[1]

县府名	原额实地	入额地	豁除地	实额地
宁夏县	4302.2 顷	493.25 顷	309.91 顷	4485.93 顷
宁朔县	2645.58 顷	1858.17 顷	279.51 顷	4232.74 顷
平罗县	4073.42 顷	4069.22 顷	356.23 顷	7786.91 顷
灵州	3416.94 顷	137.12 顷	461 顷	2300.45 顷
花马池	895.05 顷			
中卫县	3125 顷	99.41 顷	299.13 顷	2925.28 顷
总计	18458.19 顷	6657.17 顷	1705.78 顷	22626.36 顷

　　根据上表，宁夏平原渠道总长达2148里，灌溉面积达1683025亩，合今1548384亩。宁夏平原实额地达22626.36顷，比水渠灌溉面积16830.25顷要多出5796.05顷，这是水利的灌溉能力和实额土地之间的差异。因为宁夏平原不但有大量的水浇地，而且还有一定数量的旱地，其实额地面积自然比水浇地面积要大。宁夏平原的实额土地达22626.36顷，分别是明代永乐年间8337顷和弘治年间16933.5顷的2.56倍和1.33倍，显然清代的农业较前代获得了较大的发展。据嘉庆《重修大清一统志》所载宁夏平原需要交纳田赋的田地为23317.6顷，[2] 比乾隆时期的22626.36顷又有所增加，可见宁夏平原的土地垦殖在嘉庆时期还在继续增加。

　　综上所述，由于清政府重农政策的推行、地方官员的重视和完备严

---

　　① 灵州豁除地中包括雍正九年，在于酌请分疆定域案内，请设花马池州同，分管熟地八百八十五亩二分六厘。

　　② 嘉庆《重修大清一统志》卷264《宁夏府》。

格水利管理制度的实施，宁夏平原的水利建设、屯垦事业和土地垦殖比前代皆获得了长足地发展和提高。清代后期因沙压、河崩以及战乱等原因，宁夏平原的水利及土地垦殖又渐趋衰落。

第三章　清代河西走廊水资源利用与社会治理

河西走廊地处我国西北干旱区，水资源匮乏，水资源对该区经济社会的发展具有重要支配意义，围绕水所形成的分水、用水、管水、争水等成为该区社会生活的核心议题，本区亦日益形成以水为中心的社会。由于河西走廊拥有重要的军事地理地位，因此清代重视对该区的经营，而有关水利的开发与建设则是其中的重心。清代在此新建了数量众多的水利工程，为本区的农业发展、社会进步奠定了基础。

河西走廊是明清以来西北水利建设的重要区域，对此学界有不少研究成果。对于河西走廊在历史上的环境变迁及水利与生态环境关系的研究，李并成用力最深，《河西走廊历史地理》《河西走廊历史时期沙漠化研究》①等皆是其中力作。此外，唐景绅《明清时期河西的水利》②，对明清两代河西地区的水利概况、水利建设、水利管理等问题进行论述。王致中《河西走廊古代水利研究》③，对汉代至清末河西发展水利事业的基本史实进行爬梳。李并成《明清时期河西地区"水案"史料的梳理研究》④，对明清时期河西地区有关水利灌溉争讼方面的案件进行梳理和研究。王培华的系列论文⑤探讨了清代河西走廊的水资源纷争与水资源的分配制度。李国仁、谢继忠《明清时期武威水利开发略

---

① 李并成：《河西走廊历史地理》；李并成：《河西走廊历史时期沙漠化研究》，北京：科学出版社，2003年。

② 唐景绅：《明清时期河西的水利》，《敦煌学辑刊》1982年第3期。

③ 王致中：《河西走廊古代水利研究》，《甘肃社会科学》1996年第4期。

④ 李并成：《明清时期河西地区"水案"史料的梳理研究》，《西北师大学报》2002年第6期。

⑤ 王培华：《清代河西走廊的水利纷争及其原因——黑河、石羊河流域水利纠纷的个案考察》，《清史研究》2004年第2期；王培华：《清代河西走廊的水利纷争与水资源分配制度——黑河、石羊河流域的个案考察》，《古今农业》2004年第2期；王培华：《清代河西走廊的水资源分配制度——黑河、石羊河流域水利制度的个案考察》，《北京师范大学学报》2004年第3期。

论》①，宋巧燕、谢继忠《明清时期张掖的水利开发》②对明清时期武威、张掖地区的水利工程概况与水利管理等问题进行分析。秦佩珩考证了清代兴修敦煌水利的具体措施以及管理制度。③潘春辉进一步分析了河西走廊水利开发的积弊以及清代河西走廊水利治理问题等。④

上述研究，引起了学界对历史时期河西走廊水问题的重视，在此基础上，本章拟对清代河西走廊地区的水利建设及社会治理等相关问题进行探讨。

第一节　清代河西走廊的水资源条件及人文社会环境

河西走廊地处甘肃西端，天然降水稀少，该区主要河流如疏勒河水系、黑河水系、石羊河水系等皆源于祁连山高山积雪。水资源的匮乏使该区农业社会发展仰赖水利灌溉。

一、河西走廊的地理环境

（一）地理位置

河西走廊位于甘肃省境内黄河以西，自乌鞘岭向西北延伸至甘新交界、东西延伸1100公里、南北宽10~100公里、呈NEE—SEE走向的狭长形地带，因位于黄河以西、地形狭长而得名。河西走廊历来有广义与狭义两种概念，广义的河西走廊是指向北越过北山（由西向东依次为马鬃山、合黎山、龙首山），直达蒙古阿尔泰山，包括阿拉善荒原的广大地区，面积约40万平方公里。狭义的河西走廊是指星星峡以东，乌鞘岭以

---

① 李国仁、谢继忠：《明清时期武威水利开发略论》，《社科纵横》2005年第6期。

② 宋巧燕、谢继忠：《明清时期张掖的水利开发》，《河西学院学报》2005年第1期。

③ 秦佩珩：《清代敦煌水利考释》，《郑州大学学报》1985年第4期。

④ 潘春辉：《清代河西走廊水利开发与环境变迁》，《中国农史》2009年第4期；潘春辉：《清代河西走廊水利开发积弊探析——以地方志资料为中心》，《中国地方志》2012年第3期；潘春辉：《水官与清代河西走廊基层社会治理》，《社会科学战线》2014年第1期。

西，祁连山以北，北山以南的狭长台地，[①]狭义的河西走廊面积27.6万平方公里，占甘肃总面积60%以上，占全国总面积2.88%。在行政区划上属于甘肃省张掖、酒泉、武威、金昌、嘉峪关五市和内蒙古自治区阿拉善盟额济纳旗、阿拉善右旗所辖。河西走廊是我国内地通往新疆、中亚和印度各地的交通要道，是古"丝绸之路"和现代"亚欧大陆桥"的要冲，在政治、军事、经济、民族融合、中西文化交流等方面具有重要地位，向来为兵家必争之地，[②]战略地位重要。

（二）地形地貌

河西走廊的地势特点是南北高、中间低、东西狭长。该区地形由三部分组成：南部是高峻的祁连山，北部是长期剥蚀的低山和残丘，中部为走廊平原地带。河西走廊地质构造上属于祁连山山前凹陷带，北部则为阿拉善台块。

河西走廊区内土地依地貌类型可分为三部分：南部为祁连山地，其最西南一隅为阿尔金山山地。祁连山脉东西长约800公里多，由7条大致平行的NWW走向的古生代褶皱、中新生代断裂隆起的高山和谷地组成，大部分海拔在3000~3500米以上。走廊南侧的祁连山地区不仅降水较多，且分布有数以千计的大小绿洲，降雨径流和冰川融水形成的三大水系注入北部的走廊低地，是河西走廊重要的水源地和涵养林区。

中部为走廊高平原，东起古浪峡口，西至甘、新交界，绵延千余公里，海拔一般为1000~2200米。以大黄山、黑山为界，走廊高平原又可分为三个独立的内陆河流区域。从南北两侧山地冲刷下来的沙砾物质覆盖了走廊的大部分地面，受搬运距离和重力影响，冲积、洪积物呈明显的分选规律，使地貌结构呈带状分布。从南到北各带依次为：南山北麓坡积带、洪积扇带、洪积冲积带、冲积带、北山南麓坡积带。其中冲积带又可称为细土平原，地下水在此带与洪积冲积带衔接处即扇缘大量溢出，故扇缘又称泉水溢出带。[③]同时，以三大内陆水系为中心形成和发育了众多的大小绿洲，其中较大的绿洲有18个，是走廊经济发展的核心

---

① 任继周主编：《河西走廊山地—绿洲—荒漠复合系统及其耦合》，北京：科学出版社，2007年，第4页。

② 田澍：《明代对河西走廊的开发》，《光明日报》2000年4月21日。

③ 李并成：《河西走廊历史时期沙漠化研究》，第8页。

地带。其中最大的是武威绿洲，面积3320平方公里；最小的是敦煌的南湖绿洲，面积只有30平方公里。河西走廊绿洲的形成、发展和演化与祁连山水资源的丰欠状况息息相关，若没有水资源的孕育滋养，极端干旱的荒漠是不可能有绿洲出现的。因此，水资源便成为绿洲生态系统中极其重要的先决条件。

北部为走廊北山山地和阿拉善高平原。走廊北山系长期剥蚀的中山、低山和残丘，自东向西有龙首山、合黎山和马鬃山，呈东西向断续分布，长约1000多公里，海拔1500~2000米，阿拉善高原在1000~1500米，主要是沙漠和戈壁景观。

（三）土地资源

河西走廊土壤空间分异明显，在祁连山北坡及东大山森林草原区，土壤类型主要有山地棕钙土、山地栗钙土、山地草甸草原土、山地灰褐土、高山草甸草原土、高山草原土、山地森林草原土、山地森林草甸草原土、沼泽土及高山寒漠土等；在荒漠区主要有棕漠土、灰棕漠土，是由沙砾质冲积物的母质在干旱条件下发育形成的地带性土壤；此外在河流冲积平原上和湖盆低地还发育了盐土、草甸土和沼泽土。[1]河西走廊虽然土地面积较广，但不适宜利用的戈壁、沙漠、山地和寒漠等占大部分。宜农土地仅约13360平方公里，占土地总面积的5%；其中人工绿洲11125平方公里，仅占土地总面积的4.12%，它们像一个个绿色的小岛散落在茫茫荒原上。[2]另据张勃等统计，河西走廊耕地面积仅占总土地面积的3.17%。如下表。

---

① 张勃、石惠春：《河西地区绿洲资源优化配置研究》，北京：科学出版社，2004年，第66页。

② 李并成：《河西走廊历史时期沙漠化研究》，第8页。

河西走廊耕地面积表（单位：万公顷）[1]

地区	土地面积	耕地面积	有效灌溉面积	耕地占总土地/%	灌溉耕地占总耕地/%
酒泉市	1900	14.65	14.60	0.77	99.66
嘉峪关市	13	0.43	0.43	3.30	99.07
张掖市	419	26.79	18.97	6.40	70.78
金昌市	96	8.94	8.34	9.31	98.89
武威市	332.3	36.62	22.80	11.02	62.26
总计	2760.3	87.43	65.63	3.17	75.06

　　据统计，河西地区草地占29.54%，林地占3.02%，其他占2.82%，而未利用土地面积占61.34%。[2]由于没有水泽滋育，大面积土地不能利用，而宜农耕地及人工绿洲其生态环境受荒漠的强烈影响，潜在不稳定性强。尤其是下游绿洲多与流沙、盐碱地、戈壁相间分布，生态系统的潜在不稳定性更强。[3]

　　（四）水资源

　　水是生命的源泉，在河西走廊绿洲荒漠地带更为重要，它是河西走廊农业发展的保证。河西地区多年平均降水量384亿立方米，折合平均降水深度142毫米，多年平均降水量分布呈现由东向西递减。降水量最大的地区在祁连山冷龙岭高山区，这一带多年平均降水量在700毫米以上，居全区之冠，且降水量稳定，变化小，是河西走廊农业灌溉可靠的水源地。降水量较小地区位于沙漠戈壁边缘的绿洲，如北部民勤湖区年降水量为80毫米，西部的瓜州年降水量仅为35毫米。河西内陆河流域均属严重干旱区。可见河西走廊农业靠天然降水量是不能满足作物正常生长需要的，所以水利是农业的命脉，可以说没有灌溉便没有农业。[4]

---

　　[1]　张勃、石惠春：《河西地区绿洲资源优化配置研究》，第66页。

　　[2]　甄计国：《河西荒地可垦潜力——可持续发展的管理方略与开发对策研究》，《甘肃省国土资源、生态环境与社会经济发展论文集》，兰州：兰州大学出版社，1999年，第28页。

　　[3]　李并成：《河西走廊历史时期沙漠化研究》，第8页。

　　[4]　贡小虎：《甘肃河西内陆河流域水资源特征与农业生产发展的探讨》，《中国沙漠》1994年3期。

河西走廊的水资源主要源于其南部的祁连山脉。祁连山地带降水量在400~800毫米以上，冰川发育良好，冰雪融水形成地表径流及部分地下水汇入，祁连山流入区境共有大小57条河流，皆为内陆河，它们由东向西分属于石羊河、黑河和疏勒河3大流域水系。石羊河水系由大靖、古浪、黄羊、杂木、金塔、西营、东大、西大、洪水、白塔、南沙、北沙、金川河等主要支流组成，干流全长300公里余，出山径流量$1.55×10^9$立方米，占23.75%。黑河水系由山丹、童子坝、洪水、海潮坝、大都麻、黑河、梨园、摆浪、马营、丰乐、洪水坝、讨赖等主要支流组成，干流全长800公里余，出山径流量$3.22×10^9$立方米，占51.85%。疏勒河水系由白杨、石油、昌马、榆林、党河等主要支流组成，干流全长580公里余，出山径流量$1.5525×10^9$立方米，占24.04%。三大水系出山地表水资源总量$6.6844×10^9$立方米。另有无观测资料的小河沟地表水资源估算量$4.8183×10^8$立方米、浅山地表水资源估算$2.4877×10^8$立方米，地下水多年平均储量为44.77亿立方米。河西地区地表水资源总量$7.415×10^9$立方米。河西河川径流补给来源主要为山川降水和高山冰川。各河流量稳定，年径流量的Cv值均在0.25以下。河流出山后首先流经山前洪积冲积扇裙，经灌溉、渗漏后至扇缘泉水出露带再次出露，汇为若干泉水河流，向北注入下游绿洲平原。[1]

河西走廊三大水系多年平均地表径流量表 （10^8立方米）[2]

流域	有测站控制河流		小河沟		前山区		径流量	径流组成		
	径流量	占总量%	径流量	占总量%	径流量	占总量%	合计	降水	地下水	冰川融水
石羊河	14.80	93.3	0.49	3.1	0.58	3.6	15.87	63.8	31.4	4.8
黑 河	33.01	89.4	2.86	8.0	0.96	2.6	36.83	58.4	31.0	10.6
疏勒河	15.06	90.2	1.04	6.2	0.59	3.6	16.69	17.4	35.3	47.3
总 计	62.26	90.6	4.39	6.3	2.13	3.1	69.39	47.9	36.3	15.8

---

[1] 李并成：《河西走廊历史时期沙漠化研究》，第7页。
[2] 张勃、石惠春：《河西地区绿洲资源优化配置研究》，第61页。

　　河西水资源水质优良，便于开采，可自流灌溉，且地表、地下径流可大量转化与重复利用，从而提高了可资利用的水资源总量。现状最大可重复利用率约40%，则河西现状最大可能供水量为$1.049×10^{10}$立方米，其中石羊河、黑河、疏勒河三大流域分别为$2.37×10^9$立方米、$5.77×10^9$立方米、$2.35×10^9$立方米。然而区内水资源的数量又是有限的，历史上往往成为农业开发的主要制约因素。[1]

　　民国时期《甘肃省乡土志稿》对当时河西走廊的河流湖泊进行了统计，现列表如下：

河西走廊各县河流湖泊简明表 [2]

县名	水名	方向	里数	水名	方向	里数
武威	石羊河	南		氾洋池	南	190里
	白塔河	南		熊爪湖	北	50里
	海藏寺河	西		刘林湖	北	10里
	南北沙河沟	南		水磨川	南	40里
	清水河	西南		暖泉	西	35里
	鱼池	东	1里	硝池	东北	60里
	天池	西南	20里	茅草泉	北	60里
	近城泉	东	5里	乌牛坝	东	
	温泉	西南	100里	夆占口洞	东南	50里
民勤	大河	南		管山湖	东北	200里
	月牙湖	南	10里	昌宁湖	西	120里
	大坝湖	东	30里	龙潭	东	40里
	天池湖	北	25里	白亭湖	东北	60里
	柳林湖	东北	120里	黄白盐池	南	30里
	鸳鸯白盐池	东	50里			

---

① 李并成：《河西走廊历史时期沙漠化研究》，第7页。
② 朱允明：《甘肃省乡土志稿》第二章《河流之分布》，甘肃省图书馆藏书，第126页。

续表

县名	水名	方向	里数	水名	方向	里数
永昌	水磨川			硝池	东北	60里
	蹇占口洞	东南	50里	暖泉	西	35里
	乌牛坝河	东		茅草泉	北	60里
古浪	古浪河	南	10里	酸茨沟河	东南	120里
	龙沟河	东	50里	鸳鸯池	西	70里
	火烧岔河	南	27里	高崖泉	西	2里
	石门峡河	东南		暖泉	南	8里
	甘酒石沟	南	15里	湖滩泉	南	5里
	香水泉	南	70里			
张掖	张掖河			九眼泉	北	5里
	山丹河	北	25里	兀喇河	北	
	洪水河	东南	150里	草湖泉		
	黑水	西	80里	龙首潭	西南	80里
	甘泉	西南				
临泽	黑水	北	5里	响河水	南	90里
	沙河水	东	40里	东沙河水	东	50里
	西大口河	南	50里	蓼泉	东南	
	九眼泉	东南	30里	五眼泉	东	35里
	双泉		35里	巨井	南	30里
	西湖	西	3里			
山丹	山丹河	西		南草湖	东南	1里
	猩猩堡水	西		西草湖	西	10里
	碗窑沟水	南		马腾泉	北	20里

续表

县名	水名	方向	里数	水名	方向	里数
酒泉	白亭海	东北	100 里	讨来河	北	100 里
金塔	天仓河	东北	300 里	花城儿湖	北	80 里
	沃河	东	40 里	鸳鸯池	东北	40 里
	清水河	北	50 里	路家海子	西	
	黑水	西北	120 里	暖泉	东	15 里
	红水	东南	30 里	卯来河泉	西南	250 里
	白水	西南	20 里	九眼泉	北	380 里
	放驿湖	东	1 里	橘树泉	西北	85 里
	铧尖湖	东南	20 里	羊头泉	北	330 里
	郑家湖	北	7 里	沙枣泉	东北	230 里
	苍儿湖	北	25 里	崔家泉	东北	
高台	弱水	北		水磨湖	北	10 里
	呼蚕水			狼窝湖	西北	20 里
	五坝湖	东	12 里	苇场湖	西北	15 里
	大芦湾湖	东北	20 里	李家湖	西北	20 里
	黑泉站	东	40 里	官军湖	西北	170 里
	海底湖	西北	10 里	局匠湖	东南	10 里
	鸳鸯湖	西	10 里	底不收湖	西北	
	七坝湖	西	20 里	兀边旧乃湖		500 里
	月牙湖	西北	5 里	大湖	西北	180 里
	高台站家湖	西北	5 里	白盐池	北	220 里

续表

县名	水名	方向	里数	水名	方向	里数
安西	苏顶河	北	3里	八道沟	东	200里
	三道沟	东	240里	九道沟	东	180里
	四道沟	东	230里	十道沟	东	160里
	五道沟	东	220里	黑水河	东	70里
	六道沟	东	230里	窟窿河	东	120里
	七道沟	东	210里	弑不弑河	东	70里
	布鲁湖	东北	210里			
敦煌	龙勒水	南	180里	盐池	东	47里
	悬泉水	东	130里	色尔腾海	西南	
	蒲昌海			月牙泉	南	
	渥洼水			药泉	东南	1里
玉门	昌马河	西南	120里	白杨河	东	5里
	石脂水	东南	150里	西几马河	东	
	金河	西				

从上表可知，清代河西地区除三大河流可资灌溉利用外，尚有一些湖泉可就近利用，然多数湖泉距离辽远，利用率较低。

（五）气候资源

气候资源是国土资源的主要组成部分之一。河西走廊气候干燥，温差大，气候冷热交替明显，"河西一代寒暑具烈，空气干燥，秋冬朔风凛冽，衣裘不暖，夏季亦甚炎热，然气候变化无常，虽在盛暑早晚仍需衣棉。"除武威、张掖一带霜期由九月至次年四月外，其余如古浪、山丹、永昌、酒泉之寒度略与青海相同，"盖因各县多居山口风道中故耳，酒泉地接塞外，且祁连山岭积雪终年不消，故气候极为寒冷。酒泉而出嘉峪关纯属戈壁沙漠气候，变化毫无常态，更西至玉门一带，夏日炎热，行人需昼伏夜出，安西则暴风飞沙终年不止……而敦煌盆地气候温暖，物产饶富，地势情景大有江南之风"[1]。总体而言，河西走廊气候特征为冬季寒冷而漫长，夏季炎热而短暂，春季升温快，秋季降温速。

河西走廊位于亚欧大陆腹地，冬季寒冷干燥，夏季干燥少雨，属于典型的温带和暖温带荒漠气候。具有光照丰富、热量较好、温差大、干燥少雨、多风沙等特征。南部祁连山区则属于青藏高原高寒气候。河西气候在水平分布上具有明显的东西和南北差异。从东到西，由山地到平原的气温和降水量均有较大的差异。年均温度由东到西和自山地向平原递减，太阳辐射、光照、蒸发量沿此方向递减，而年降水量由东向西和自南部山地向走廊地带递减，空气极端干燥。

走廊自东向西各项气候指标变幅为：

1. 光热资源。年太阳总辐射量$5.86×10^9$~$6.698×10^9$J/m2，走廊中西部年太阳辐射总量6000~6400兆焦/m²，年日照时数2360~4000h、安西最高达3200小时以上。全年日照百分率高达60%~80%，仅次于青藏高原和南疆地区。全区年平均气温4℃~10℃，七月均温在20℃以上。敦煌、安西最高，可达25℃。昼夜温差大，平均日温差约12℃~16℃。≥10℃的积温为2000℃~3500℃，无霜期140~170天，除满足一季农作物之需外，热量尚有结余，不少地方可以复种。光照条件十分有利于农作物的生长。丰富的光照资源使得各种作物光合同化率高；大部分地区的热量能满足喜温作物玉米的生长，西部的安敦盆地和金塔一带还能种植棉花，暖季白天温度较高，利于作物生长，夜间温度低，呼吸减弱，降低消耗，植物光合物质积累较快，瓜果及甜菜含糖量、粮食作物的蛋白质含量都较高。如张掖县"日照，年平均晴天占百分之二十五，阴天占百分之二十，多云天占百分之五十五，十一至十二月阴天少，六至七月阴雨天多"[2]。张掖县阴天占20%，而晴天与多云的天气占80%。光热条件好。

---

[1] 李廓清：《甘肃河西农村经济之研究》第一章《河西之农业概况》第一节《自然环境》，台北：成文出版社有限公司，1977年。

[2] 白册侯、余炳元：《新修张掖县志》，《地理志·气象》，张掖：张掖市市志办公室校点整理，1997年，第49页。

2. 降水量。河西走廊降水量稀少，所有水田皆赖祁连山雪水灌溉。"终岁雨泽颇少雷亦稀闻，惟赖南山融雪回合诸泉流入大河分筑渠坝，引灌地亩，农人亦不以无雨为忧。"[①]据统计，河西走廊年降水量200~50毫米以下、年蒸发量2000~3500毫米以上，中部平原地带，年平均降水量只有100毫米左右，东部可达180毫米，西部仅有40毫米，干燥度3.70（武威）~19.5（敦煌），非常干旱，相应发育的地带性景观为温带半荒漠至荒漠，发展农业全部依靠灌溉。由四季平均雨量而言，春季为下种时期，夏季为作物滋生最旺盛时期，均需要丰沛雨量方可适应作物生长。但走廊四季雨量分配并不平均，降雨最多在夏末，次为秋季，春季更次之，冬季为最少，其雨量变率亦甚大，七、八月间有时暴雨倾盆，易形成水患。

3. 风沙状况。河西地区风沙大，如安西"春冬时有大风迅烈，沙石飞扬数日不息，草木为之拔去"[②]。张掖"4~5月多西北风，风速偏大，平均3~35米/秒"[③]。金塔县亦每年多风，"以四季而言，春季多西风，间有西北风及东风；夏季西风稍息，有东南风及东风，东风有时吹来如炽，时则空气最为干燥（俗名曰热东风），若连刮三四日即有发山水之验；秋季亦多西风；冬季多东风，而冬季之东风尤较西风为最酷烈，有时尘沙飞扬树木摧折"[④]。≥8级大风日数年均15.9（武威）~68.5（瓜州）天，盛行风向走廊中东段为西北风，西段多东北风，主要盛行于冬春季节，恰与本区干旱季节相吻合。干燥和风沙是影响绿洲土地开发利用、危害农牧业生产的主要不利因素。兴修水利、防风固沙为本区土地开发的必要条件。[⑤]

河西气候在南北方向上的差异更为明显，由南部山区的高寒过渡到走廊平原的干旱气候，再向北到阿拉善高平原干旱程度加剧，年降水量在100毫米以下，年蒸发量高达3000毫米以上，风沙活动更趋剧烈。

---

① 常钧：《敦煌随笔》卷上《安西》，《边疆丛书》甲集之六，1937年，第375页。
② 曹馥：《安西县采访录》，《舆地》第一《气候》，甘肃省图书馆藏书。
③ 白册侯、余炳元：《新修张掖县志》，《地理志·气象》，第50页。
④ 《金塔县采访录二》，《气象类》，第4页，甘肃省图书馆藏书。
⑤ 李并成：《河西走廊历史时期沙漠化研究》，第9页。

河西绿洲部分城镇气候状况表 [①]

地点	年降水量/毫米	年蒸发量/毫米	≥8 级大风日数/d
武威	158.4	2021.0	15.9
永昌	173.5	2001	
山丹	196.2	2245.8	17.4
张掖	129		
临泽	122.3	2337.6	
高台	103.6	1923	
酒泉	85.3	2148.8	17.0

河西走廊各地天然降水量极少，蒸发量往往是降水量的数十倍，且风大沙大，农业发展的环境阻力大，非水利灌溉则不能开展。

（六）土壤与植被

河西地域辽阔，位处我国三大自然区——东南季风区、蒙新高原区、青藏高寒区的交会处，自然条件复杂，形成以山地土壤、荒漠土壤、绿洲灌溉耕作土壤为主的各类土壤。走廊中北部尤以地带性的灰漠土、灰棕漠土、棕漠土、风沙土等荒漠土壤所占面积较大。绿洲灌溉耕作土是在荒漠条件下因灌溉农业发展形成的土壤。河西绿洲耕作历史悠久，由于长期灌溉、施肥、客土拉沙等影响，在原有土壤上层形成了一层厚约1~2.5米的"灌溉堆积层"，土质细腻肥沃，适于农耕。但因其成土母质主要为第四纪河湖相松散堆积物，疏松多沙，且地表裸露季节又正值少雨和大风季节，周围又被大面积的荒漠风沙土壤所包围，具有潜在沙漠化的威胁。[②]据河西各县方志记载，清代河西地区土壤含沙量大、盐碱化程度高，土壤肥力低。如武威，"边壤沙碛过半，土脉肤

---

① 任继周主编：《河西走廊山地—绿洲—荒漠复合系统及其耦合》，第244页。
② 李并成：《河西走廊历史时期沙漠化研究》，第9页。

浅，往往间年轮种，且赋重更名常亩，且有水冲沙压者"①。瓜州，"各地俱系泥土沙砾混合，不甚肥沃，无有森林山泽，惟戈壁沙漠占全县十分之七"②。又敦煌、玉门均在嘉峪关外，"且土带沙性"③。可见河西土壤含沙量大。史载，该地"境尽刚土，田家作苦倍他处，耕必壮牛曳大铧，有触铧立折"④。可知河西走廊土壤硬度高。史载，安西等地"赤卤之地土性燥烈，若当春遇雨，齫气上蒸，土皮凝结，需重复笆犁，农工倍苦"，"亦有开种地亩二三年后地力寖薄势需停耕者，仅可听民另觅可垦之地补种，非官法所能督"⑤。"安西府属渊泉县城且地势潮碱，春冬消长不一"⑥。这也反映出河西地区土壤盐碱度高、肥力低下。

河西走廊生态地域多样，植被的垂直分布带主要有以下几种：荒漠草原带、山地荒漠草原带、山地典型灌丛草原带、寒温性针叶林带、高山灌丛草甸带、高山亚冰雪稀疏植被带。⑦植被类型具有中纬度带山地和平原荒漠植被的特征，属温带荒漠植被带东部和荒漠草原带西部相衔接的地带。其中云杉属（Picea）和圆柏属（Sabina）的乔木属种是中山水源涵养林的主要植被，建群作用十分明显。平原荒漠植被从东到西可分为温带荒漠和暖温带荒漠两个植被生物气候带类型。前者地带性植被以旱生和超旱生的灌木、半灌木为主，分布最广的是红砂（琵琶柴）和珍珠荒漠，其东部气候较湿润，荒漠植被具有明显的草原化特征，群落中伴生有针茅、闭穗、多根葱等草本植物。后者地带性植被为典型的超旱生灌木、小半灌木,分布最广的是合头草、红砂、膜果麻黄荒漠。⑧

---

① 张珚美修，曾钧等纂：《五凉全志》，《武威县志·地理志·田亩》，台北：成文出版社有限公司，1976年，第32页。
② 尤声瑸：《安西县地理调查书·土壤》，甘肃省图书馆藏书，第2页。
③《清高宗实录》卷757，乾隆三十一年三月己亥条。
④ 刘郁芬：《甘肃通志稿》《民族志·风俗》，第611页。
⑤ 常钧：《敦煌随笔》卷上《安西》，第375页。
⑥《清高宗实录》卷776，乾隆三十二年二月甲午条。
⑦ 张勃、石惠春：《河西地区绿洲资源优化配置研究》，第68页。
⑧ 李并成：《河西走廊历史时期沙漠化研究》，第10页。

二、清代河西走廊人文社会环境

（一）河西走廊行政建制沿革

自汉代设立河西四郡始，历代王朝皆重视对河西地区的经营。清朝立国后，加强了对河西走廊的管理。在行政建制上，清代初年沿袭明代在河西的卫所制度。康熙五十七年（1718年）于嘉峪关边外开设靖逆厅，设靖逆同知治理，下辖靖逆、赤金二卫。雍正二年（1724年）十月丁酉，川陕总督年羹尧奏言，"甘肃之河西各厅自古皆为郡县，至明代始改为卫所。今生齿繁庶不减内地，宜改卫所为州县"①。于是废除省行都司及诸卫所，在河西走廊设立凉州府、甘州府。雍正五年（1727年），又于嘉峪关边外开设安西厅，设安西同知治理，下辖安西、沙州、柳沟三卫，将前设靖逆厅改为靖逆通判。雍正七年（1729年），将肃州卫改为肃州直隶州。平定西域之后，乾隆二十五年（1760年），将安西、靖逆二地改卫为厅，设置安西府。乾隆三十八年（1773年）改安西府为直隶安西州。各卫所渐次裁撤并改为州县。②

清代河西地区共设二府二州，分别为凉州府、甘州府、安西州、肃州。

凉州府　位于河西走廊东段，即今武威市。清代建立以后沿袭明制，此地为凉州卫，雍正二年（1724年）改为凉州府，下辖五县：

武威县：即汉姑臧县，雍正二年（1724年）改凉州卫为府，以武威县为府治所在地。

镇番县：位于河西走廊东北部，明洪武二十九年（1396年）设镇番卫，清雍正二年（1724年）改县属凉州府。

永昌县：位于河西走廊东部，明洪武十五年（1382年）置永昌卫，清朝雍正二年（1724年）改县，属凉州府。

古浪县：即汉苍松县，位于河西走廊最东部。明正统三年（1438年）在此地设置古浪所，属陕西行都司，清雍正二年（1724年）改县，

①《清世宗实录》卷25，雍正二年十月丁酉条。
②《清朝文献通考》卷283《舆地十五·考七三三四》，杭州：浙江古籍出版社，2000年。

属凉州府。

平番县：位于今永登县境，不在本节所涉域内，略。

甘州府　位于河西走廊中部，即今张掖市。明洪武五年（1372年）在此地置甘肃卫，十五年（1382年）改置甘州中、左、右、前、后五卫。清朝顺治十五年（1658年）裁中、前、后三卫，仅保留左、右二卫。雍正二年（1724年）裁行都司改置甘州府，管辖张掖、山丹、高台三县。雍正八年（1730年）将高台分隶肃州。乾隆八年（1743年）徙张掖县丞驻东乐，分领一驿十四堡，大事管理于张掖。民国二年（1913年）始置为县。① 乾隆十五年（1750年）移镇番柳林湖通判于抚彝。② 下辖张掖县、山丹县、抚彝厅。③

张掖县：明为甘州中、左、右、前、后五卫。清雍正二年（1724年）改卫为府，以张掖县为甘州府治。乾隆初年在张掖县东七十里的东乐堡设县丞，分领十四堡。④

山丹县：明洪武二十四年（1391年）设山丹卫。清雍正二年（1724年）改县，属甘州府。⑤

抚彝厅：即今临泽县。清乾隆十五年（1750年），移镇番县柳林湖通判驻抚彝堡。乾隆十九年（1754年），建抚彝厅。⑥

安西直隶州　明初为沙州卫及赤金蒙古卫地，成化时改沙州卫为罕东左卫。清朝初为边外地。康熙五十七年（1718年），于此地设置靖逆卫及赤金卫，并于靖逆城设同知，下辖二卫。又于渊泉县设立柳沟所，并设柳沟通判进行管理。雍正二年（1724年），于布隆吉尔地方设置安西卫，并在此地筑城驻兵，设总兵驻守，是为安西镇，又于渊泉县设安西同知，下辖安西卫、沙州所。⑦ 雍正四年（1726年），设立沙州卫，

---

　① 徐传钧、张著常等：《东乐县志》卷1《地理志·沿革》，兰州：兰州古籍书店，1990年，第416页。

　② 升允、长庚修，安维峻纂：《甘肃新通志》卷4《舆地志·沿革表》，第430页。

　③ 刘锦藻：《清朝续文献通考》卷320《舆地十六·考一〇六〇五》，杭州：浙江古籍出版社，2000年。

　④《清朝续文献通考》卷320《舆地十六·考一〇六〇五》。

　⑤《清朝文献通考》卷283《舆地十五·考七三三三》。

　⑥ 升允、长庚修，安维峻纂：《甘肃新通志》卷4《舆地志·沿革表》，第430页。

　⑦ 升允、长庚修，安维峻纂：《甘肃新通志》卷4《舆地志·沿革表》，第430页。

并裁撤柳沟通判，将柳沟所改为柳沟卫，沙州卫、柳沟卫同属于安西厅，并改靖逆同知为靖逆通判，改赤金卫为赤金所，隶属于靖逆厅。雍正五年（1727年），将安西镇城改筑于旧城西百余里之大湾地方都尔伯勒津西北，即今瓜州县城北约二公里处的安西旧县城，并将安西卫及安西同知俱移设在此地，下辖安西卫、柳沟卫、沙州卫。将柳沟卫移于安西旧城，并改布隆吉尔为柳沟卫。后再次将靖逆厅所属之赤金所改为赤金卫。乾隆二十五年（1760年），因为西域平定，将卫所裁撤，改为安西府。改安西卫为渊泉县且为府治所在地，柳沟卫并入渊泉县，改沙州卫为敦煌县，改赤金卫为玉门县，靖逆卫并入玉门县。安西府下辖敦煌、渊泉、玉门三县。乾隆二十七年（1762年），将敦煌县设为府治所在地。乾隆三十八年（1773年），改安西府为直隶安西州，渊泉县并入玉门县。[①]直隶安西州共下辖二县：

敦煌县：今敦煌市，明初于此地置沙州卫。成化十五年（1479年）置罕东左卫，嘉靖以后没于吐鲁番。清雍正元年（1723年）置沙州所，雍正四年（1726年）改为沙州卫，隶属安西厅。乾隆二十五年（1760年），改沙州卫为敦煌县，隶属安西府。乾隆二十七年（1762年），设为府治所在地。乾隆三十八年（1773年）改安西府为安西州，隶属安西州。[②]

玉门县：今玉门市，明初在此地设置赤金蒙古卫，正德以后为吐鲁番所侵。清康熙五十七年（1718年），改靖逆卫为靖逆厅，并将此地设为治所所在地，兼领赤金卫，后改赤金卫为赤金所，很快又改为赤金卫。乾隆二十五年（1760年），改赤金卫为玉门县，裁撤靖逆卫并入玉门县。乾隆三十八年（1773年），改安西府为安西州，并渊泉县入玉门县。[③]

肃州　明洪武二十八年（1395年）开设肃州卫。清朝初年沿袭下来，雍正二年（1724年），裁卫并入甘州府。雍正七年（1729年），改置直隶肃州，裁撤肃州通判。[④]今为酒泉市肃州区。领县一分县一：[⑤]

---

① 《清朝文献通考》卷283《舆地十五·考七三三四》。
② 《清朝文献通考》卷283《舆地十五·考七三三四》。
③ 《清朝文献通考》卷283《舆地十五·考七三三四》。
④ 《清世宗实录》卷80，雍正七年四月辛丑。
⑤ 《清朝续文献通考》卷320《舆地十六·考一〇六〇五》。

　　高台县：今高台县，明景泰七年（1456年），置高台守御千户所，属肃州卫。清雍正二年（1724年），裁撤高台所、镇夷所，隶属甘州府。雍正七年（1729年），改为高台县，隶属肃州。

　　毛目分县：毛目分县属高台，清雍正初始有屯军驻扎。雍正三年（1725年）招民开垦。乾隆初年，屯军遣散，继设毛目水利分厅（县丞），同治间改为毛目分县，[①]今为金塔县鼎新镇一带。

　　（二）清代河西走廊的人口与民族

　　清代是中国人口发展史上的重要时期，随着清初"盛世滋丁永不加赋"[②]政策与雍正时期摊丁入亩政策的实施，乾隆时期中国人口迅猛增长。同样清代中前期河西走廊的人口也呈现出快速增长的态势。但由于同治年间回民战争等方面的原因，清代中后期河西走廊人口又迅速回落。清代河西走廊人口发展呈现出大起大落的趋势。

清代河西走廊人口分布表（单位：万人）[③]

地名	1776 年	1820 年	1851 年	1880 年	1910 年
甘州府	81.0	90.4	97.6	18.8	28.5
凉州府	134.8	150.4	162.5	45.8	71.6
肃州	40.5	45.2	48.8	11.6	19.0
安西州	6.9	7.8	8.4	3.6	4.5
总计	263.2	293.8	317.3	79.8	123.6

　　从上表看，有清一代河西走廊人口数量以凉州府为最多，这与该流域地理位置最东，以及降水量较大、自然条件相对优越有关。[④]其次为甘州府、肃州，最少者为安西州。1851年为河西人口最多的年份，1880

---

　　① 张应麒修，蔡廷孝纂：《鼎新县志》，《舆地志·沿革》，兰州：兰州古籍书店，1990年，第676页。

　　②《清圣祖实录》卷249，康熙五十一年二月壬午条。

　　③ 该表据曹树基《中国人口史》第五卷整理而成，上海：复旦大学出版社，2001年，第700页。

　　④ 程弘毅：《河西地区历史时期沙漠化研究》第六章《河西地区历史时期人类活动及其强度的定量重建·历史时期河西地区人口综述》，兰州大学博士论文，2007年，第198页。

年为人口最少年份。从横向看，1776年凉州府较甘州府多出53.8万人，较肃州多出94.3万人，较安西州多出127.9万人，其中凉州府人口数为安西州人口数的19.5倍。到1851年，凉州府人口数较甘州府多出64.9万人，较肃州多出113.7万人，较安西州多出154.1万人，凉州府人口数为安西州人口数的19.3倍。1880年，凉州府较甘州府人口多出27万人，较肃州多出34.2万人，较安西州多出42.2万人，凉州府人口数为安西州人口数的12.7倍。1910年，凉州府较甘州府多出43.1万人，较肃州多出52.6万人，较安西州多出67.1万人，凉州府人口数为安西州人口数的15.9倍。从纵向看，从1776年至1851年，甘州府人口数增长16.6万人，增长了20%，1880年人口较1851年减少78.8万人，减少了80%，到1910年人口又开始回升，较1880年增长9.7万人，增长了52%。从1776年至1851年，凉州府人口数增长27.7万人，增长了21%，1880年人口较1851年减少116.7万人，减少了72%，到1910年人口又开始回升，较1880年增长25.8万人，增长了56%。从1776年至1851年，肃州人口数增长8.3万人，增长了20%，1880年人口较1851年减少37.2万人，减少了76%，到1910年人口又开始回升，较1880年增长7.4万人，增长了64%。从1776年至1851年，安西州人口数增长1.5万人，增长了22%，1880年人口较1851年减少4.8万人，减少了57%，到1910年人口又开始回升，较1880年增长0.9万人，增长了25%。从总数上看，清代河西人口从1776到1851年持续增长，河西总人口增长了54.1万人，增长了21%，到1880年又大幅下降，河西总人口数由317.3万减至79.8万，减少237.5万人，人口减少75%，人口骤减，到1910年又有所回升。

　　由此我们得出如下两点认识：

　　第一点，清代光绪年间人口大幅下降。究其原因应为同光时期的回民事变对人口造成的影响。《甘肃省志》曾记："东干之乱，同治初年受太平党刺激之回教徒，由陕西蔓延于甘肃，变乱蜂起，杀戮弥惨，至同治八年（1869年）始获平息，而人口之伤亡不可胜记。"[1]清代回民事变对河西人口的影响很大。从县志记载看，清代回民事变导致河西走廊大量人口伤亡，如安西县在回乱之前有两千四百余户，而且民户较为

---

[1]　白眉：《甘肃省志》第五章《政教民俗》第三节《种族人口》，第128页。

富庶，回民战争后，"今仅有户九百"①。布隆吉城在回民战争之前，有居民八百余户，十分繁富，"今仅七八十家，瘠贫不堪，城内四分之三为空地，城内四望皆草地，草深没马"②。可知受所谓"回乱"的影响，安西县与布隆吉城人口大幅减少。再如民国《古浪县志》卷7《兵防志·军事汇记》记载，同治四年（1865年）回民军团进入大靖堡东二十里之裴家营，民团兵分两路共万余人堵击，"一路溃，伤人数千；一路九千人死，生还者数人而已"。同年十月，回民军队进攻县城，"弥山遍野，所过焚掠杀害无余"，人口伤亡严重。《甘宁青史略》卷21记载：同治四年（1865年），"肃州回叛，士民遇害者万余"。同治八年（1869年），清军攻克肃州城，"诸军入城纵火，枪轰矛刺，计土回五千四百余名，除拨出老弱妇女九百余口外，尽付焚如，肃州以平。二十四日安肃道史念祖、署肃州知州李宗笏入城，环际尸骸枕藉，即老弱妇女亦颇不免"③。再如敦煌居民雍正三年（1725年）由内地五十六州县迁来，至乾隆中叶户口繁殖，有八万多人，"同治回匪变乱，减至二万五千余"④。肃州威虏坝，"百余年来休养生息，田肥美民殷富，户口三千余众，同治四年（1865年）肃回变乱丧亡大半，田多荒芜"⑤。战争导致河西人口大量丧亡，田地荒芜，农业萧条，经济衰败。据研究表明，清代回民事变导致河西减少了二百多万人，见下表。

清代同光时期回民事变前后河西走廊人口表（单位：万人）⑥

府州	1861年	1880年	人口减少	1910年
凉州府	166.6	45.8	120.8	71.6
甘州府	100.0	18.8	81.2	28.5
肃州	50.0	11.6	38.4	19.0
安西州	8.6	3.6	5.0	4.5
合计	325.2	79.8	245.4	123.6

---

① 白眉：《甘肃省志》第三章《各县邑之概况》第七节《安肃道》，第105页。
② 白眉：《甘肃省志》第三章《各县邑之概况》第七节《安肃道》，第105页。
③ 左宗棠：《左宗棠全集》卷31，长沙：岳麓书社，1996年。
④ 《敦煌县各项调查表·敦煌县民族调查表》，甘肃省图书馆藏书。
⑤ 吴人寿修，张鸿汀校录：《肃州新志稿》，《街市村落·村堡》，甘肃省博物馆据所藏《陇右方志丛补·肃州新志稿》抄本传抄，第563页。
⑥ 该表据曹树基《中国人口史》第五卷《清时期》整理而成，第635页。

第二点，清代河西走廊从1776年至1851年人口持续增长，七十五年人口增加54万人。究其原因大致应有如下三个方面。首先，康熙五十一年（1712年）规定，"嗣后编审人丁据康熙五十年（1711年）征粮丁册，定为常额。其新增者，谓之盛事滋生人丁，永不加赋"①。人口数以康熙五十年（1711年）为准，此后增加人丁不增赋税，使人口增长摆脱了赋税的束缚，增长速度加快。其次，雍正元年（1723年），令直隶所属丁银摊入地粮内征收，即"摊丁入亩"，取消了延续千年的人头税，实行单一的土地税制。这些政策的实施皆大大刺激了人口的增长，使得清代人口持续猛增，河西地区亦不例外。第三，清代重视开发河西，采取移民政策以增加劳动力资源。早在顺治时期，清政府就多方招徕民户，以促进该地的农业社会经济发展。如顺治十四年（1657年），甘肃巡抚都御史在《题免编审丁徭疏》中言："而甘肃自闯回掠后，田产之焚者荒者十有二三，军民之存者活者十无一二，迩来文武各官百计招徕未归之孑遗。"②可见，清初为恢复农业生产，甘肃各级官员即尽力招徕农户，以利农耕。在清政府鼓励移民拓殖政策的影响下，河西各地出现了移民高潮。

如肃州人口即在移民的基础上持续增长。事实上向肃州的移民早在明代末叶就已开始，明末叶就有移民迁至王子庄墩堡、西红圈庄、金塔寺等处。清康熙、雍正间，移民不减，经肃州卫守备曹锡钺、兼收通判毛凤仪由山西、镇番、高台等处陆续迁来户民，垦辟土田。③其中清代金塔寺移民最早者为康熙五十八年（1719年），肃州卫守备曹锡钺招民王远怀等35户，于金塔寺边外新增垦户坝地9顷80亩。此后雍正四年（1726年），监收肃镇临洮府通判毛凤仪招民范英等318户在金塔寺边外、王子庄东西两坝开垦荒地25顷37亩7分。此外，在雍正初年，还将内附的吐鲁番回人安插于金塔寺西威鲁堡。乾隆二十六年（1761年），安插之回民（今维吾尔族）人口增加，承种熟地15360余亩。至乾隆四十四年（1779年），因其思乡心切，希望回归故土，再加上威鲁堡地亩有限，

---

① 《清圣祖实录》卷249，康熙五十一年二月壬午条。

② 张珚美修，曾钧等纂：《五凉全志》，《永昌县志·文艺志》，台北：成文出版社有限公司，1976年，第431页。

③ 赵仁卿：《金塔县志》卷2《人文·移徙》，金塔县人民委员会翻印，1957年。

所以清王朝将全部回众迁回至哈密。这样威鲁堡田地遂空，因而又分金塔所属各汉民240余户迁移至此住种。百余年来休养生息，田地肥美、人民殷富，户口三千余众。

再如安西州，清初设安西卫，时土著居民不多，其人口主要为迁徙而来之移民。安西移民类型大致包括："陆续招集及从前军兴时贸迁，有无挟资重获而花消无存羁栖流落者，或为农或为兵或讬迹工商或投充胥役或依栖佣作以糊其口，间有携带眷属营立家业者。"① 可见安西移民成分复杂，农民、士兵、商人、胥役、手工业者、流亡生活无着之人皆有。安西移民自清初即始。康熙五十六年（1717年），柳沟招徕户民106户，每户给地20亩，使其开垦，每年给予籽种。外柳沟营招徕余丁41户及客民1户，共42户，共种地715亩5分。② 同年，于赤金亦筑堡招民，开凿头二三四渠引流轮灌田亩。③ 招徕之民大多从事屯垦。乾隆五年（1740年），将原派屯兵撤回，招募流寓民人及营兵不入余丁册内之子弟承种柳沟、靖逆、赤金三处兵屯地亩8151亩，其中招募民人220户承种。其余近屯可垦地亩亦即于乾隆五年（1740年）招募民人82户，共开垦地3218亩。柳沟卫属之佛家营地方，于乾隆五年（1740年）招募民人92户，共新垦地2640亩。赤金卫属之上赤金、紫泥泉二处地方，乾隆八年（1743年），亦招募民人80户承种垦地1750亩。④

相对于柳、靖、赤三地，敦煌的移民数量及规模都较大。自雍正三年（1725年）迁内地五十六州县无业贫民2448户至敦煌，每人开田1分，每分拨田50亩。至雍正十一年（1733年），沙州卫招各州县户民共2405户，每户给地1顷，每户额征耗屯科京斗粮二石三斗四合。⑤ 到了乾隆年间，由于安西州所属之瓜州一带所安插之回众移归故土，故其所遗熟田20450亩需要招垦，共招佃682户，每户拨给田30亩，并借给牛、具、

---

① 常钧：《敦煌随笔》卷上《安西》，第375页。

② 黄文炜：《重修肃州新志》，《柳沟卫·户口田赋》，第567页。

③ 常钧：《敦煌随笔》卷上，第367页。

④《乾隆十年（1745年）川陕总督庆复二月初九（3月11日）奏》，中国科学院地理科学与资源研究所、中国第一历史档案馆：《清代奏折汇编——农业·环境》，北京：商务印书馆，2005年，第86页。此外常钧《敦煌随笔》卷下《户口田亩总数》记载"赤金招民七十户"，第388页。

⑤ 刘郁芬：《甘肃通志稿》，《民族志·移徙》，第495页。

房价、籽种、口粮。于秋收时除扣还籽种、口粮外，官四民六分收，而牛、具、房价等则分年完纳。此外尚有荒田约19550亩，于乾隆二十二年（1757年）奏明招民试垦，随经招垦151户。每户亦拨给荒田30亩，于二十三年（1758年）借给籽种试垦。①

以移民户口数而论，"安西卫原招余丁九十家"，乾隆时增至186户，"沙州卫原招户民2405户，柳沟卫原招户民余丁219户，靖逆卫原招户民561户，赤金卫原招户民275户，余丁53户"②。从移民数量的增长看，安西卫增加了96户，柳沟增加了113户，敦煌由于招垦回众所遗田亩，增加了833户。安西屯户并招民共开垦地1245顷32亩。③

下面对清代河西移民概况列表统计。

清代河西移民拓殖概况表 ④

地点	移民数	垦田数	时间
镇番县	72 户		雍正四年（1726）
	160 人		雍正五年（1727）
敦煌	2405 户	122400 亩	雍正三年（1725）
	682 户	20460 亩	乾隆二十一年（1756）
	151 户	4530 亩	乾隆二十二年（1757）
肃州王子庄墩堡			康熙、雍正间
肃州西红圄庄			康熙、雍正年间
赤金卫境东北			康熙五十六年（1717）

①《乾隆二十四年（1759）陕甘总督杨应琚七月十二日（9月3日）奏》，《清代奏折汇编——农业·环境》，第186页。

② 常钧：《敦煌随笔》卷下《户口田亩总数》，第388页。

③ 黄文炜：《重修肃州新志》，《安西卫·户口田赋》，第446页。

④ 注：我们仅根据现有资料对清代河西移民拓殖数目进行大致的统计，从而对清代河西移民屯垦的规模及范围作出一个大致的评估。

续表

地点	移民数	垦田数	时间
柳沟	106 户	2120 亩	康熙五十六年（1717）
	219 户		乾隆初年
靖逆卫	561 户		乾隆初年
赤金卫	328 户		乾隆初年
外柳沟营	42 户	715 亩	康熙五十六年（1717）
柳沟、靖逆、赤金三处兵屯地亩近屯可垦地亩	220 户	8151 亩	乾隆五年（1740）
	82 户	3218 亩	乾隆五年（1740）
柳沟卫属之佛家营	92 户	2640 亩	乾隆五年（1740）
赤金卫属之上赤金、紫泥泉二处	80 户	1750 亩	乾隆八年（1743）
安西卫	186 户	124532 亩	乾隆初年
金塔寺西威鲁堡	240 户	15360 亩	乾隆四十四年（1779）

从上表看，清代移民至河西屯垦者约5466户左右，[①]以户均8口人计算，[②]约为43728人。所以，从此数字上看，清代河西的移民数量、规模都较大。因此，在上述三方面因素的影响下，清代自1776年以来河西走廊人口增长较快。

总体看清代回民事变是河西人口增减的分界线，回民事变之前人口持续增长，而在此之后人口大幅降低。

---

① 其中雍正五年移民至镇番的一百六十人折为三十户计算。
② 李廓清《甘肃河西农村经济之研究》第一章《河西之农业概况》第二节《土地与人口》记载："河西僻处边陲，大家庭极为发达，每户农家平均以八口人计算"，且下文统计清代镇番县户均人口为十一人，故该处以户均八口人计算。

关于河西走廊的民族人口，一直以来该区民族聚居，"盖自有史以来，犬戎、匈奴、氐羌、月氏、鲜卑、党项、吐蕃、回纥各族与汉族竞争、斗战，迭为胜衰，凡四千余载"①。清朝建立以后，聚居于河西走廊的民族以汉族为主体，少数民族大致包括蒙古族、回族、藏族等，在河西方志中有多处则以番族概称。下面将河西走廊的民族概况列表说明：②

清代凉州少数民族情况表③

县名	族名	住地	人口数	职业及纳贡
武威	藏族	张义堡硖沟		耕牧。耕地 639 亩，每年纳粮 19 石，草 137 束，贡马 3 匹。
		炭山堡南山	286	畜牧。每年贡马 1 匹。
	回族	县城内	148	
		城郊	450	
古浪	番族	黑松、东山围场沟一带	1282	畜牧。每年贡马 3 匹
		大靖、黄羊川	1833	畜牧。每年贡马 6 匹
		安远柏林沟	508	畜牧。每年贡马 3 匹
	回族	县城	20~30 户	

---

① 刘郁芬：《甘肃通志稿》，《民族志·族姓》，第399页、438页。

② 以下三表内容，参见吴廷桢、郭厚安主编《河西开发研究》，兰州：甘肃教育出版社，1993年，第332~336页。

③ 本表据张玿美修、曾钧等纂《五凉全志》、李登瀛《永昌县志》卷9《杂志·回》制成，甘肃省图书馆藏书。

续表

县名	族名	住地	人口数	职业及纳贡
永昌	回族	县西南新城堡	45 户	农业、赋税负担同汉民
	番族	县城南	600	畜牧。每年贡马6 匹
	外番	县城北		畜牧
镇番	番族	东北境		畜牧
	回族			

清代甘州少数民族情况表 [①]

县名	主管	族名	住地	人口数	职业及纳贡
张掖	甘州城守营管	唐乌忒黑番	西流水河湾山场	466	畜牧。每年贡马2 匹
	梨园营管	西喇古儿黄番,大头目家(蒙古族)	牛心滩	1053	畜牧。每年贡马15 匹
		羊嘎家(蒙古族)	思曼处	1566	畜牧。每年贡马23 匹
		五个家(蒙古族)	大牦山	1689	畜牧。每年贡马23 匹
		八个家(蒙古族)	本木耳千	992	畜牧。每年贡马12 匹
		罗尔家(蒙古族)	半个山	837	畜牧。每年贡马9 匹

---

① 本表据钟赓起《甘州府志》卷8，台北：成文出版社有限公司，1976年，第766页；西喇古儿黄番八族见《甘肃新通志》卷42《塞防》；白册侯、余炳元《新修张掖县志·民族志》第99页；《创修临泽县志》卷3《民族志》第105、118、119 、120、131、136页制成。

续表

县名	主管	族名	住地	人口数	职业及纳贡
张掖	洪水营管	唐乌忒黑番	黄草沟	565	畜牧。每年贡马8匹
	南古城营管	唐乌忒黑番	大都麻	1272	畜牧。每年贡马12匹
		西喇古儿黄番八族	临城三墩一带		畜牧。八族每年贡马共113匹
		回族	西关、北街		
临泽	平川营管	蒙古族	临泽县城至白盐池190里地方		游牧

<h3 style="text-align:center">清代肃州少数民族情况表 [1]</h3>

州县	族名	住地	户数	职业及纳贡
直隶肃州	黄番	临城三墩	52	种地41户；畜牧、当兵11户。
		临城铧尖	86	种地59户；畜牧、当兵27户。
		临市河北坎	65	种地52户；放牧13户。
		城东坎头墩	39	种地39户；放牧、当兵10户。
		临城河北野狐沟	51	种地42户；放牧9户。

---

① 本表据《重修肃州新志》，《肃州·属夷》和《高台县·属夷》制成。

续表

州县	族名	住地	户数	职业及纳贡
直隶肃州	黄番	城西黄草坎	78	种地 62 户；放牧并当兵 15 户。
		临城小泉儿	41	种地 35 户；放牧 6 户。
		城东黄泥堡	49	种地 41 户；放牧 8 户。
	黑番	南山丰乐川、河东、三山口	103	种地 71 户；放牧、佣工 31 户，总头目 1 户。
	番民	南山丰乐川、河西六山口	216	种地 94 户；放牧 116 户、头目 6 户。
		卯来泉山口	124	种地 86 户；放牧 27 户、头目 11 户。
	缠头回	东吴	50	种地。
		威鲁堡	144	种地。
	黑番	卯来泉、金佛寺、清水堡		种地、放牧。
	黄番	红崖、梨园、龙寿、南古城、洪水南		放牧。每年贡马 113 匹。
	黄黑番	红崖营	500	放牧。每年贡马 25 匹。
	番族	清水堡营	101	耕牧。

除上述地区外，清代安西州也聚居着一些少数民族人口，如蒙古族、回族、哈萨克族等，但是数量很少，如民国四年（1915年）《安西县地理调查书》所载："安西向无土司，亦无蒙番。"①安西州之少数民族多为民国以后迁来者，如据民国时期资料记载，"安西……蒙族50家，男女丁口共300人，回族4家，男女丁口17人……回民近年经商至此住居未久，蒙民由新省及北套，于四五年前来牧于县北马鬃山，虽置头绅管辖，然未入籍"②。"哈萨克人居关外安敦玉一带"③。然而据《甘肃通志稿》记载，清代以前安西州少数民族人口却广为聚集，如"安西县……地杂番回"④。产生此种差异的原因恐为明代将肃州以西尽弃，导致大量民族内徙，如据《祁连山北麓调查报告》记载，明代由新疆迁入玉门赤金堡（明为赤金卫）居住的黄黑番，原系维吾尔族，由于"明放弃关外"，遂内移至祁连山北麓居住，"以避吐鲁番之扰"⑤。所以相对清代河西其他州县而言安西州之民族人口较少。

同样清代生活在敦煌县之少数民族其数量亦不定，主要包括蒙古族与回族。敦煌境内之蒙古族来源于青海蒙古部落，而青海之有蒙古族始于明代末年，"有额鲁特顾实汗者，名图鲁拜琥，由蒙古侵入青海，分部众为左右两翼，有子十人，分领之。顺治初，迁使修贡，受清封，自封其地为左右二境，部落散处其间，谓之西海诸台吉"。康熙四十六年（1707年），封顾实汗第十子为和硕亲王，是为和硕特部之由来。雍正三年（1725年），设二十旗。乾隆十一年（1746年），增设一旗。⑥其游牧敦煌境内者概称曰和硕特部。蒙古族主要以游牧为生，"蒙民远居青海与敦煌虽接壤但地隔一百或二百里外，偶因经商一来又不多见，而且游牧无常不详户口数"⑦。

———————————

①　尤声瑸：《安西县地理调查书·土司》。

②　曹馥：《安西县采访录》，《民族第三·种姓》。

③　朱允明：《甘肃省乡土志稿》第四章《面积及人口》第三节《人口分布》，第199页。

④　刘郁芬：《甘肃通志稿》，《民族志·风俗》，第612页。

⑤　《祁连山北麓调查报告》第一章《黄番》第一节《族分及来历》，第4页，甘肃省图书馆藏书。

⑥　吕钟：《重修敦煌县志》卷3《民族志》，敦煌市人民政府文献领导小组整理，兰州：甘肃人民出版社，2002年，第103页。

⑦　《敦煌县各项调查表·敦煌县民族调查表》。

敦煌县境内回族由吐鲁番回民迁徙而来者居多。乾隆九年（1744年）十月，封吐鲁番回酋额敏和卓为扎萨克辅国公，将其民众万余户迁徙至塔勒纳沁。乾隆十一年（1746年），又将九千二百户迁至瓜州。乾隆十九年（1754年），在瓜州设参领等官、编旗队、置章京等措施进行管理。乾隆二十一年（1756年），哈密额敏和卓上奏清廷："吐鲁番平定，请徙回民原归故土。"同治四年（1865年），回民战争爆发，敦煌回民徙居新疆，"自此别无回族"①。据《敦煌县民族调查表》记载，敦煌缠回民国初年又从新疆哈密等处迁移而来，仅有21家，主要从事经商开店。②

据上所述，清代河西走廊的民族当中已有相当一部分人口从事农业经营，据乾隆《重修肃州新志》之《肃州·属夷》和《高台县·属夷》记载，直隶肃州有黄番、黑番、黄黑番、番民、番族、缠头回等民户共计1199户，其中已从事农耕的民户为867户，约占总户数的72%。③上述从事农业的少数民族人口为清代河西的农田水利事业开发补充了重要的劳动力资源。

三、水资源对河西走廊社会的意义

河西走廊农业灌溉主要仰赖祁连山积雪融水。祁连山山脉之高峰多远在雪线以上，终年积雪，即昔人所谓"山近四时常见雪，地寒终岁不闻雷"。祁连山冰雪深积，至春夏之际渐次消融，"万壑倾注迤逦成河"④。祁连山积雪为河西农业灌溉之源，河西各县的县志对此亦多有记载，如"祁连山，四时积雪，春夏消释，冰水入河以溉田亩，郡人赖之"⑤。再如，"以河西凉甘肃等处，夏常少雨，全仗积雪融流分渠导引溉田"⑥。又如，"祁连山之雪水溉田尤美"，"故河西河

① 吕钟：《重修敦煌县志》卷3《民族志》，第103页。
② 《敦煌县各项调查表·敦煌县民族调查表》。
③ 张力仁：《历史时期河西走廊多民族文化的交流与整合》，《中国历史地理论丛》2006年第3期。
④ 李廓清：《甘肃河西农村经济之研究》第一章《河西之农业概况》第一节《水利》。
⑤ 刘郁芬：《甘肃通志稿》，《舆地志·山脉》，第56页。
⑥ 刘郁芬：《甘肃通志稿》，《民政志·水利》，第84页。

流航行之利少，而灌溉之益多。"① 对此，诗歌中也有描述。陈棐《祁连山》曰："所喜炎阳会，雪消灌甫田。可以代雨泽，可以资流泉。"② 再如："有时渗漉成膏泽，祁连千仞头仍白。不雨不河灌阡陌，甘凉万户滋灵液。"③ 祁连山积雪融水为河西农业灌溉之主要水源，成为河西走廊农业水利之命脉所在。除此之外，若积雪融水不足，则还会采用泉水等水源加以补充，即"各县之水利以引用河水为主要水源，间用泉水敷其不足，泉水亦为祁连山之雪水，由地中涌出。其量不大，在酒泉之嘉峪关及鸳鸯湖，张掖之乌江堡，武威之黑墨湖（亦名黑马湖）皆有较稳之流量"④。

　　由于河西走廊水道皆源于祁连山积雪融水，故水量大小皆视融雪之多寡及融雪时期而定，在不同的季节，积雪融水水量亦不同。冬季山上积雪，因天寒不融，即使消融也多融于山顶，而不能下流。所以河西春季各河皆涓涓细流，不足灌溉之用。至四五月间，则初次发水，水量亦不大。到秋初，积雪完全消解，水量变大，"然此为全年水量最大时期，耕地灌水以此时为最重要，俟水灌足，则听其横溢，不复顾惜矣"。河西走廊的灌溉用水季节分布不均，春季少而夏秋多。春季正值灌溉用水时节，所以往往导致争水水案的发生。而夏秋水量猛涨，又容易造成水患，形成灾害，"各河皆滔滔洪流，湍急奔放，且携泥沙石块，往往导致溃堤决防，阻塞渠道、破坏耕地"⑤。所谓"水微则滞，水涨则溢"⑥，其原因正在于河西水源的上述季节分布特点。对于缺水的河西走廊而言，合理分配积雪融水、解决水利灌溉问题显得极为重要。

　　河西走廊气候干燥，雨泽微稀，水源缺乏。清代河西各县的方志中，有关水源缺乏的记载不胜枚举。如镇番县：

---

　　① 白眉：《甘肃省志》第四章《山水志略》第二节《志水》，第117页。

　　② 陈棐：《祁连山》，张志纯等校点：《创修临泽县志》卷1《舆地志·山川·诗》，兰州：甘肃文化出版社，2001年，第37页。

　　③ 黄璟、朱逊志等：《山丹县志》卷10《艺文·天山雪》，台北：成文出版社有限公司，1970年，第527页。

　　④《甘肃河西荒地区域调查报告（酒泉、张掖、武威）》第六章《水利》第二节《水量》，《农林部垦务总局调查报告》第一号，南京：农林部垦务总局编印，1942年。

　　⑤《甘肃河西荒地区域调查报告（酒泉、张掖、武威）》第六章《水利》第二节《水量》。

　　⑥ 周树清、卢殿元：《镇番县志》卷4《水利考·河源》，甘肃省图书馆藏书。

地本沙漠，无深山大泽蓄水，虽有九眼诸泉，势非渊渟，不足灌溉。惟恃大河一水，阖邑仰灌，乃水源写远，上流分泄，每岁至夏，不足之日多，有余之时少。故蕞尔一隅，草泽视粪田独广，沙碛较沃壤颇宽，皆以额粮正水，且虑不敷，故不能多方灌溉，尽食地德。即前之莅兹土者，每加意经划，厘定章程，究难使不足之水转而有余，所处之地势然也。①

镇番县地近沙漠，农业仅靠石羊大河一水灌溉，并且水源较远，加之上游分水等因素影响，镇番县灌溉用水多为不足，经常处于不敷状态，即使是额粮正水都无法完全满足。即所谓"本地水是人血脉"②。永昌县亦如此，"夫田之需水，犹人之于饮勿渴焉而已，而永之田宜频水，故愈患不足，不足则常不均，势故然也"③。再如河西走廊地区多发的争水案，则皆由水源不足而引起，"惟分析其争水之原因，主要者当然是水之根本不够浇灌"④。这正如诗中所言："年年均水起嚣喧，荷锸如云人语繁……一滴俱关养命源，安得甘泉随地涌，万家沾溉自无言。"⑤

水利对河西走廊的重要性不言而喻。水利影响着这里人民的生活及社会的发展，有水源则有村庄，有人口，"凡渠水所到树木荫翳，烟村栉列，否则一望沙碛，四无人烟"⑥。"盖雪水所流之处即人家稠密之区，以渠名为水名，化瘠土为沃土"⑦。相反无水则会导致农业歉收，如安西"惟上冬多雪至夏暑甚则积雪融化，水泽充盈丰收可望，否则难免歉薄"⑧。无水可导致农田荒芜，"水至为良田，水涸则为弃壤矣"⑨。"至河西沿边府分凡有水利处皆按亩可稽……其无水利处

---

① 张珇美修，曾钧等纂：《五凉全志》，《镇番县志·地理志·水利图说》，第242页。
② 许协、谢集成：《镇番县志·凡例》，第25页。
③ 南济汉：《永昌县志》卷3《水利志》，甘肃省图书馆藏书，第1页。
④ 江戎疆：《河西水系与水利建设》，《力行月刊》卷8。
⑤ 赵仁卿：《金塔县志》卷10《金石·金塔八景诗·谷雨后五日分水即事》。
⑥ 刘郁芬：《甘肃通志稿》，《民政志·水利》，第84页。
⑦ 慕寿祺：《甘宁青史略》副编卷2，兰州：俊华印书馆，1936年。
⑧ 常钧：《敦煌随笔》卷上《安西》，第375页。
⑨ 刘郁芬：《甘肃通志稿》，《民政志·水利》，第75页。

大抵皆斥卤之区"①，"永尽水耕非灌不殖，而靳于水故田多芜"②。无水还导致人民生活困苦，临泽县"近数年来，冬雪稀少，以故河流浅涸，因之该五渠连旱数年，民不聊生"③。无水也可导致城池的废弃，古浪的铧尖滩，就因为河水微细不足引灌，"故芜"④。再如安西苦峪城，"穷其渠道所由，在西北几二百里，于靖逆之上龙王庙，疏勒、昌马二河会合处引来，今俱干涸无水，渠身砂砾雍塞，此城遂废"⑤。所以河西走廊社会经济的发展、民众生活的贫富、收成的多寡、城镇的兴衰，皆视水而论。

河西地区民众历来视水脉为命脉，视水利为河西社会发展根本之所在，"其河水盈涸亦赖响山雪水多寡为凭，因民利皆赖地利也。水哉水哉！有本者如是"⑥。"总之河渠为河西之命脉，有灌溉之利即成平畴绿野，否则为荒凉不毛之沙漠，昔人谓'无黑河则无张掖'，扩而广之，亦可谓'无河渠则无河西'。所以河渠对于河西土地利用之关系至重且大"⑦。镇番，"十地九沙，非灌不殖，尤为民命所关"⑧。《永昌县志》还将水脉视为血脉，"水者田之血脉，农之命源也，顾不重哉"⑨。敦煌，"终年少雨，赖有党河凿为十渠，庶类繁滋，甲于关外，河渠之利岂可少哉。洵乎管子之言曰：'地者万物之本源，诸生之根莞也。水者地之血气，如筋脉之流通也。'以斯知地非水不生，水非地不长。二者因相须而为功"⑩。积雪的多寡则成为判断丰歉的依据。安西境内，"水泉交汇之区多沃壤，河水涸绝之处多沙碛。终岁多风少雨，甚至露滴全无，田亩灌溉，皆恃各地泉水、疏勒河水及南山雪水，

---

① 《(雍正七年五月二十二日) 陕西总督岳锺琪谨奏为遵旨酌议事》，中国第一历史档案馆：《雍正汉文朱批奏折汇编》第十五册，南京：江苏古籍出版社，1989年，第288条，第376页。

② 南济汉：《永昌县志》卷3《水利志》，第1页。

③ 《临泽县采访录》，《艺文类·水利文书·民国十八年倡办水利程度报告书》，甘肃省图书馆藏书，第528页。

④ 张珌美修，曾钧等纂：《五凉全志》，《古浪县志·地理志·山川》，第458页。

⑤ 常钧：《敦煌杂钞》卷下，《边疆丛书》甲集之五，1937年，第343页。

⑥ 钟赓起：《甘州府志》卷6《食货·水利》，台北：成文出版社有限公司，1976年，第618页。

⑦ 李廓清：《甘肃河西农村经济之研究》第一章《河西之农业概况》第一节《水利》。

⑧ 许协、谢集成：《镇番县志·凡例》，第25页。

⑨ 南济汉：《永昌县志》卷3《水利志》，第6页。

⑩ 吕钟：《重修敦煌县志》卷6《河渠志》，第149页。

而雪水之利尤溥，故土人恒以冬季降雪多寡，卜明年丰歉"①。可见水利关乎河西乡村社会的兴衰。

水利是河西的命脉，河西社会发展对水利极为依赖。镇番"地介沙漠，全资水利，播种之多寡恒视灌溉之广狭以为衡，而灌溉之广狭必按粮数之轻重以分水，此吾邑所以论水不论地也"②。在镇番，人称"水利者，固民生相依为命者也"③。在山丹，人称"我阖属边氓恃水利为续命之源者十之八九，屯戍沾水利者奚啻数千余家"④。甘州也是如此，"所以恃灌溉田亩活亿兆者，惟黑河一水。其水利之在境内者，蜿蜒三四百里，支分七十余渠，黑河之水盖造物特开之，以生兹一方者"⑤。即所谓，"民之生命系于苗，苗之畅茂关于水，况沙漠赤卤之地，莫重于水利"⑥。

正因为水利对河西的重要意义，有清一代对河西水利建设十分重视，各县的官员亦视水利建设为职责之重，"边疆之利莫要于屯田，屯田之兴莫重于水利"⑦。所以，河西县志有关官员的政绩评介中，水利兴修成为一项重要指标，此处以镇番为例做一说明。史载，"（镇番）浙江山阴举人李燕林知县事……尤重水利，屡以河流泛滥，筑堤开渠，躬亲督役，不辞劳瘁，士民咸戴焉"⑧。"（镇番）前知县李燕林去职，四川南川副贡任欣继任。按任欣四年，于水利一端多所创造"⑨。再如，"文楠，乾隆五十一年两任镇番，兴水利，躬亲勘验，相地置坪，计粮均水，咸得其宜"。再如，"朱凤翔，每逢春种，督民疏浚河渠，分水务持其平，俾民不起争端"。还有如"魏邦彦，捐廉千余金，疏南山之水引入党

① 白眉：《甘肃省志》第三章《各县邑之概况》第七节《安肃道（二）·安西县》，第103页。

② 许协、谢集成：《镇番县志》卷4《水利考·蔡旗堡水利附》，第236页。

③ 谢树森、谢广恩等编撰，李玉寿校订：《镇番遗事历鉴》卷12，中华民国四年乙卯，香港：香港天马图书有限公司，2000年，第499—500页。

④ 黄璟、朱逊志等：《山丹县志》卷10《艺文·建大马营河龙王庙记》，第441页。

⑤ 钟赓起：《甘州府志》卷14《艺文中·国朝重修黑河龙王庙碑记》，第1488页。

⑥ 常钧：《敦煌随笔》卷上《（乾隆七年冬十月记）小湾大渠口新建龙王庙记》，第374页。

⑦ 钟赓起：《甘州府志》卷14《艺文中·国朝重修中龙王庙合祀碑记》，第1485页。

⑧ 谢树森、谢广恩等编撰，李玉寿校订：《镇番遗事历鉴》卷10，宣宗道光三十年庚戌，第417页。

⑨ 谢树森、谢广恩等编撰，李玉寿校订：《镇番遗事历鉴》卷10，文宗咸丰二年壬子，第420页。

河，灌溉民田"①。水利修治深受中央政府、河西百姓与官员的重视。

第二节　清代河西走廊水资源建设及利用

　　河西走廊"风高土燥，盛夏易旱"，故"引水灌田，关系极重"。历代王朝皆重视河西走廊的水利建设，"凡川地之近河者，苟非黢卤均可因势利导，是在司牧者加之意尔特列水利，非徒明沟洫遗制，亦为诸郡邑风劝云"②。清代重视河西地区的水利建设，在此大兴水利，兴修了一批数量可观的水利工程，并建立起了相应的水利管理与维护体系。在河西走廊形成了一个水网密布、灌排顺畅的水利网络。

一、清代河西走廊水利工程

　　下面先根据河西方志、《清实录》等记载，对清代兴建的河西水利工程进行列表统计。

清代河西走廊水利兴修表

渠名	所在地	开办时间	渠长	方向	灌田	资料来源
三道沟渠	安西昌马河	雍正元年（1723）	30里	由南向北	1710亩③	《安西县全邑水利表图》
四道沟渠	安西昌马河	雍正元年（1723）	25里	由南向北	1710亩	
五道沟渠	安西东南草湖	雍正元年（1723）	12里	由南向北	1200亩	

①　升允、长庚修，安维峻纂：《甘肃新通志》卷61《职官志·循卓下》，第189页。
②　升允、长庚修，安维峻纂：《甘肃新通志》卷10《舆地志·水利》，第557页。
③　《安西县各项调查表·安西县水利调查表计》记灌田数为1750亩。

续表

渠名	所在地	开办时间	渠长	方向	灌田	资料来源
六道沟渠	安西草湖	雍正元年（1723）	12里	由南向北	760亩	
七道沟渠	安西草湖	雍正元年（1723）	12里[①]	由南向北	825亩	
八道沟渠	安西草湖	雍正元年（1723）	13里	由南向北	175亩	
九道沟渠	安西草湖	雍正元年（1723）	13里	由南向北	945亩	
十道沟渠	安西草湖	雍正元年（1723）	10里	由南向北	580亩	《安西县全邑水利表图》
潘家庄渠	安西草湖	雍正元年（1723）	8里	由南向北	450亩	
双塔堡渠	安西窟窿河	雍正元年（1723）	20里	由南向北	750亩	
兔葫芦渠	安西窟窿河	雍正元年（1723）	15里	由南向北	310亩	
南桥子渠	安西中营湖	雍正元年（1723）	10里	由东向西	2110亩	
北桥子渠	安西沙窝湖	雍正元年（1723）	15里	由东向西	1510亩	

---

① 《安西县各项调查表·安西县水利调查表》记渠长14里。

续表

渠名	所在地	开办时间	渠长	方向	灌田	资料来源
踏实渠	安西南山石包城	雍正元年（1723）	70里	由南向北	2760亩	《安西县全邑水利表图》
东湖上下甲渠	玉门县属二道沟河	雍正元年（1723）	20里	由东南向西北	1035亩[①]	《安西县全邑水利表图》
奔巴兔泉	安西南山口	雍正元年（1723）	10里	由南向北	372亩	《安西县全邑水利表图》
五营渠	安西石岗墩余丁坪口	雍正五年（1727）	25里	由东向西	6660亩	《安西县全邑水利表图》
北工渠	安西石岗墩余丁坪口	雍正五年（1727）	55里	由东向西	7020亩	《安西县全邑水利表图》
南工渠	安西皇渠桥	雍正五年（1727）	70里	由东向西	11820亩	《安西县全邑水利表图》
小湾渠	安西沙枣园	雍正五年（1727）	30里	由东向西	2110亩	《安西县全邑水利表图》
安西皇渠	玉门县境内	雍正年间				《安西县采访录·一》《民政·第四·水利》
通裕渠	敦煌县	雍正初年	74里			吕钟《重修敦煌县志》卷6《河渠志》，第149页
	安西自安家窝铺新开渠口之上7里许	雍正十二年（1734）	112里			

---

① 《安西县各项调查表·安西县水利调查表》记灌田数为1025亩。

续表

渠名	所在地	开办时间	渠长	方向	灌田	资料来源
	瓜州自靖逆西渠起	雍正年间	88里			
	瓜州自安家窝铺起	雍正年间	101里			
	靖逆：自西渠起至三道沟以西	雍正年间	57里			
	靖逆：自三道沟以西起至桥湾	雍正年间	31里			
	安西卫地方：自安家窝铺起至乾沟	雍正年间	50里			黄文炜《重修肃州新志》,《安西卫·瓜州事宜》,第458页
	安西卫气炭窑起至瓜州	雍正年间	51里			
回民北渠	在疏勒河南岸	雍正年间		引水南流		
余丁渠	安西近镇城之西南隅	雍正年间				
小湾屯地渠	在疏勒河南岸沙枣园之西	雍正年间		引水南至小湾庄北		

续表

渠名	所在地	开办时间	渠长	方向	灌田	资料来源
大沟渠	在阳关,距城145里	雍正年间			1250亩	《甘肃通志稿》《民政志·水利·敦煌县》,第83页
回民南渠	在大小湾两渠之间,安家窝铺上流8里南岸	雍正年间	104里	引水南流直达瓜州之南		《重修肃州新志》,《安西卫·瓜州事宜》,第458页
蘑菇沟新渠		乾隆四年(1739)				常钧《敦煌随笔》卷下《开渠》,第394页
	从官路以北总名佛家营地方开渠筑坝	乾隆初年			2640亩	
五道沟渠		乾隆初年	6里			
上六道沟开渠一道		乾隆初年	3里			
下六道沟开渠		乾隆初年	5里			
上七道沟开渠		乾隆初年	4里			
下七道沟开渠		乾隆初年	5里			
白杨河修渠道		乾隆初年	33里			
鸦儿河开渠36道		乾隆初年	39里			

续表

渠名	所在地	开办时间	渠长	方向	灌田	资料来源
庄浪渠	敦煌	乾隆十年（1745）	26里			《敦煌县志》卷48《水利》，第644页；吕钟《重修敦煌县志》卷6《河渠志》，第149页
伏羌旧渠	敦煌	乾隆二十五年(1760)	31里			
伏羌新渠	敦煌	乾隆二十八年(1763)	30里			
窑沟渠	敦煌	乾隆年间	28里			《敦煌县志》卷48《水利》，第644页
永丰渠	敦煌	乾隆年间	44里			
庆余渠	沙州		17里			《重修肃州新志》，《沙州卫·水利》，第490页
大有渠	沙州		42里			
双树屯渠	在毛目城南70里	雍正十三年（1735）	17里			《甘肃通志稿》《民政志·水利·毛目县》，第82页
	下流60里之狼窝湖开渠	雍正十三年（1735）	120里			
赤金渠	玉门县	康熙五十六年(1717)			6000亩	《甘肃通志稿》《民政志·水利·玉门县》，第84页
新渠二道	肃州王子庄、东坝等处	雍正七年（1729）	40~50里		40000亩	《肃州新志稿》《文艺志·岳锺琪建设肃州议》，第676页

续表

渠名	所在地	开办时间	渠长	方向	灌田	资料来源
新地坝	肃州洪水河西	雍正十年（1732）			23000亩	《甘肃省乡土志稿·水利·旧有渠道工程之整理》，第463页
东洞子渠	肃州红水坝		20里	取红水坝水，由洞而上	1000亩	《皇朝经世文编》卷114《工政二十·各省水利一》《重修肃州新志》，《肃州·所属城堡》，第31页
兴文渠	肃州野猪沟					《肃州新志稿》，《文艺志·康公治肃政略》，第698页
三清渠	在县城东南15里	雍正十一年（1733）	90里		16232亩	《新纂高台县志》，《舆地上·水利》，第158页
柔远渠	在县城西南10里	雍正十一年（1733）	79里		5108亩	
小渠六道	高台北河岸	道光二十六年（1846）	8里	通于城土岭渠尾达朱家湾		《新纂高台县志》，《人物·善行》，第319页
城北渠		雍正十一年（1733）	2里		242亩	

续表

渠名	所在地	开办时间	渠长	方向	灌田	资料来源
红砂渠		雍正十三年（1735）	13 里		289 亩	《高台县河渠水利沿革及灌地亩数概况表》;《高台县各项调查表·高台县水利调查表》
新开渠		道光二十四年（1844）	30 里		5975 亩	
马衔渠		清代	5 里		890 亩	
乐善渠	明天顺至清雍正嘉庆年间	22 里			5010 亩	
镇江渠		明天顺至清雍正嘉庆年间	10 里		100615 亩	
临河渠		明天顺至清雍正嘉庆年间	30 里		200345 亩	
黑小坝渠		清代			100204 亩	《高台县河渠水利沿革及灌地亩数概况表》
黑新开渠		清代			2050 亩	
镇江渠		清代	10 里			
万开渠		清代	4 里			
新坝		清代				
新沟		清代				
河西坝		清代				
红沙河坝		清代				
永丰渠		清代	18 里		60024 亩	
黑站家渠		清代			600165 亩	

续表

渠名	所在地	开办时间	渠长	方向	灌田	资料来源
河西渠		清代			3440 亩	《高台县河渠水利沿革及灌地亩数概况表》
朱家渠		清代			681 亩	
九坝渠		清代	15 里		380 亩	
永源渠		清代			3751 亩	
红山渠		清代			4066 亩	
镇彝渠		清代			4399 亩	
中下坝渠		清代				
五坝渠		清代	15 里		7500 亩	《高台县河渠水利沿革及灌地亩数概况表》;《高台县各项调查表·高台县水利调查表》
六坝渠		清代	15 里		12196 亩	
七坝渠		清代	15 里		1900 亩	
八坝渠		清代	15 里		360 亩	
十坝渠		清代	15 里		310 亩	
罗城渠		清代	8 里		3900 亩	
镇鲁渠		清代	8 里		666 亩	
万开渠		清代	4 里		218 亩	
暖泉渠		清代	15 里		121 亩	
新坝渠		清代				
上小坝渠		清代				
黑元山渠		清代				

续表

渠名	所在地	开办时间	渠长	方向	灌田	资料来源
高红山东渠		清代				
高红山西渠		清代				
茹公渠	金塔城南30里	康熙七年（1668）			120亩	《甘肃通志稿》《民政志·水利·金塔县》，第80页
大坝渠	鼎新县：自上西乡上岁号起至中兴乡营田	雍正三年（1725）	16里	由县境西向东北流	15716亩	张应麒修，蔡廷孝纂《鼎新县志》，《交通志·水利》，第692页
小常丰渠	鼎新县：自地字号起至新丰渠	雍正三年（1725）	2里	由西向东流	1200亩	
双树屯渠	鼎新县：自大茨湾起至清河湾	雍正三年（1725）	4里	由西向东流	1581亩	
大有年渠	鼎新县：双树村	雍正七年（1729）	10里	由西南向东北	1400亩	《鼎新县各项调查表·鼎新县水利调查表》
天夹营渠	在金塔县东北190里	雍正八年（1730）	15里		380亩	《甘肃通志稿》《民政志·水利·金塔县》，第80页

续表

渠名	所在地	开办时间	渠长	方向	灌田	资料来源
大常丰渠	鼎新县:内四屯上西村	雍正十三年（1735）	30里	由西南向东北	8500亩	《鼎新县各项调查表·鼎新县水利调查表》
万年渠	鼎新县:自鼎往号起至万年村下尾	乾隆初年	3里		2032亩	张应麒修,蔡廷孝纂《鼎新县志》,《交通志·水利》,第692页
双城子渠	鼎新县:自白柳湾起至下下地湾	乾隆初年	3里		546亩	
芨芨墩渠	鼎新县:自清河湾起至月牙湾	乾隆初年	3里		1916亩	
新雨野渠	在金塔县西南90里	乾隆三十年（1765）	120里		360亩	《甘肃通志稿》《民政志·水利·金塔县》,第80页
万年渠	鼎新县:万年村	咸丰五年（1855）	20里	由西南向东北	1400亩	《鼎新县各项调查表·鼎新县水利调查表》
维新渠	鼎新县:双城村	咸丰十年（1860）	10里	由西南向东北	500亩	

续表

渠名	所在地	开办时间	渠长	方向	灌田	资料来源
永利渠	张掖县城西南	康熙年间			17000 亩	《甘肃省乡土志稿·水利·旧有渠道工程之整理》，第463页
平顺渠	张掖县	雍正四年（1726）	30 里		8430 亩	《甘州水利溯源》
阳化东渠	张掖县	雍正四年（1726）			2560 亩	《甘肃通志稿》《甘肃民政志·水利》，第75页
新工渠	临泽县仁德村新渠堡	顺治七年（1650）			6000 亩	《甘肃省乡土志稿·水利·旧有渠道工程之整理》，第463页
永安渠	自永丰渠界内起至临泽永安村	道光二十六年(1846)	30 里	自东北向西南	400 亩	《创修临泽县志》卷5《水利志》，第147页
无虞渠	距东乐县城5里	康熙四十三年(1704)	20 里		5000 亩	《甘肃通志稿》《民政志·水利·东乐县》，第77页
童子渠	距东乐县城10里	康熙四十三年(1704)	40 里		8000 亩	
山坝渠	距东乐县城10里	康熙间	15 里		3000 亩	

续表

渠名	所在地	开办时间	渠长	方向	灌田	资料来源
头坝渠	距东乐县城西里许	乾隆四十四年(1779)	20里	东北流	17000亩	《甘肃通志稿》《民政志·水利·东乐县》，第77页
二坝渠	距东乐县城西2里	乾隆四十四年(1779)	20里	东北流	8200亩	
居仁渠即三坝渠	距东乐县城西30里	乾隆四十四年(1779)	20里	东北流	12900亩	
民和渠亦属三坝	距东乐县城西40里	乾隆四十四年(1779)	20里	东北流	5000亩	
定丰渠即四坝渠	距东乐县城西	乾隆四十四年(1779)	20里	东北流	12000亩	
镇平渠即五坝渠	距东乐县城45里	乾隆四十四年(1779)	25里	西北流	12000亩	
重新渠即六坝渠	距东乐县城50里	乾隆四十四年(1779)	18里	西流	16000亩	
明洞渠	东乐县上天寨、下天寨、杜树寨一带	清代			5000亩	《甘肃省乡土志稿·水利·旧有渠道工程之整理》，第463页
东渠	民勤县	雍正十二年(1734)	350里		75200亩	《甘肃通志稿》《民政志·水利·民勤县》，第71页
西渠	民勤县		340里		29200亩	
中渠	民勤县		350里		61500亩	
外西渠	民勤县		320里		23200亩	

续表

渠名	所在地	开办时间	渠长	方向	灌田	资料来源
站家牌坝	永昌县西南毛家庄	乾隆年间				《永昌县志》卷1《地理志·水利总说》，第13页
毛家庄沟	永昌县西南二十五里	清代				《甘肃通志稿》，《民政志·水利》，第70页

上列表格所统计之渠道，尚不能完全涵盖清代河西新修水利工程的全部。在清代史料中，还有关于创修水利工程的一些笼统记载。如，《甘肃通志稿》载：康熙五十五年（1716年）十月，"肃州巡抚绰奇往堪肃州迤北多可垦地，酌量河水灌溉。"[1]雍正十年（1732年）"又以甘肃所属之瓜州地肥饶可垦，将疏勒河上流筑坝开渠引水入河，又于安家窝铺对岸导渠疏浚深通引水溉田，至十一年（1733年），陕西之柔远堡镇夷堡口外双树墩等地方开垦，令开渠溉田，十二年（1734年）甘肃口外柳林湖地屯垦令筑坝建堤开渠。"[2]《甘肃通志稿》又载："乾隆二十五年（1760年）陕西总督杨应琚请将肃州临边荒土，尽令开垦，相其流泉，开渠引灌。"[3]又如《清高宗实录》卷739所记，乾隆三十年（1765年）六月，在安西设立新渠三千余丈。《敦煌随笔》又记：柳属户民田亩附近旧堡者即于四道沟分开三渠，其余丁地亩附近布隆吉者于十道沟尾开渠引灌，而回民田地之在踏实堡地方者则系石包城一带水泉。[4]以上这些笼统的记载，在上表中无法进行确切表述。总之清代在河西走廊新修的水利工程数量较多，规模较大。

除了对新修水利工程进行考察外，我们还可以从明清两代及清代河西各县不同时期水利事业的变化中对本区水利发展进行探讨。我们选取东乐县、镇番县及高台县为例，探讨这几地的水利发展状况。

---

① 刘郁芬：《甘肃通志稿》，《民政志·水利·酒泉县》，第78页。
② 《清朝文献通考》卷6《田赋六·水利田·考四九一四》。
③ 刘郁芬：《甘肃通志稿》，《民政志·水利·酒泉县》，第78页。
④ 常钧：《敦煌随笔》卷上《柳沟》，第370页。

　　首先来看东乐县的水利发展状况。据顺治《重刊甘镇志》记载，明代东乐县有洪水头坝等灌渠15道，灌溉面积139034亩。[1]据乾隆《甘州府志》记载，清代东乐县丞辖有水渠21道，灌溉面积154600亩。[2]与明代相比清代东乐县水渠增加6道，灌溉面积增加15566亩，增长11%。再据清乾隆四十四年（1779年）刊行的《甘州府志》[3]与民国初成书的《东乐县志》[4]两书中对乾隆四十四年之前、乾隆四十四年（1779年）与民国初东乐县的水利概况进行了记载，现列表如下：

清代东乐县水渠灌田变化表

河渠名称	乾隆四十四年前灌田数	乾隆四十四年灌田数	民国初年灌田数
洪水河	781 顷	447 顷 29 亩	461 顷 83 亩
马蹄渠	29 顷	分头、二沟，63 顷 88 亩	分头、二沟，63 顷 88 亩
虎喇河	161 顷	373 顷 78 亩	505 顷 14 亩
酥油河	190 顷	127 顷 54 亩	144 顷 69 亩
募化大小渠	90 顷	90 顷	101 顷 54 亩
东乐渠	分 7 坝，200 顷	开 9 坝，200 顷	分 9 坝，132 顷 66 亩
山丹东西两泉	73 顷	今增十三坝、十五坝、十六坝、十七坝、十八坝，5 坝 245 顷 9 亩	
总计	1524 顷	1546 顷	

---

① 杨春茂著、张志纯等校点：《重刊甘镇志·地理志·水利》，兰州：甘肃文化出版社，1996年，第78页。

② 钟赓起：《甘州府志》卷6《食货·水利·东乐县丞》，第611页。

③ 钟赓起：《甘州府志》卷6《食货·水利·东乐县丞》，第611页。

④ 徐传钧、张著常等：《东乐县志》卷1《地理志·水利》，第426页。

从上表我们可以看到，乾隆四十四年（1779年）东乐县较前期在渠坝数上增加了7坝2沟，灌田亩数上增加了22顷。对民国初修成的《东乐县志》，一定意义上我们可以将其视为清朝末期的资料采用，若除去山丹东西两泉灌田数，乾隆四十四年（1779年）灌田数为1301顷，清末东乐县灌田数为1409顷，相较多出100顷。这从一个侧面反映出清代东乐县水利事业的发展状况。

下面我们再从道光五年（1825年）《镇番县志》①、清乾隆十四年(1749年)《镇番县志》②两书的相关记载中，对乾隆时期与道光时期镇番的水利状况进行比较：

清代镇番县水利情况表

	乾隆十四年(1749 年)	道光五年(1825 年)
沟渠数	四坝,属沟 32 道	四坝,分首四、次四,属沟 48 道
	小二坝,属沟 15 道	小二坝,属沟 23 道
	更名坝通,属沟 3 道	更名坝属沟 4 道
	大二坝,属沟 27 道	大二坝属沟 24 道
		宋寺沟、大沟二道
		河东新沟,属沟 11 道
		大路属沟 19 道
		移坧案之红沙梁属沟 8 道
		北新沟属沟 2 道
		柳林湖由外河行水至三渠口分为 4 渠一为东渠辖三岔,一为大西岔汇总直下,一为中渠辖四岔,一为附西渠辖南北二岔

① 许协、谢集成：《镇番县志》卷4《水利考》。
② 张玿美修，曾钧等纂：《五凉全志》，《镇番县志·地理志·水利图说》。

上表仅对沟渠的属沟数进行了比较，可以看出，道光年间镇番水道属沟的数目相比乾隆十四年（1749年）增多，其中仅四坝增多16道、小二坝增加8道、更名坝增加1道，此三坝属沟共增加25道，并且新修了宋寺沟、大沟、河东新沟、大路属沟、红沙梁属沟、北新沟属沟、柳林湖东渠三岔、大西岔、中渠四岔、附西渠南北二岔等沟渠。这反映出乾隆至道光期间镇番的水利事业获得了较大发展。

我们再以高台县为例，对肃州地区的水利发展作一讨论。顺治《重刊甘镇志》记载明代高台县水渠灌溉面积92061亩，[①]加上镇夷守御千户所之灌溉面积五万亩左右，[②]共约有灌溉面积14万亩左右。据学者统计，清代高台县水渠灌溉面积为194508亩，[③]与明代相比增加了37%。再将雍正十三年（1735年）至乾隆二年（1737年）所修《重修肃州新志》[④]、民国十年（1921年）所修《新纂高台县志》[⑤]中高台县的水利概况进行比较，若将民国十年（1921年）之县志作为清末资料加以使用，发现在民国初年高台县共有渠52，雍乾年间高台县有渠29，之间共增加23道渠；在水道长度上，其中有记载的渠道：站家渠由原来的55里增长至60里，六坝渠由原来的20里增长至40里等。可见高台县的水利获得较大发展。

安西及敦煌县在明代曾被弃置关外，清代对其重新治理。根据上文《清代河西走廊水利兴修表》的统计，有清一代在安西一地就新修水渠25道，仅敦煌地区新修水渠20道。清代安西的水利事业亦获得了较大发展。

综上所述，仅据《清代河西走廊水利兴修表》不完全统计，清代在河西走廊新修水利工程就超过130处，灌溉面积超过21096顷36亩，规模大、数量多。这些水利工程的兴建加快了河西地区水利事业的发展。

---

① 杨春茂著，张志纯等校点：《重刊甘镇志·地理志·水利》，第85页。
② 唐景绅：《明清时期河西的水利》。
③ 唐景绅：《明清时期河西的水利》。
④ 黄文炜：《重修肃州新志》，《高台县·水利》，第341页。
⑤ 徐家瑞：《新纂高台县志》卷1《舆地上·水利·附渠名·各渠里亩》，张志纯等校点：《高台县志辑校》，兰州：甘肃人民出版社，1998年，第158页。

二、清代河西走廊水利工程与屯田垦荒

伴随着水利事业的发展，河西走廊的屯田垦荒活动也在积极展开。

河西之重屯田，其来已久。自汉武帝开疆，自武威以迄敦煌屯田棋布，于是凉州水草畜牧为天下饶，富庶甲于内郡。魏晋至唐亦皆因其遗制。清朝自雍正十年（1732年）以来，因于西北用兵，军需繁重，大学士西林鄂公巡边，仿效汉唐作法，在河西走廊设置屯田，从此拉开了河西屯田的大幕。"于是总督武进刘公与协办军需侍郎蒋公在嘉峪关以东屯田，大将军查公与都御史孔公在嘉峪关以西屯田，在关西此今分授营兵耕种，在关东此则募百姓克当屯户，现在设官督种，分粮以为边防军需之用，以省河东輓运之烦。"①雍正期间，针对河西走廊"谷米腾贵，办理军机尤先粮饷，崎岖修阻挽运维艰"的状况，于口外之赤金、柳沟、安西、沙州、瓜州等处广开屯种。雍正十年（1732年），特命甘肃诸大臣调拨银钱，在嘉峪关口内外、柳林湖、毛目城、三清湾、柔远堡、双树墩、平川堡等处，相度土宜，开垦试种，穿渠通流，以资灌溉。②

清代河西屯田为河西历史上屯田规模最大、范围最广的时期，"其实行地域之广、类别之多、时间之久，都超迈了前代"③。屯田地点散布于河西各县。清代在河西走廊的屯田区主要为：凉州柳林湖屯田、昌宁湖屯田，甘州府平川堡屯田，肃州九家窑屯田、三清湾屯田、柔远堡屯田、毛目城屯田、双树墩屯田、九坝屯田，安西卫靖逆、赤金，渊泉县之柳沟、布隆吉尔屯田等。④

《重修肃州新志》对清代河西屯田的重要区域及屯田概况作了详细记载，现分述于后。

九家窑屯田⑤：九家窑，位于肃州南山之麓，距离州城150里。有

---

① 赵仁卿：《金塔县志》卷10《金石·屯田论》。
② 钟赓起：《甘州府志》卷14《艺文中·国朝开垦屯田记》，第1518页。
③ 王希隆：《清代西北屯田研究》，兰州：兰州大学出版社，1990年，第9页。
④ 赵仁卿：《金塔县志》卷10《金石·屯田论》。
⑤ 黄文炜：《重修肃州新志》，《肃州·屯田》，第85页。

耕地面积约一两万亩，皆为平原沃土。屯田灌溉水源为千人坝水（今马营河），坝水至马营庄便渗入漏沙，伏流地下，为民间不争之水。由于河流潜流地下，耕地高于河面十余丈，必须以凿山开洞的方法建渠，并于15里之外调水，还需要提升水位20丈之高，然后方能泻出山麓灌溉田亩。由于工程浩大、花费巨大，无人敢应。雍正十年（1732年），大学士鄂尔泰经略陕甘到达肃州，开始修建该段水渠。由州判李如珽分工协理、鸠集人夫工匠，凿通大山五座，穿洞千余丈，开渠1500丈。经过反复修缮，二年以后水到渠成。起初试种4000亩，第二年种至上万亩，两年皆获得丰收。起初雇夫役承种，其后招贫民认种，将所获粮石的一半用于边贮。同时设屯田州判一员对其进行管理，并在此地开渠筑坝、建房，借给农民牛、犁、籽种等物以资耕种。

柳林湖屯田[①]：柳林湖屯田地处凉州府镇番县城东160里、东边墙门外135里。幅员广大，周围方圆数百里，即今民勤县湖区。雍正十一年（1733年）开设渠道，水源为镇番大河（石羊河干流下游）之水，并堵筑西河使其全数东归柳林湖。自西河口起至大、二、更名坝以下、边墙以东，皆培筑堤岸将渠水堵御不使水流疏泻，流过抹山至哨马营，有总渠一道，然后分东、中、西三渠，复开岔渠数十道，各长数十里不等。地亩则在渠身左右，编列字号，每号约以千亩为率。在东渠有西春水湖、东春水湖、注水湖、古庄基、鹊窝湖、山水湖、红柳嘴、东西板槽等名，编列：天、元、调、阳、万、丰、辰、赍等二十八号，屯户523名。中渠有红沙长湖、营盘、大红沙湖、铁姜湖、石山湖、珍珠湖、苦水井湖、西板槽下等名，编列：万、民、乐、业、共、享、升、平等37号，屯户552名。西渠有古槽、西白土墩湖、西明沙湖、苦蒿湖、蓬科湖、顺山湖、外西渠等处，编列：坐、朝、问、道、周、发、商、汤等37号，屯户561名。西渠之尾，复有潘家湖4600亩，屯户32名。雍正十二年（1734年）以上三渠计开地约120000亩。此后，扩充复招新户1031户。

柳林湖屯田开设以来，组织建设了一批配套设施：在抹山东北址建造公馆一区，共21间，作为统理官的办事之所；抹山西南里外有小公馆

---

① 黄文炜：《重修肃州新志》，《肃州·屯田·附载》，第88页。

一区，共7间。其余三渠分驻人员，共住土房25间。在抹山基址，南向大河造龙王庙三间，作为祭祀祈祷之所。在抹山建造仓厫，由于柳林湖屯田每年需籽种约一万数千石，冬天运至城中保藏，到春季复又运出城外种植，十分繁费，于是便在抹山建造仓厫，围墙周长74丈4尺，中坐西向东仓厫十间，坐北向南仓厫十间，还有十间木料已成但尚未盖成，又建仓院大厅三间、围墙门楼一座、仓门墙一堵、仓门外小房两间、厫神庙三间等。挖井数口，柳林湖夏季缺水，必须挖井以解决用水问题，除小珍珠湖原有旧井之外，在山水湖、春水湖、纸捻湖、红岗、白墩子、营盘、砂槽子等处，新开井九口，各方圆四丈，深一、二、三丈余不等。修建桥梁以利交通，柳林湖开垦时水道漫布，尤其一到夏秋多雨时节人马便难以通行，于是建桥18座，又建大桥1座，便于车马通行。随着柳林湖屯田的开垦，位于外西渠口的抹山成为赴湖区以及进城往来的交通要道，车畜人众，烟火殷繁，竟成市集。

昌宁湖屯田[①]：昌宁湖屯田位于永昌县西北100里，距离宁远堡40里，即今民勤县昌宁乡之域。由于永昌县士民贡生王建国等急公好义自愿自备工本，收获所得则官民平分。于是雍正十二年（1734年）、十三年（1735年）两年，经永昌县知县汪志备每年借给麦种200石，秋收时除扣还籽种外仍补给工本200石，然后官民平分。雍正十二年，官民各分得粮食303石7斗5升，十三年官民各分得粮食129石，到乾隆元年（1736年）停种。

三清湾屯田[②]：三清湾屯田地处高台县城东南15里，雍正十一年（1733年）开设。其渠道自张掖县鸭子渠起至屯地止，共长16200丈，计90里。内分仁、义、礼、智、信五号，每号二、三、四千数百亩零不等，共有地亩16232亩7分6厘。此为初开第一屯。屯田官员为原任南宁知府慕国琠总理，通判廖英专管水利，嘉兴州同赵谷锡、云南武生段子凤分管地亩。

柔远堡屯田：柔远堡屯田地处高台县城西南十里，雍正十一年

① 黄文炜：《重修肃州新志》，《肃州·屯田·附载》，第88页。

② 以下三清湾、柔远堡、平川堡、毛目城、双树墩、九坝屯田区资料皆源自黄文炜《重修肃州新志》，《高台县·屯田》，第362页。

（1733年）开。其渠道自抚夷堡西渠起至红泥沟渠尾止，共长11929丈，合计66里2分。又开"正"字号岔渠，自"亨"字号起至"利"字号尾止，共长2389丈5尺，合计13里2分。共计14318丈5尺，合79里5分。内分元、亨、利、正四号，每号一千百十亩不等，共有耕地5108亩。雍正十二年（1734年）下种甚少。其屯田官员包括驿丞李洪绶、州同荆有庆、县丞王敷等。

平川堡屯田：平川堡屯田地处张掖县北边80里，东边自板桥堡边墙外起，西至五坝堡边墙外止，距离高台县城15里，即今临泽县平川乡之域，雍正十一年（1733年）开设。其渠道即在平川各坝接修开浚，共修整旧渠四处，用人工90工；新开渠长1350丈。计开地2169亩5分。平川堡屯地十分肥沃，每年收成辄过十余分，甚至达到20分，而开垦之花费又最为廉俭，官民从中获利颇丰，但惜其屯地面积不甚广阔。经理之官员，开始时由张掖令李廷桂兼管，继而委任主簿黄河文，继委驿丞李洪绶。以上三屯，归高台县主簿管理。

毛目城屯田：毛目城屯田地处镇夷口外160里、双树墩之北80里，与天仓、威远皆为古人屯耕战守之处，即今金塔县鼎新镇之域，雍正十一年（1733年）开设。其渠道远引黑河之水，包括大常丰渠一道，自龙口起至尾止计长68里9分；小常丰渠一道，自口至尾，计长27里3分；新开常丰渠一道，自口至尾，计长17里2分，内编列天、地、元、黄等30号，每号五六七百余亩不等，共有耕地18025亩。管理之官员，起初为原任山东布政司孙兰芬，后为原任江苏布政司赵向奎接管，此外还有效用镇夷千把总田进录、刘勇等。

双树墩屯田：双树墩屯田地处镇夷口外80里，即今金塔县芨芨乡双树村一带，雍正十一年（1733年）开设渠道，以黑河之水灌田。自渠口清流益墩起至风窝山止，计长2700丈，合15里。后经查核实长16里6分。内分大、有、年三字号，每号各520亩，共有耕地1562亩5分。管理的官员由县丞倪长庚负责，同时州判任邦怀为常往协助者，州判李如琏为末后接管者。以上二屯由高台县丞管理。

九坝屯田：九坝屯田地处高台县西北20里边墙外。雍正十一年（1733年），该地民众初次呈垦，原开新渠并疏浚旧渠共长1736丈，合9里6分，开地1216亩。十一年（1733年）下糜粟种80石，除去籽种官民各分粮食95石3斗5升。十二年（1734年），下麦糜粟种109石8斗4升，除去籽种官民各分粮食90石9斗8合零。由于地土硵沙太重，收获量很少，屯民恳请交还开渠、筑坝诸费并牛车农具银两，经管屯州同吴敦傲会同高台令程元度，详细呈报总理屯田侍郎蒋洞会商以后，奉文停种。

除了上述屯田地点外，清代在安西境内也开设有屯田，如靖逆、瓜州屯田等。雍正十年（1732年）于安西属之大湾（今瓜州县城周围）、小湾（今瓜州县小宛农场一带）开屯，在柳沟属曰踏实堡、双塔堡，在赤金（今玉门市赤金镇）属之惠回堡、火烧沟开屯，在靖逆（今玉门市玉门镇）属之红柳湾、头道沟、昌马河开屯，又雍正十一年（1733年），王兵备在三道沟（今瓜州县三道沟镇）开地1000石。①在瓜州五堡、三十里井子、蒙古包、小湾、踏实各处屯田②等。

以下我们对清代河西屯田概况列表说明。

清代河西屯田分布及概况表

地名	屯田亩数	屯户数	时间	所在位置	资料来源
镇番柳林湖	249850	2498	雍正十二年（1734）	镇番县城东160里	《五凉全志》，《镇番县志·地理志·田亩》，第228页
安西靖逆卫	16000	561	雍正五年（1727）	在近城四面及花海子、红柳湾、大东渠、破堡子一带	《重修肃州新志》，《靖逆卫·户口田赋》，第588页。
	871		雍正十年（1732）至十三年（1735）		
永昌昌宁湖	1600		雍正十二年（1734）	永昌县西北100里	《清代奏折汇编——农业·环境》，第36页

① 黄文炜：《重修肃州新志》，《靖逆卫·屯田》，第594页。

② 《乾隆四年（1740年）陕甘总督鄂弥达十二月二十日（1月18日）奏》，《清代奏折汇编——农业·环境》，第34—35页。

续表

地名	屯田亩数	屯户数	时间	所在位置	资料来源
高台柔远堡	6415		雍正十一年（1733）	高台县城西南10里	徐家瑞《新纂高台县志》卷3《建置·田赋赋税》，第220页。
高台平川堡	2298		雍正十一年（1733）	张掖县北八10里	
高台三清湾	16232		雍正十一年（1733）	高台县城南15里	
肃州九家窑	14000		雍正十二年（1734）	肃州城南150里	《重修肃州新志》，《靖逆卫·户口田赋》，第588页
肃州毛目城	18025		雍正十一年（1733）	镇夷口外160里	
肃州双树墩	1562		雍正十一年（1733）	镇夷口外80里	
肃州九坝	1216		雍正十一年（1733）	高台县西北20里	
靖逆、赤金	8800	230	乾隆四年（1739）		《清朝文献通考》卷10《田赋十屯田·考四九四六》
布隆吉尔	7025	240	乾隆四年（1739）	安西渊泉县之柳沟	
柳沟卫属之佛家营	2640	92	乾隆五年（1740）		《清代奏折汇编—农业·环境》，第86页

续表

地名	屯田亩数	屯户数	时间	所在位置	资料来源
赤金卫属之上赤金、紫泥泉二处	1750	80	乾隆八年（1743）		《清代奏折汇编—农业·环境》，第86页
瓜州					《清朝文献通考》卷10《田赋十屯田·考四九四六》

　　根据上表我们可以得出如下几点结论：首先，清代在河西走廊开设屯田多在前中期，其开屯时间多在雍正五年（1727年）至乾隆八年（1743年）之间。其次，清代河西所开屯田面积广大，河西屯田区共开地超过348284亩，屯田户数超过3701户。再次，清代河西所开屯田涉及凉州、甘州、肃州、安西四府州，较为集中在肃州与安西两地，但面积最大之屯田区为凉州镇番柳林湖屯田区，为249850亩，以肃州九坝面积为最小，仅1216亩；同样，屯户最多者亦应为柳林湖屯区，为2498户。总体看，清代在河西走廊所开屯田面积大、分布广，在很大程度上促进了河西走廊农业的发展。

　　除了在政府指引下从事屯垦活动外，清代河西走廊的民间垦荒也大规模开展起来。

　　清朝建立以后，随着人口的不断增长，针对人多地少的问题，清廷采取了鼓励垦荒的政策以解决民食，曾多次发布垦荒政令，劝民垦荒。如顺治元年（1644年）下令："州县卫所荒地无主者，分给流民及官兵屯，有主者令原主开垦，无力者官给牛具籽种。"[1] 雍正元年（1723年）下令："听民相度地宜，自垦自报，地方官不得勒索，胥吏亦不得阻挠。"[2] 乾隆十三年（1748年），陕西巡抚陈宏谋覆奏，米价日增，"补救之方一在开辟地利"，鼓励垦荒[3]。道光二十四年（1844

---

① 昆冈等修，刘启端等纂：《钦定大清会典事例》卷166《户部·田赋·开垦一》，《续修四库全书》本，第673页。

② 《清世宗实录》卷6，雍正元年四月乙亥条。

③ 《清高宗实录》卷316，乾隆十三年六月条。

年），"至甘省报明水冲沙压案内，著富呢扬阿确加履勘。遇有堪以垦复之处，即将应复地亩，随时咨报，不得任听该委员等畏难捏禀，阻隔不行"①。可以说垦荒政令贯穿清朝始末。而在河西地区同样积极推行垦荒政令。乾隆二十二年（1757年）大学士管陕甘总督黄廷桂建议，应将瓜州所剩回民未种荒地19000余亩，照开垦例招民认垦，官府借给籽种口粮，按年征还，"至所垦地先令于熟地接水处开起，由近而远，试种一年后，如水足有收，即照民地升科"②。乾隆十四年（1749年），由于甘州所属之聂贡川及山丹县属之大草滩因民族聚集、土质差、水源少等原因而无法开垦，对此前大学士、侍郎蒋溥奏称，"凡系可垦之地，节经招民开垦，并给兵屯粮，间有未开旷土，非无水可引，即沙石难耕，均未便轻垦"。意即只要是能够开垦的土地都已尽力开垦了。③而对于像柳林湖这种能有所收获的耕地"自不敢漫无查察，致成废弃"④。可见清王朝对于垦荒政策的推行以及官员的执行都是不遗余力的。

同时清王朝还设立了一些优惠政策以鼓励民众垦荒。如对于无力垦荒者给予资助。康熙五十三年（1714年），准许将甘省所属村堡中的荒地拨给无地之人耕种，并动用库银帮民买给牛种。⑤同时还借给银钱帮助兴工，如乾隆十年（1745年），甘肃巡抚黄廷桂五月初十日（6月9日）奏请借银330两，帮助农民开垦甘州府属一工城、寺儿堡等处荒地，"所借银两分为四年完交，自属益民之举"⑥。乾隆二十六年（1761）三月二十四日，陕甘总督杨应琚奏，"查得肃州金塔寺等处有可耕荒地一万余亩，饬委该州酌议招垦，并奏请借给银二千两，以为垦地牛工、开渠疏凿之用，已蒙圣恩俞允"，并且"此外如再有可垦荒地……一例办理"⑦。借给垦荒者银钱以备耕作。在具体垦荒中，还有减免垦荒田

①《清宣宗实录》卷402，道光二十四年二月丙午条。

②《清高宗实录》卷547，乾隆二十二年九月条。

③《清高宗实录》卷351，乾隆十四年十月乙巳条。

④《清高宗实录》卷351，乾隆十四年十月乙巳条。

⑤《清朝文献通考》卷2《田赋二田赋之制·考四八六八》。

⑥《乾隆十年（1745年）甘肃巡抚黄廷桂五月初十日（6月9日）奏》，《清代奏折汇编——农业·环境》，第87页。

⑦《乾隆二十六年（1761）陕甘总督杨应琚三月二十四日（4月28日）奏》，《清代奏折汇编——农业·环境》，第201页。

地之赋税等策。如乾隆五年（1740年）规定，陕西、甘肃所属沙碛居多之山头地角之地及齑卤之地，听民试种，免征租赋。[①]清王朝采取各种措施促使百姓开荒。

　　有清一代大力倡导垦荒，多次发布鼓励垦荒政令，并从物力、财力、人力等各方面提供支持，借给垦荒者牛只、籽种等农资，还借给银钱帮助兴工等。这一系列举措促进了清代垦荒事业的发展，在河西走廊出现了垦荒的热潮，垦荒地点遍布河西各县。我们仅根据河西方志及《清实录》等文献资料所记载的河西各县各年向中央上报的新垦田数，对清代河西垦荒概况进行统计。

清代河西垦荒地点与数目表

地点	垦荒数	时间	资料来源
赤金	119 亩	雍正二年(1724)	《重修肃州新志》，《赤金所·户口、田赋》，第 608 页
	1167 亩	雍正三、四、五、六年(1725、1726、1727、1728)	
	5400 亩	雍正五年(1727)	
	265 亩	雍正十二、十三年(1734、1735)	
柳沟卫	2120 亩	雍正五年(1727)	《重修肃州新志》，《柳沟卫·户口田赋》，第 567 页
	1293 亩	雍正十一年(1733)	
	79 亩	雍正十二年(1734)	
安西厅	124532 亩	雍正五年、七年、十一年(1727、1729、1733)	《重修肃州新志》，《安西卫·户口田赋》，第 446 页
	3962 亩	雍正十二年(1734)	

---

　　① 《清朝文献通考》卷4《田赋四田赋之制·考四八八四》。

续表

地点	垦荒数	时间	资料来源
高台	482 亩	雍正三年(1725)	《重修肃州新志》,《高台县·田赋》,第348 页
	1012 亩	雍正四年(1726)	
	3031 亩	雍正五年(1727)	
	580 亩	雍正五年(1727)	
	248 亩	雍正十一年(1733)	
古浪	22114 亩		《五凉全志》,《古浪县志·地理志·田亩》,第 463 页
靖逆卫	4311 亩	雍正六年(1728)	《清高宗实录》卷79,乾隆三年十月甲辰
赤金所属	341 亩	雍正八年(1730)	《清高宗实录》卷114,乾隆五年四月壬申
赤金卫	60 亩	乾隆元年(1736)	《清高宗实录》卷254,乾隆十年十二月戊戌
武威县	460 亩	乾隆四年(1739)	《清高宗实录》卷142,乾隆六年五月甲子
口外柳沟卫所属布隆吉等处	1728 亩	乾隆七年(1742)	《清高宗实录》卷173,乾隆七年八月丙辰
张掖县	2700 亩	乾隆九年(1744)	
张掖县	2000 亩	乾隆十年(1745)	《清代奏折汇编——农业·环境》,第 87 页
甘州府属一工城	数千亩		
甘州府属瓦窑堡	4000、5000		
甘州府属寺儿堡	4000、5000 亩		

续表

地点	垦荒数	时间	资料来源
瓜州	19554 亩	乾隆二十二年(1757)	《清高宗实录》卷547，乾隆二十二年九月
安西厅属之瓜州并小湾、踏实堡三处与附近之奔巴儿兔地方	20460 亩	乾隆二十四年(1759)	《清代奏折汇编——农业·环境》，第186页
肃州北乡金塔寺等庄边外黄水沟一带	10000 亩	乾隆二十五年(1760)	《清代奏折汇编——农业·环境》，第199页
肃州金塔寺边外之北有夹墩湾	1200 亩		赵仁卿：《金塔县志》卷10《金石·夹墩湾开垦田亩碑序》
肃州金塔寺等处	12000 亩	乾隆二十六年(1761)	《清代奏折汇编—农业·环境》，第206页
安西所属渊泉县之四道沟等处玉门县之头道沟等处	10000 亩		
高台县毛目等处	5200 亩	乾隆二十六年(1761)	《清高宗实录》卷647，乾隆二十六年十月辛卯
查肃州金塔寺等处	17000 亩	乾隆二十七年(1762)	《清高宗实录》卷661，乾隆二十七年五月壬戌
肃州威鲁堡	12000 亩		
镇番柳林湖	233223 亩	乾隆二十八年(1763)	《镇番遗事历鉴》卷8，高宗乾隆二八年癸未，第318页
安西府属渊泉县之柳沟布隆吉尔等处	8000 亩	乾隆二十八年(1763)	《清朝文献通考》卷10《田赋十屯田·考四九四六》
甘肃高台县	510 亩	乾隆三十五年(1770)	《清高宗实录》卷994，乾隆四十年闰十月丙辰

续表

地点	垦荒数	时间	资料来源
安西府源泉、玉门、敦煌三县	5000 亩	乾隆三十七年(1772)	《清代奏折汇编——农业·环境》, 第 228 页
甘肃山丹县	700 亩	嘉庆八年(1803)	《清仁宗实录》卷 110, 嘉庆八年三月癸卯, 第 464 页
山丹县	702 亩	嘉庆十七年(1812)	《清仁宗实录》卷 259, 嘉庆十七年七月壬午
镇番六坝、柳湖	1305 亩	嘉庆二十一年(1816)	《镇番遗事历鉴》卷 9, 仁宗嘉庆二十一年, 第 379 页
古浪县	549 亩	道光二年(1822)	《清宣宗实录》卷 37, 道光二年六月甲子
安西州	50 亩	道光十一年(1831)	《清宣宗实录》卷 197, 道光十一年九月辛未
高台县	1958 亩	道光三十年(1850)	《清文宗实录》卷 17, 道光三十年九月辛卯

根据上表统计, 清代河西走廊新垦地亩5459顷33亩。此外, 还有一些有关垦荒数目的笼统记载。如嘉庆八年（1803年）陕甘总督惠龄疏报, 甘肃靖远、盐茶、山丹、镇番、中卫、五厅县开垦地58顷90亩。[1]嘉庆十八年（1813年）户部议准陕甘总督那彦成疏报, "秦、靖远、秦安、正宁、古浪五州县及红水县丞所属开垦地二十二顷九十七亩有奇"[2]。嘉庆二十年（1815年）户部议准陕甘总督先福疏报, "皋兰、

---

① 《清仁宗实录》卷108, 嘉庆八年二月癸亥条。
② 《清仁宗实录》卷271, 嘉庆十八年七月癸酉条。

山丹二县，开垦地三顷八十七亩有奇"①。道光十二年（1832年）户部议准陕甘总督杨遇春疏报，"靖远、环、二县并王子庄州同所属开垦地六顷八十九亩有奇"②。如果加上这些数字，清代河西走廊垦荒数目应不止上数。

随着屯田与垦荒政策的推行，清代河西走廊的农业获得长足发展，在屯田与垦荒数量上皆比前代大为增加，社会经济发展也呈现出繁荣景象。

首先，屯垦数量增加。如安西"今已满三年共增开屯地七千六百余亩，分归积粮六千六十余石。此屯田之成效也"③。若与明朝在河西走廊的屯田总数相比，清代河西屯田数目已有了较为明显的增加，试列表说明：

清代河西走廊屯田亩数表④

地点		原额屯地	内除节年荒芜地、被水冲崩地、现荒未垦地、节年冲压地	实熟屯地
凉州	武威县	11600 顷 60 亩	1256 顷 63 亩	10343 顷 96 亩
	镇番县	3986 顷 19 亩	720 顷 15 亩	3266 顷 4 亩
	永昌县	5851 顷 68 亩	2739 顷 74 亩	3110 顷 94 亩
	古浪县	3936 顷 35 亩	918 顷 24 亩	3018 顷 10 亩

① 《清仁宗实录》卷311，嘉庆二十年十月乙亥条。
② 《清宣宗实录》卷218，道光十二年八月辛卯条。
③ 常钧：《敦煌随笔》卷下《屯田》，第392页。
④ 升允、长庚修，安维峻纂：《甘肃新通志》卷17《建置志·贡赋下》，第16–22页。该表之统计时间为光绪三十二年（1906年）。

续表

地点		原额屯地	内除节年荒芜地、被水冲崩地、现荒未垦地、节年冲压地	实熟屯地
甘州	张掖县	7674 顷 29 亩	1963 顷 92 亩	5710 顷 36 亩
	东乐县	1402 顷 13 亩	30 顷 18 亩	1371 顷 95 亩
	山丹县	4088 顷 92 亩	1315 顷 39 亩	2773 顷 52 亩
	抚彝厅	1699 顷 12 亩	477 顷 64 亩	1221 顷 48 亩
肃州	肃州	4554 顷 22 亩	2411 顷 88 亩	2142 顷 34 亩
	王子庄	627 顷 62 亩	21 顷 8 亩	606 顷 54 亩
	高台县	3874 顷 26 亩	2390 顷 80 亩	1483 顷 46 亩
	毛目县	52 顷 33 亩		
安西	安西州	1746 顷 29 亩	298 顷 15 亩	1448 顷 5 亩
	敦煌县	1225 顷	191 顷 36 亩	1033 顷 63 亩
	玉门县	521 顷 20 亩	106 顷 78 亩	414 顷 41 亩

《明会典》载明代河西屯田亩数表 [1]

地点	屯田数
甘州左右中前后五卫	5751 顷 21 亩
肃州卫	2049 顷 21 亩
镇番卫	2223 顷 46 亩
永昌卫	992 顷 10 亩
山丹卫	1279 顷 86 亩
凉州卫	2652 顷
高台守御千户所	809 顷 43 亩
镇夷守御千户所	508 顷 96 亩
古浪守御千户所	622 顷 29 亩

以上统计清代河西屯田数为37998顷74亩，明代河西屯田数为16888顷52亩。清代河西的屯田数接近明代的两倍，土地垦殖范围、力度大为加强。

其次，社会经济获得发展。除了屯田数目的增加外，清代在河西的屯垦、开荒活动，还促进了河西走廊的社会繁荣与经济发展。如雍正十二年（1734年）七月，协办军需总理屯田侍郎蒋泂上奏：

> 窃臣于雍正十二年九月十三日，在镇番县柳林湖，督催收获屯粮，兼筹乙卯年扩充地亩，为永裕边储之计，据双树屯委员、州同任邦怀、试用倪长庚详称：高台县属双树墩地方，在镇夷堡口外，自开垦到今，人烟日盛，庐舍加增，皓皓熙熙，皆是康衢之里，殷殷攘攘，无非击壤之侪，昔为远郊旷野，今尽平畴绣陌，兹查镇夷口外双树墩地方，弱水长流，合黎环拱，自开屯以来，翼翼禾苗，户享尧年之乐，春秋报赛，酒醴馨香。[2]

---

① 刘郁芬：《甘肃通志稿》，《财赋志·贡赋》，第108页。
② 黄文炜：《重修肃州新志》，《高台县·为恭报嘉禾书》，第428页。

随着双树墩屯田的开垦，该地社会发展也呈现出一派繁荣景象。再如柳沟卫，明朝时"鞠为茂草，无复田畴、井里之遗"，随着清代在此设立屯田，社会经济状况发生了变化，"于是井疆日辟，稿人成坊，极边新设之民，皆有含哺故腹之乐矣"①。再如安西所属五卫地方：

> 向系砂碛无人之地，近年以来开渠引水，皆已垦殖，回民垦户村庄布列俨同内地。今年山中雪水甚旺，而雨泽又比往年为多，麦禾茂盛，丰收有望……商民车辆往来，贸易络绎不绝。②

安西社会经济也随着屯田的兴起等得以发展。再如肃州之西桃赉河常马尔鄂敦他拉等处及布隆吉尔地方，通过垦荒及民人的垦种，"渐至富饶"③。肃州之北口外、金塔寺地方通过垦荒，"人民渐集，于边疆大有裨益"④。镇番，"今大半开垦居民稠密不减内地，延东而下移坼换段，迤逦直达柳林湖，耕凿率以为常"⑤。可以说也达到了清代垦荒"务使野无旷土，人尽力田，俾民食边储，并收实效"⑥的目的。

第三节 清代河西走廊的均水制度

清代在河西走廊不仅兴修了一批水渠水道，还建立起了严格、灵活的均水制度。河西走廊水源稀缺，为了能够保证该区农田灌溉事业的顺利进行，就必需建立详尽严格的均水制度，对该地的水源作出统筹分配，方能保证水利的有序使用。从河西各县的方志看，清代河西各县基本都设有水规，一方面对该县的水源使用及各家、各渠、各坝、各村堡

---

① 黄文炜：《重修肃州新志》，《柳沟卫·户口田赋》，第567页。
② 《乾隆二十年（1755年）甘肃巡抚陈弘谋五月二十四日（7月3日）奏》，《清代奏折汇编——农业·环境》，第146页。
③ 《清世宗实录》卷20，雍正二年五月戊辰条。
④ 《清圣祖实录》卷269，康熙五十五年七月丁亥条。
⑤ 张玿美修，曾钧等纂：《五凉全志》，《镇番县志·地理志·里至》，第224页。
⑥ 《清宣宗实录》卷402，道光二十四年二月丙午条。

等水的分配作出详细、明确的规定，同时在实际执行中还需根据具体情况不时变通，即河西水规既具有严格性又具有灵活性。总体上看，清代河西各地的水规基本能够照顾到各方利益，能够基本保证各县在有限的水源条件下农田得以灌溉，农业能够正常运转。有关清代河西走廊水资源分配制度学界已有专文论述，①下面集中就清代河西走廊水利规则中所体现出严格性与灵活性等展开讨论。

一、均水制度的严格性

河西走廊水资源有限，在农耕需水时节"水贵胜金"，为了能够公平合理地进行水利分配，防止多占与不均，清代河西各县制定了严格的均水法规，即所谓"渠口有丈尺，闸压有分寸，轮浇有次第，期限有时刻"②。"其坝口有丈尺，立红牌刻限，次第浇灌"③。"查全县水利率皆按粮定时，惟海东水利虽按田亩远近粮石多寡分配昼夜，而实则粮水不合，每昼夜分作十分，凡厘毫丝忽小数，均按分数推算。"④分水时即使是非常细微的时间差别，也要计算清楚，清代河西走廊分水制度的严格性可见一斑。且当地人们对分水亦十分重视，如高台诗《均水赠镇夷堡》中云："均水年年赴建康，天城按例接尘装。士民最是多情甚，杯酒欢迎侍道旁。"⑤下面就对清代河西走廊水规的严格性进行叙述。

首先，清代河西走廊的分水方法各地以其习惯不同而有所不同，主要包括按粮均水、按亩分水、点香均水、按渠户多寡均水、按修渠人夫均水等几种方式。按粮均水是指按照交纳粮草税的多少确定浇水时刻的方法。按亩分水是指按照田亩数量多少确定浇水时刻的方法。点香分水是指计算浇水时刻以一炷或几炷香燃烧的时间长度来记时的

---

① 王培华：《清代河西走廊的水资源分配制度——黑河、石羊河流域水利制度的个案考察》。

② 张珩美修，曾钧等纂：《五凉全志》，《武威县志·地理志·水利图说》，第44页。

③ 张珩美修，曾钧等纂：《五凉全志》，《古浪县志·地理志·古浪水利图说》，第472页。

④ 徐传钧、张著常等：《东乐县志》卷1《地理志·水利》，第426页。

⑤ 徐家瑞：《新纂高台县志》卷8《诗·均水赠镇夷堡·毛目县》，第497页。

方法。①按渠户多寡均水是指按照该渠坝渠户数量多少确定浇水时刻的方法。按修渠人夫均水是指按照该渠坝派出修渠之人夫数量多少来确定浇水时刻的方法。虽然浇水方法各县不同，但无论何种方法浇水，皆要严格按水规行事，即所谓"其浇法或点香为度，或照粮分时，或计亩均水，各坝章程不一，不得籍端私放"②。

　　不同的浇水方法对应的水时限定亦十分严格。清代河西各地以按粮均水为多，按粮均水要严格按照纳粮数量计算浇水量。如镇番县按粮均水时各坝的浇水时刻就有严格限定：

> 　　各坝照粮分水遵县红牌，额定昼夜时刻，自下而上轮流浇灌。四坝，现征粮一千六百八十六石三斗一升零，该水九昼夜零时四个。小二坝，现征粮一千零六十六石六斗一升零，该水四昼夜零时九个，出河水小倒坝该水四昼夜零时一个，外润河水时七个。更名坝，现征粮三百八十二石五斗八升零，该水二昼夜零时四个，出河水小倒坝该水一昼夜零时十个，外润河水时二个。大二坝，现征粮一千四百六十七石六斗四升零，该水八昼夜零时六个，出河水小倒坝该水七昼夜零时十个，外润河水一昼夜零时四个。头坝，现征粮四百五十石八升零，该水二昼夜零时二个，出河水小倒坝该水二昼夜零时一个，以长行渠口，不分昼夜时刻，亦无润河水，其应得水时照粮洒摊各坝……东边外六坝，现征移丘粮二百二十六石七斗七升，该水时十一个，出河水小倒坝该水一昼夜，与润河水俱统在四坝内。沿大路，现征粮一千零四十五石零，除用永昌乌牛坝水之粮五百余石外，其余五百四十余石，该水三昼夜零时十个，出河水小倒坝该水三昼夜零时六个，无润河水。③

　　此文根据镇番县各坝所承粮数明确规定出其应浇水时，其中四坝征粮数为最多，该水亦最多，其次为大二坝、小二坝、沿大路、头坝、更

---

　① 王培华：《清代河西走廊的水资源分配制度——黑河、石羊河流域水利制度的个案考察》。

　② 许协、谢集成：《镇番县志》卷4《水利考·灌略》，第208页。

　③ 张玿美修，曾钧等纂：《五凉全志》，《镇番县志·地理志·水利图说》，第240页。

名坝、东边外六坝等，水时严格规定，极为细致周密。又如山丹县均水时也以按粮均水为主，水时与水口宽度都按粮均定：

> 暖泉渠上而花寨子分为三坝，下而暖泉等闸分为五坝，每年应使三季六轮水利，共二百一十六昼夜，自清明起至冬至止按粮多寡并河均时，头二两轮安种水暖五闸应使全河水二十五昼夜，润河涝池水二昼夜，上三坝应使全河水五昼夜，头二两轮苗水暖五闸应使全河水二十八昼夜，润河涝池水二昼夜，上三坝头轮苗水应使全河水六昼夜，二轮苗水应使全河水五昼夜，头二两轮冬水暖五闸应使全河水三十三昼夜，润河涝池水二昼夜，上三坝头轮冬水应使全河水六昼夜，二轮冬水应使全河水五昼夜。暖头闸纳粮五百零六石二斗五升零，按粮均定水口宽七尺八寸，暖二闸纳粮五百三十石四斗零，按粮均定水口宽八尺二寸五分，暖三闸纳粮五百一十六石七斗零，按粮均定水口宽七尺九寸五分，暖四闸纳粮五百三十三石一斗九升零，按粮均定水口宽八尺二寸五分，暖五闸纳粮四百七十四石六斗零，按粮均定水口宽七尺八寸，附边山小沟子纳粮四十四石六斗，公议饶增闸口宽一尺一寸，深仍二寸五分，旧规每粮一石六轮均使时水四时一刻七分，上下并河使水，上三坝每轮并去全河水五六昼夜不等，下五闸均减时刻分寸，分闸使水，每粮一石除下百户润河涝池时水六轮应使水三时六分。[①]

上引资料不仅对山丹县各渠坝所浇安种水、润河涝池水、苗水、冬水的昼夜时数等作出严格规定，还对各个闸口宽度亦按粮作出严格规定，其中暖二闸与暖四闸纳粮数最多且数量接近，闸口宽度皆为八尺二寸五分，其次为暖三闸、暖头闸、暖五闸、边山小沟子等。规定严格而细致。

再如乾隆年间东乐县水规中将各坝点香分水时刻明确规定出来："十九、十六坝夜晚应香五时，十九坝应扒三时七刻，十六坝应扒一时三刻。十九、十八坝白昼应香七时，十八、十九坝扒二时五刻、四时五

---

① 黄璟、朱逊志等：《山丹县志》卷5《水利·五坝水利志》，第165页。

刻。"① 可知，分水不仅计算到时辰，而且计算到刻。沙州为按亩分水，其水规规定"全资党河之水分引五渠，设有木槽比量分寸，按定时刻计亩轮灌之法最善"，② 即闸口的分寸大小以木槽比量，按定时刻计亩轮灌。此外敦煌县为按渠户多寡均水，敦煌县水利章程规定："至立夏日禀请官长带领工书渠正等至党河口，名黑山子分水，渠正丈量河口宽窄、水底深浅、合算尺寸、摊就分数，按渠户数多寡公允排水，向例八渠皆自下而上轮流浇灌，惟下永丰庄浪二渠由上递下。"③ 明确规定到立夏日渠正分水时按渠户数多寡公允排水；另外，高台县为按修渠人夫均水，如高台县纳凌渠上中下各子渠按出夫多寡使水，定期十日一轮，新开渠上中下各子渠按人夫多寡使水，乐善渠三子渠按人夫多寡照章使水等。④

可知，清代河西各县之水规对各渠坝的浇水时刻皆作出严格规定，甚至细化至几分几刻，不同的浇水方法其水时限定皆十分严格。清代河西走廊水规的严格性可见一斑。

其次，清代河西水规将一年之水按季节分为春水、夏水、秋水、冬水等，并分为一牌、二牌、三牌、四牌等牌期，⑤ 而且各水的时间也根据农时明确规定出来，不得违时。如永昌县水规规定："每岁白露前后泡来年麦地曰浇秋水，其泡间年歇地至立冬乃已曰浇冬水，清明前后泡植杂禾曰浇春水，浸苗曰头二三水。"⑥ 将一年之水分为秋水、冬水、春水、头二三水等，并且每水之节气时期皆作出明确规定。再如敦煌县水利章程规定："每年春间冰雪融化，河水通流，户民引灌田地，乘其滋润播种安根，谓之浇混水。"⑦ 将春季所浇之水称为混水。又如东乐县将每年自惊蛰起至清明寅时止所浇之水称为闲水（或称为安种水），

① 徐传钧、张著常等：《东乐县志》卷1《地理志·水利》，第426页。
② 常钧：《敦煌随笔》卷上《沙州》，第382页。
③《敦煌县乡土志》卷2《水利》，甘肃省图书馆藏书。
④ 徐家瑞：《新纂高台县志》卷1《舆地·水利》，第161页。
⑤ 牌期是指由县府规定的使水日期、水量，用红字刻于木牌上，立于渠坝之上，各渠、支渠即坝，农户遵照执行，不得违背。参见王培华《清代河西走廊的水资源分配制度——黑河、石羊河流域水利制度的个案考察》。
⑥ 南济汉：《永昌县志》卷3《水利志》。
⑦ 苏履吉、曾诚：《敦煌县志》卷2《地理志·渠规》，台北：成文出版社有限公司，1970年，第121页。

清明至立冬后六日止所浇之水称为正水。① 虽然各县各水之称呼不同，但其浇水日期、浇水时间、浇灌次序等皆有严格规定。

再如镇番县：

> 水自清明次日归川名曰春水，亦名出河水，除红柳、小新、腰井、湖中、六坝、河东、八案春水十昼夜四时外，所余之水扣至立夏前四日，四坝俱照粮均分，自立夏前四日迄小满第八日为小红牌，自小满第八日迄立秋第四日为大红牌，夏水两牌节次轮灌。自立秋第四日迄白露前一日为秋水，四渠坝轮灌后水归移丘、案首、红沙梁浇至秋分后十日止，次北、新沟浇至寒露前一日止，又其次大滩浇至寒露后九日止，仍归四渠，按粮轮浇，是为冬水。浇至立冬后六日，六坝接浇至小雪次日，水归柳林湖，惊蛰以前为冬水，惊蛰以后为春水，冬水不足而以春水补之。②

上引资料记载清代镇番县春季农耕开始时，首次浇灌之水称为春水，其时间为清明次日，且不需分牌。立夏后开始正式分水，其时间为自立夏前四日迄立秋第四日，可分为小红牌、大红牌，其时间为自立夏前四日迄小满第八日为小红牌，自小满第八日迄立秋第四日为大红牌。秋季水量较大亦无需分水，其时间为自立秋第四日迄白露前一日为秋水。冬水浇灌时间为寒露后九日至小雪次日。将各牌水的时间起止、浇灌次序、时间长短、轮浇时刻皆作出明确规定。

再如道光五年《镇番县志》对镇番县水时分配亦作出严格规定，现据此列表如下：③

---

① 徐传钧、张著常等：《东乐县志》卷1《地理志·水利》，第426页。
② 许协、谢集成：《镇番县志》卷4《水利考·牌期》，第208页。
③ 许协、谢集成：《镇番县志》卷4《水利考·水额》，第210页。

坝渠名	额小红牌时数	大红牌每牌时数	秋水时数	冬水时数	润河籍田水
四坝	五昼夜五刻	八昼夜	六昼夜四时四刻	六昼夜一时	在内
次四坝	四昼夜四时	五昼夜六时五刻	四昼夜一时	三昼夜八时	在内
小二坝	六昼夜七时	七昼夜一时六刻	四昼夜十一时	五昼夜一时	在内
更名坝	二昼夜五刻	二昼夜四时四刻	一昼夜七时六刻	一昼夜九时	在内
大二坝	六昼夜一时四刻	七昼夜一时六刻	六昼夜三时	六昼夜五时	在内
宋寺沟	七时二刻	九时	六时二刻	七时	在内
河东新沟	三时	三时二刻	二时	二时	
大路各坝	二昼夜	每牌三昼夜	二昼夜五时	二昼夜十时	小红牌俱无润河

　　将所浇之水按节气、浇灌次序分为不同的种类，并将同一水细化分为几牌水，严格限定各水的浇灌时间长短、日期、次序等，可知清代河西各地的水规规定是细致与严格的，这便于水利的分配与管理。

二、均水制度的灵活性

　　清代河西走廊管水制度是较为严格的，同时随着水量的增减、纳粮数的多少以及具体情况的不同，水规也呈现出较强的灵活性。即所谓：

　　　　有为调剂之说者，谓今古时会不同地势亦异，昔之同坝行水者

> 今且分时短行矣，合未见有余分即形不足，其说诚似也。①

认为分水不能拘泥成见，可利用调剂与临时匀挪之法进行管理。如镇番县，由于雍正十年（1732年）实征粮数少于原额定粮数，所以各水时也有相应改动，"原定本邑额征屯、科、学、更名等粮，本色共七千四百五十二石奇。是年，除移并武威停征者外，实征之数，较少于原额一千余石。依此粮额分水，则小倒坝每粮二百一十五石，该水一昼夜，大倒坝仍二百五十石，该水一昼夜。缘有加减之制，故四坝居极东，倒坝先之。渠口即通河，迄东为外河，柳林水路也；迄西接小二坝，通长约三十里，共征粮一千六百八十六石三斗一升零，该水九昼夜又四时。润河水：小倒坝该水七昼夜零七时外，润河水三昼夜零四时。"②即小倒坝由上述康熙年间的二百六十八石分水一昼夜③变为二百一十五石该水一昼夜。随着纳粮数的变动水时也随之变化。

> 但各坝水例闭此开彼，按牌轮流，惟头坝沟多沙患，限定时刻反致不敷，故互相酌济不拘夏秋，分大二四各坝之水而为一，常行渠口例不再分昼夜时刻，其应分两昼夜零时二刻之水，仍照大二四各坝粮数多寡按时均添于各坝中，盖以应得之时刻而易为常行，亦因地变通之法也。④

由于头坝沙患较多，往往导致沙淤沟塞，所以浇水时头坝不限定时刻，将限时改为常行，即所谓"互相酌济不拘夏秋"之法，根据实际情况酌情调整水规。再如镇番县水规规定："春水，自上而下，如遇山水猛发，一坝不能独容，各坝亦可开口，要亦酌水势之大小。"⑤遇到山水涨发之时，水量水势皆大，则需各坝同开以避水患。"轮浇春水亦有

---

① 许协、谢集成：《镇番县志》卷4《水利考·蔡旗堡水利附》，第236页。
② 谢树森、谢广恩等编撰，李玉寿校订：《镇番遗事历鉴》卷7，世宗雍正十年壬子，第274页。
③ 谢树森、谢广恩等编撰，李玉寿校订：《镇番遗事历鉴》卷6，圣祖康熙四十一年壬午，第246页。
④ 张珝美修，曾钧等纂：《五凉全志》，《镇番县志·地理志·水利图说》，第240页。
⑤ 许协、谢集成：《镇番县志》卷4《水利考·牌期》，第208页。

一而再再而三者，盖冰结于河，冰消则水大，春分之前三后四尤浩瀚异常，调剂轮流务希均沾实惠，虽润沟旷时亦所弗计，或以上游有余之水彼此通融，与川略同。"① 由于春季冰消时间不一，若河水结冰难以浇灌，则春水可以多次反复浇灌，即所谓"调剂轮流彼此通融"。"（镇番）四坝遇有河水倒失或微细时，得将其秋水额匀入各牌浇灌之。"② 如遇春水水量过小时可将秋水额数匀入。再如山丹县浇水时根据春水与冬水水量的不同分配点香时刻："按均定水利每粮一石，头二两轮安种水以五寸香时行使，头二两轮冬水以七寸香时行使"。③ 敦煌县水利规则中规定："渠分水寸数，暂照近年来源摊算，此后得按水势大小，随时酌量增减，以昭公允。""立冬节为庄浪、新旧伏羌三渠开浇冬水之期，所有浇过冬水之七渠平口，应即一律封闭，将水退浇下三渠平均分浇，但上七渠水量减少，确有特别情形者，立冬退水时得延长五日或十日，至下渠于清明节后退浇春水时，亦得按日延长之。"④ 意即在特殊情况下如水量减少时会变通冬水浇灌时间。

再如永昌县水规中对出现的新情况，也采取灵活变通的措施：

> 盖自有明招民受地以来，迄今数百年之久，随时损益经常之则，蔑以复加于兹，由旧无衍，纷更则弊，若夫亢旱流缩，引注维艰，或以两坝之水并为一坝，或以上下牌之水并为一牌，又或以数家之水并为一沟，亦权宜所不可少者，而灌之为法具于是矣。⑤

即在遇到亢旱流缩、引注维艰的情况，则在实际执行中会采取各种调节措施，如将两坝之水并为一坝，或以上下牌之水并为一牌，又或以数家之水并为一沟等，而这些调节措施仅是权宜之策，水规是不容违犯的。所以清代河西走廊的水规是严格而灵活的。

综上所述，由于分水关乎河西各地之利益，所以有清一代河西走廊普

---

① 许协、谢集成：《镇番县志》卷4《水利考·牌期》，第209页。
② 《民勤县水利规则·敬告全县父老昆弟切实奉行民勤县水利规则》，甘肃省图书馆藏书。
③ 黄璟、朱逊志等：《山丹县志》卷5《水利·五坝水利志》，第165页。
④ 吕钟：《重修敦煌县志》卷6《河渠志·十渠水利规则》，第153页。
⑤ 南济汉：《永昌县志》卷3《水利志》。

遍实施了严格的水规水法，明确规定分水的方法、分水的时刻、违规之人的惩处等方面的内容。同时针对不同的具体情况，水规当中也采用了一些调剂与变通之法。水规成为解决河西各地分水、使水问题的基本方式与途径。当然由于水源的有限，加之森林的破坏、人口的增长等因素使得水源不足的问题日益突出，所以河西地区争水水案史不绝书。[①] 在河西水源匮乏之地，争水是很难以避免的。总体来说清代河西走廊的管水均水制度基本满足了河西人民的水利使用，是解决水源分配及争端的主要方式。

第四节　清代河西走廊水事纠纷与社会治理

由于水资源的短缺，清代河西走廊地区争水事件与水利纠纷频频出现，在解决用水纠纷中，清代河西地方政府承担着大型水案的调处，而对于日常小型水利纠纷则主要由"水官"、乡绅等负责。

一、水事纠纷与政府应对

清代河西走廊水源匮乏，"不足之日多，有余之时少"[②]，"年年均水起喧嚣"[③]，水案纷争不绝于书。在水事纠纷的应对中，代表国家权力的该区县级地方政府主导着跨县、跨流域等大型水案以及严重违犯水规事件的处治，并积累起了较多成功的经验。

清代河西走廊水事纠纷大致可分为三种类型：一是河流上下游各县

---

① 据李并成《明清时期河西"水案"史料的梳理研究》(《西北师大学报》2002年第6期) 统计，清代河西地区水案大致有11起：康熙五十八年 (1719年) 疏勒河流域昌马争水案，康熙六十一年 (1722年) 石羊河流域的洪水河案，雍正二年 (1724年) 石羊河流域的校尉渠案，雍正五年 (1727年) 石羊河流域的石羊河水案，乾隆四十一年 (1776年) 黑河流域的沙河闭塞洞口案，乾隆四十二年 (1777年) 黑河流域的山丹河东、西泉案，乾隆四十七、四十八年 (1782、1783年) 疏勒河流域的安西玉门争水案，嘉庆十三年 (1808年) 至光绪十年 (1884年) 石羊河流域的白塔河、洪水河案，嘉庆十六年 (1811年) 黑河流域的系六渠案，道光十四年 (1834年) 黑河流域洪水河上游妨碍水源案，光绪九年 (1883年) 石羊河流域的南沙河案等。

② 张珆美修，曾钧等纂：《五凉全志》，《镇番县志·地理志》，第242页。

③ 赵仁卿：《金塔县志》卷10《金石·金塔八景诗·谷雨后五日分水即事》。

之间的争水，二是一县内各渠、各坝之间的争水，三是一坝内各使水利户之间的争水。①这三种水事纠纷的主导处理者有所不同，第一类多为跨流域、跨县的大型水案，程度最激烈，由地方政府直接主导处理。第二种则往往由政府、县域内的水利吏役、地方绅耆等共同协同调处。对于民户之间的日常水利纠纷，地方政府往往退居二线，成为程序上的管理者，②主要由渠坝水老、地方绅耆等随时处理。本处所谈大型水事纠纷则主要指第一种类型。以下分别从地方政府对大型水事纠纷的调处、惩治违犯水规者、水事纠纷应对经验，以及政府力量的短板几方面，探讨河西地方政府在水利纠纷中的作用与意义。

（一）"亲诣勘讯"：调处大型水事纠纷

清代河西地区上下游、两县交界处水案多发，并且长期争水不决。此类案件非官府出面不能解决，一般先由涉事各县府出面协调，在各县府协调无果的情况下需更高一级官方出面调停处理。在水事纠纷调处决议出台后，地方官员还需亲自出面分水，以保证水案判决的有效执行。

首先，涉及两县或多县的水事纠纷一般须由各涉事知县亲自出面，在查勘、商议的基础上作出调处。如镇番《县署碑记》所记水事纠纷为三县争水，分别涉及镇番、永昌、武威三县，在水案的处理中需三县知县"亲诣勘讯"③，共同商议并作出最终裁断。另如高台与抚彝两地争水案，因黑河西流，先由抚彝而流至高台，高台所属之丰稔渠口在抚彝厅所属的小鲁渠界内。清代屡发大水将渠堤冲塌，每当春夏引水灌田时多起争讼。光绪三年（1877年）由于堤坝被水冲坏再次争水，水案处理由抚彝厅、高台县官员"约期会同履勘"，查清争讼原因，并断令丰稔渠派夫修筑渠堤。渠规重订后，投呈厅、县两处存案，并晓谕两渠绅

---

① 王培华：《清代河西走廊的水资源分配制度——黑河、石羊河流域水利制度的个案考察》。

② 程序上的管理，主要指民众上控后，官府下令水利管理人员查清案件起因，管水人员与地方绅耆、双方代表商议出解决方法后，上奏官府，官府作出最后批示即可。在这个过程中管水人员与地方精英是主要参与者与决策者，官府多为承认其议定结果，并以官府名义将议定结果刻立石碑，公之于众。因日常水事纠纷多发，因此主导日常水利纠纷处理的乡村绅耆以及管水吏役的作用日益凸显，并形成乡村水事管理权不断下移的态势，这已日益成为学界共识。

③ 许协、谢集成：《镇番县志》卷4《水利考·县署碑记》，第221页。

民，遵照章程。① 再如清乾隆年间金塔、酒泉茹公渠水案，两县共用一水，因水源至金塔距离辽远，故起初金塔县令与肃州州判共同商定金塔坝得水七分、茹公渠得水三分。然上游民众认为对己不利而争讼，对此地方官府斟酌处理，"饬令拦柴以浇足三分为度"。但由于上游河低地高，原来的三七分水对上游而言又属不公，故民国十一年（1922年）两地再次争水，由安肃道尹下令查勘处理，酒泉县长会同金塔县长斟酌情形，判令两地各得水五分，② 水案一时得以平息。可见，多县共用一水所致水事纠纷及上下游争水需涉事各县府出面解决。

其次，若县一级政府无法解决水案时，即需报由更高一级官府出面处理。如靖逆、柳沟两县共用一水，康熙年间靖逆户民私自在昌马河口建坝致河水改道，致使柳沟户民无水可用，此案延续十余年，多次兴讼无果，最终由肃州道亲自处理，按照两县户口的多寡，重新分配水源，解决水案。③ 镇夷、高台两地水案中，上游多次有意截水，两地民众因争水几至打伤人命，水案持续多年得不到实质解决。雍正年间报由陕甘总督年羹尧，采取强力措施解决纷争。④ 再如抚彝厅、张掖县两地民众争水，两地县府查勘后重新议定分水章程，然带头兴讼之民不服，于是案件移交甘州府，"嗣经卑府行该厅县等，即提集两造人等，会同查讯"⑤，在"两造口供，确查渠道水利情形，并历年勘断案卷"的基础上解决水事纠纷。

再次，在水事纠纷调处判决出台之后，为确保判决顺利执行，还需由双方县官出面分水，以保障公平。如金塔、酒泉茹公渠争水案中，金塔、酒泉两县官员共同商定"屡年立夏后五日分水，同请金酒两处县长会同来渠监视，以昭慎重，永免争端"⑥。在高台、镇夷争水案判决后，下游各县官员亲自参与水规执行，"斯时有肃州道至芒种前十日封闭上游渠口，均水下流，至嘉庆间改由毛目县丞以肃州道职衔行使职

---

① 徐家瑞：《新纂高台县志》卷8《艺文·下》，第455页。

② 赵仁卿：《金塔县志》卷3《建设·水利》。

③ 黄文炜：《重修肃州新志》，《柳沟卫·水利》，第566页。

④ 张应麒修，蔡廷孝纂：《鼎新县志·水利·镇夷闫如岳控定镇夷五堡并毛双二屯芒种分水案》，第692页。

⑤ 张志纯等校点：《创修临泽县志》卷5《水利志·水利碑文·疏通水利碑文》，第154页。

⑥ 赵仁卿：《金塔县志》卷3《建设·水利》。

权，会同高台县照例封闭，至民元后省府以鼎新均水至要事前委派县长为水利分水委员会因之"①，地方官员需亲自出面分水，以确保水案调处决议的有效执行。再如安西、玉门两地水事纠纷中，上游民众偷截水源，为此安西县知事李芹友专赴玉门分水，查出私开口岸八道，随即将口岸填平，并严禁玉民侵占安西水利。②清代河西县府通过参与、督率分水，促进水事纠纷的解决。

清代河西地方政府通过调处跨县、跨流域等水案，梳理了各县的用水权利，成为解决地区重大水事纠纷的主导力量，并在其间扮演着无可替代的角色。此类水事纠纷须由双方县府出面解决，而非一地、一渠水利吏役或一地绅耆、民众的力量所能实现。

（二）"鸣官究治"：惩治违犯水规者

因河西地区水源匮乏，不遵水规者多见，"水路无常而人心不古"③，人为侵占水利的现象多见，在用水时节，各民户皆有"垂涎分润"④之意。清代河西走廊的水事纠纷多与此相关。对此清代河西地方政府会以官方名义严令各方遵守分水规章，并出面惩治不遵水规者及打压带头缠讼者，以保障基层用水环境的平稳。

一方面，清代河西地方政府会以官方名义严令各方遵守分水规章。一般而言，清代河西县府会将水案判决中所订立水规刻于石碑之上，立于水渠之旁，并在碑刻中书明"若有不遵合同碑记者，鸣官究治"⑤等话语，对不遵水规者进行震慑。如金塔水利碑刻载"胆敢藉端生事者，定行按律严惩"⑥，敦煌《普利渠渠规碑记》载，"间有孔任，不遵规律例，即鸣官按律例惩治"⑦等。

另一方面，对于不惧官方严令而违犯水规者，清代河西地方政府会采取相应手段进行惩治。惩处措施视违犯程度而定，轻度违犯者主要以

---

① 张应麒修，蔡廷孝纂：《鼎新县志》，《交通志·水利》，第692页。
② 刘郁芬：《甘肃通志稿》，《民政志·水利》，第82页。
③ 吴人寿修，张维校录：《肃州新志稿·文艺志》，第702页。
④ 《民勤县水利规则·敬告全县父老昆弟切实奉行民勤县水利规则》。
⑤ 马步青、唐云海：《重修古浪县志》卷2《地理志·长流、川六坝水利碑记》，兰州：兰州古籍书店，1990年，第177页。
⑥ 赵仁卿：《金塔县志》卷3《建设·水利》。
⑦ 吕钟：《重修敦煌县志·艺文志·普利渠渠规碑记》，第555页。

罚钱、带枷等方式处置。如安西、玉门皇渠争水案，[①] 上游执意截水，除按妨碍水利科罪外，地方政府还勒令上游赔偿安民田禾损失。在高台、镇夷两地争水中，上游拦河阻坝，为确保上游不再偷截水源，地方政府特规定"十日之内不遵定章，擅犯水规渠分，每一时罚制钱二百串文"[②]。采取罚钱的方式保证水规执行。而对于明目张胆严重违反水规者，则会采取较为严厉的处罚措施。如甘州府张掖县《违规筑坝争占水利碑文》记载，张掖县东六渠和西六渠皆引自黑河水，嘉庆十六年（1811年）张掖老农李运、张玉率同众农民违规筑坝，使水归入东六渠，西六渠百姓控讼于官。县府令东六渠填平新沟，但东六渠民李运等观望未填，拒不执行。张掖知县随即会同传集人夫，亲自督率填沟，但却发生了张掖县民徐得祥、王元恺等"向前拦阻填沟"，并恃众抗官的公然抗法事件。对此，张掖县府作出处理："因其恃众抗官，经本厅会同张掖县通禀，批饬解犯赴省审办，尚无同谋纠众情事，审将徐得祥、王元恺从宽，均发往新疆充军，以儆刁顽。李运、张玉并无违断纠众情事，照不应重律，加枷号两个月示惩。"对带头抗官的徐得祥、王元恺充军新疆，对拒不执行县府裁断的李运、张玉等枷号两个月示惩。[③] 同时，对水利强霸而言清代河西官府亦会采取相应措施进行惩治。如雍正年间镇番县校尉渠案中，镇番县府"严饬霸党"[④]，严格处理了上游私自筑堤的水利豪民，以保证水利公平。再如，古浪四坝豪民胡国玺多年强霸水利，造成严重的水利不公，地方官府对胡国玺"照扰害地方例惩办"[⑤]，争水方得以平息。地方政府通过严惩拒不执行水规者，以确保官府权威，并解决水案。

除惩治违规者外，对于反复滋事、缠讼的民众河西地方政府亦会采取一定的处罚措施进行惩戒，以消泯民众的缠讼现象。如乾隆年间山丹上坝、十坝等争水，武威县府即对屡次缠讼之民王瑞槐拟以戒责以示惩

---

① 曹馥：《安西县采访录·水利》。
② 徐家瑞：《新纂高台县志》卷8《艺文·重修镇夷龙王庙碑》，第450页。
③ 张志纯等校点：《创修临泽县志》卷5《水利志·违规筑坝争占水利碑文》，第156页。
④ 谢树森、谢广恩等编撰，李玉寿校订：《镇番遗事历鉴》卷7，世宗雍正三年乙巳，第264页。
⑤ 陈世镕：《古浪水利记》，《皇朝经世文续编》卷118《各省水利中》。

傲。①在张掖县江淮渠、接济渠水案中，江淮渠民王进贵等数次捏造在接济渠内留有小沟、水道之处，经抚彝厅会同张掖县查勘，认定"王进贵等藐视法纪，妄争水利，是以旋结旋捏，殊属刁徒。王进贵是为此案兴讼状头，予以杖责示警，其余陈栋等，从宽免究"②。地方政府通过惩处带头缠讼者及无端生事者，③推动水规执行，以稳定基层水利秩序。

从上可见，清代河西地方政府通过惩治违犯水规者、处置水利强霸、惩戒缠讼民众等方式清理水利管理的障碍，指导基层水利发展的方向，并维护着地区水利秩序的平稳。

（三）"依成规以立铁案"：水事纠纷应对经验

在长期的水案处理中，清代河西地方政府摸索出一套较为实用的应对手段与调处经验，如第三方查勘、互换处理、故依原议等。

所谓"第三方查勘"，是指清代河西地方政府处理水事纠纷时，水案涉事方不参与水案的调查与处理，而由第三方出面调处。岳钟琪在《建设肃州议》中谈到，水事纠纷中两县"地方官各私其民"，致使案件"偏徇不结"。④由此可见，水案处理中会出现各县地方官庇护本地民众的做法，为此有时需交由第三方清查处理，以保证公平。《鼎新县志》记载，由于高台地处上游截水，镇夷堡无水可浇，镇夷民众多次上诉无果，对此陕甘总督年羹尧批示"甘、肃二道查明详报，又批自甘、肃二道视之未免各为地方，自本部堂视之均为朝廷之赤子，必须秉公议妥，方可久经无弊，所以委令临洮府王亲诣河干细查水源"，⑤高台、镇夷上下游水利之争交由临洮府出面调查。再如乾隆年间山丹上坝、十坝水案中，由武威县查处⑥等皆是第三方查勘的案例。

①　徐传钧、张著常等：《东乐县志》卷1《地理志·水利》，第426页。

②　张志纯等校点：《创修临泽县志》卷5《水利志·水利碑文》，第154页。

③　地方政府对屡次兴讼者的打压，一方面可以消弭无端生事者对水利管理的干扰，而另一方面，不加清查动辄处理带头兴讼者，往往使水利不公的诉求无法申诉，反而易造成更大的水利纷争与不公。如甘州、高台居镇夷黑河上游，每至需水时即拦河阻坝，镇夷、毛双各堡涓滴不通。为此镇夷堡廪生阎如岳倡率里老居民不断申诉，但官府却对其"辄收押"，并且"乃甘州、高台民众力强，贿嘱看役，肆凌虐，备尝艰苦"（徐家瑞：《新纂高台县志》，第319页），使得下游带头兴讼之民屡次遭到官府打压。

④　岳钟琪：《建设肃州议》，吴人寿录，张维校录：《肃州新志稿·文艺志》，第676页。

⑤　张应麒修，蔡廷孝纂：《鼎新县志·水利·镇夷闫如岳控定镇夷五堡并毛双二屯芒种分水案》，第692页。

⑥　徐传钧、张著常等：《东乐县志》卷1《地理志·水利》，第426页。

"互换处理"是清代河西地方政府水事纠纷处理中的另一重要经验和方式，即在水案中的涉事双方互换监督、互换审理的方式。如安西、玉门争水，安肃道规定"倘玉门户民翻异则由安西县提案讯办，如安西户民翻异，则玉门县提案讯办"①，即采取互换审理的方式，安西不遵水规则由玉门县处理，玉门县不遵则由安西县处理。同时派下游黄花营人民巡视，杜绝上游截水，若下游发现上游截水而不加制止则下游受惩等。再如，镇夷、高台争水案中为防止上游不遵水规，分水时节在上游每一个渠坝的水口处皆派下游民众进行监督等。②可见互换监督、互换审理的方式在清代河西地区水事纠纷处理中应用较为广泛。

清代河西水案处理中，地方政府往往强调"故依原议"，即水事纠纷处理中重视前任官员的判决，这是重要的水案处理原则。③一般而言，控诉人上诉官府立案后，县属查勘时需调出之前官员断案案卷，历任各官俱需参照初案断勘。若有新的变动可酌情变通，并最后由更高一级官员做出裁断。同时亦会将此裁断刻立石碑，立于渠旁，成为新的判案依据。如山丹、东乐两县争水，④县府处理时"仍归旧章"，主要按照以前官员处理的方案进行。再如康熙五十九年（1720年）古浪县长流、川七坝争水，⑤古浪县官方出面定槽帮高、底宽，并载明县志，成为以后判案的基础。民国时二坝再次争水时，即按照清代所定水槽高度判定。又如乾隆年间山丹上坝、十坝争水，县府判定时仍然"故依原议"，以乾隆元年（1736年）、十四年（1749年）甘州府的已有论断为准。⑥"故依原议"，是现任官员对前任官员判决的认可。此法利于水案的快速终结，同时也是保障官府权威的重要手段。

第三方查勘、互换处理、故依原议等是河西地方政府在长期水事纠纷调处中摸索出的有益经验，也是政府应对水事纠纷的重要手段。这些手段对公平解决水案、合理议定水规起着积极作用。清代河西地方文献

---

① 曹馥：《安西县采访录·水利》。

② 张应麒修，蔡廷孝纂：《鼎新县志·水利·附均水章程》，第693页。

③ 清代河西地区水案的处理中"故依原议"原则使用普遍，在日常小型水利纠纷中该原则仍通用，本处仅强调"故依原议"在官府处理水案时的作用。

④《山丹县志》卷4《地理》，甘肃省图书馆藏书。

⑤ 马步青、唐云海：《重修古浪县志》卷2《地理志·长流坝水利碑文》，第177页。

⑥ 徐传钧、张著常等：《东乐县志》卷1《地理志·水利》，第426页。

中对此有这样的评价："依成规以立铁案，法诚善哉，间有不平之鸣，曲直据此而判，仪、秦无所用其辩,良平无所用其智。片言可折，事息人宁，贻乐利于无穷矣。"①

（四）"旋断旋翻"：政府力量的短板

通过调处大型水案、惩治违犯水规者以及长期积累的水案处理经验，我们看到了清代河西地方政府在应对水事纠纷及基层水利管理中的积极作为。但从史料中我们还发现，政府所颁行的水利规章有时遭到来自地方的违抗，水规执行不力，国家权威受到挑战，政府力量出现短板。

在一些大型水案的调处中政府所判分水规章，有时受到来自民众的阻扰而不能有效执行。镇番、武威两县白塔河、石羊河水案中，武威民众私自筑堵草坝，侵占白塔河水利，镇番百姓上控凉州府，凉州府断令拆毁草坝，并"排栽木椿，明寻址界"，但武威百姓"旋断旋翻"，并不遵守，连续几年私自拆去界椿，阻塞渠口，引发镇番民众不满并闹事。且上游还因长期不遵水规而形成了既得利益群体，"该处垦地已久，生聚日繁，不忍遽行驱逐"，致使法令的执行更为困难。为此官府对上游私开渠口者与下游闹事者一并处理，"以九墩民不应违案截水，镇民不应滋生事端，同予责罚"，但却无法平息争端。上游继续偷截且屡禁不止，下游不断上控，地方政府疲于应付。②再如，镇夷、高台两地水案中，上游屡次有意截水致使下游无水，地方政府多次均分水利，但由于下游民众故意刁难、不遵水规，下游仍然无水可用，康熙末年在地方绅耆的控诉下，两处合为一县，但争水仍得不到有效解决。③

水利章程的执行除遭到民众的阻挠外，还出现农约、士绅等地方头面人物公然与官府对抗、不遵水规的现象。如清康雍年间靖逆屯户堵水，肃州道断定分水口，然玉门农约"相继为奸"，强堵西口，安西直隶州批饬仍照旧章处理，玉民仍逞刁不服。④官府出台的水规因遭到农约等人物的阻挠而无法顺利执行。再如，民国时期学者总结清代

---

① 张珏美修，曾钧等纂：《五凉全志》，《古浪县志·水利碑文说》，第479页。
② 周树清、卢殿元：《镇番县志》卷4《水利考·水案》。
③ 张应麒修，蔡廷孝纂：《鼎新县志·水利·镇夷闫如岳控定镇夷五堡并毛双二屯芒种分水案》，第692页。
④ 曹馥：《安西县采访录·水利》。

河西水事纠纷发生的重要原因即为"交界处之土劣士绅藉势抢夺，不按规定"①。可见所谓"刁生劣监，无知愚民"②在水利章程的实际执行中会起到阻碍作用，并有头面人物带头违规。政府权威受到挑战。

除此之外，一些地方官员在水事纠纷中不作为以及不谙水务，同样造成水案迁延不决及官府权威的下滑。如山丹、东乐共用弱水，"查弱水自山丹东南出泉后，即被截流灌田……西至东乐属之西屯寨以西及古城以下，通年无滴水流入"。并且上游截灌"历年如此"③上游多年截灌，却看不到官府在其中的作为，致使水案频发。再如据安西《三道沟昌马水口历年定案碑记》所载，乾隆年间，玉门农约借近私自偷开渠口，甚至"蒙混本官，饬令西渠百姓另于睡佛洞上山麓处所另开新渠，各该管官受其愚弄不查档案，遂竟指原定渠口为新冲，另开之渠口为原定，以致玉县奸民得计，而安西良民受害"④，农约蒙混官员，地方政府受其愚弄不查档案，以致玉门奸计得逞，安西水利受损。该案中官员对水利事务生疏，不能认真履行水利管理的程序，致使农约作弊、欺瞒官府。可见，水利法令执行力的疲弱、官员的不作为、乡村头面人物与地方政府关系的貌合神离等，皆是国家介入基层水利的短板。

在清代河西地区水事纠纷的应对中，我们可以看到，地方政府通过处理重大水事纠纷、梳理各县用水权力、惩治违犯水规者、推动水规执行等，在地区水利管理中扮演着关键角色，发挥着不可替代的作用，并且在长期的水事纠纷应对中积累起了较多成功的经验。这些政府行为显示出国家在基层水利事务管理中的重要地位与意义。可以说，地方政府对水事纠纷的积极应对是区域水利秩序平稳的保障。

当然，我们也可见到清代河西地方政府制定之水规在执行中遇到的执行难、不执行，甚至是群体抗法的现象。农约、绅耆等地方头面人物往往在其中扮演带头者的角色。这些现象不仅显示了国家权威在基层水利管理中的下滑，同时也显示了在河西走廊水利社会中国家权威与地方力量之间存在着复杂的权力博弈。由于"明清时期的官府对于乡村治理

---

① 江戎疆：《河西水系与水利建设》。
② 赵仁卿：《金塔县志》卷3《建设·水利》。
③ 白册侯、余炳元：《新修张掖县志》，《地理志·弱水源考》，第64页。
④ 曹馥：《安西县采访录·安西义田碑记》。

更多是一种危机式的处理方式，即除非发生严重的社会动荡和案件纠纷，官府尽可能不介入乡村社会"①，"因此总体来说或相对来说,它只是居高临下、互不偏袒地处理纠纷"②。所以，即使出现了国家权力的短势之处，也应正面评价地方政府在其间的意义与作用。

在水事纠纷的调处中我们看到了清代河西地方政府的作为以及在区域水利管理中的意义，它显示了国家在管理基层水利事务中的主要状态。对水案频发的河西走廊而言，地方政府在其间扮演何种角色意义重大。地方政府采取何种手段调控水事纠纷，以及采用何种身份介入水案，皆显示了清代国家基层水利治理的主要模式。

二、"水官"与基层社会治理

水官是清代河西走廊基层水利事务管理的重要力量。河西走廊水资源匮乏，农业用水往往不足，"若无专管渠道之人，恐使水或有不均，易已滋弊"③。选拔专职和尽责的管水人员进行水利管理，对河西地区公平用水、化解水利纷争以及实现基层社会治理就显得尤为重要。清代河西管水人员的名称各地不同，并且还设有不同级别，大致有管水乡老、水利乡老、水利老人、渠正、渠长、水利、渠甲、田畯郎、水首等，有时还设有副职。我们将其统称为"水官"。④

（一）专管渠道：水官之职责

清代河西水官的主要职责均与水利事务密切相关，主要包括水渠修建与维护、分水均水、议定水规以及处理水事纠纷等。

水渠修建与维护。水渠修浚是水官的重要职责，其工作主要包括渠坝的修建以及渠道的日常维护。清代河西地区小水渠的修建往往由水官发起，召集民夫集体出工完成。史载"近渠得利之民，分段计里合力公

---

① 杨国安：《控制与自治之间：国家与社会互动视野下的明清乡村秩序》，《光明日报》2013年1月16日。

② 赵世瑜：《分水之争：公共资源与乡土社会的权力和象征——以明清山西汾水流域的若干案例为中心》，《中国社会科学》2005第2期。

③ 黄文炜：《重修肃州新志》，《沙州卫·水利》，第490页。

④ 此处的"官"泛指"管,"而并不特指其身份为"官"。我们认为"水官"是指官府委以某位百姓（往往是绅）以管理水利的职责，给予报酬和一定好处，并对其加以规范的人员。

修"①，各家按粮派夫，共同完成，"各坝修浚渠道绅衿士庶俱按粮派夫"②。一般情况下，修建小型渠坝所需经费由水官、民众自行筹集。如镇番县水利老人，"倡捐四百两，发当营息，充为修渠之资"③。修渠筑坝后，水官还需日常巡视，及时发现并处理险情，确保水渠及时修理，"各坝水利乡老务于渠道上下不时巡视，倘被山水涨发冲坏，或因天雨坍塌以及淤塞浅窄，崔令急为修整不得漠视"④。其工作一年四季各有侧重，在春季清明左右挑修渠道、堤岸，遇有溃决以及渠道被风沙积压、水流不通，及渠沿堤岸颓壤时，随时用柴草、树枝、沙石加以修补，以备立夏开渠。盛夏时节尤其在六七月间，如遇水涨或闸坝坍塌、渠水泛滥，则"需巡查修筑"。秋收后往往集体修浚渠坝以备来年春耕。冬日风多，"或飞沙堆积沟渠壅塞，则加以挑浚"。在水渠修建与维护中，水官、民户分工合作，"历代相传，法良意美"⑤。

从程序而言，水渠的日常维护并不需上奏县衙，只需由水官自行发动民夫前往修浚即可。如若修建较大的水利工程，水官需要上奏县署，由县令颁给执照方可兴工，有时县府亦会拨付一定的水利经费。如雍乾年间山丹县疏浚白石崖水渠，由于工程浩大，先由水官将水渠图样呈交县府，随即县府发给修浚执照，水官会同渠内民夫前往修浚。再如，雍正年间安西皇渠修建即由官府出资，"每年由藩库拨给修理瓜州等处渠工银二百四十六两"⑥。水渠修建与维护中，水官始终发挥着重要作用。

分水与均水。分水是清代河西基层社会治理中的大事，一般在立夏开渠日正式展开。分水时节，各渠长、水官汇聚坝口，由水官全面负责分水事宜，地方官则派人或亲自监督。水官分水需严格按照水规进行，正如诗文所言："分水不是抢才典，也要亲掺玉尺量。"⑦有时上下坝口还需派民夫前往监督，具体至各户分水量则按用水名册进行。水老保

---

① 刘郁芬：《甘肃通志稿》，《民政志·水利》，第69页。

② 马步青、唐云海：《重修古浪县志》卷2《地理志·水利》，第177页。

③ 谢树森、谢广恩等编撰，李玉寿校订：《镇番遗事历鉴》卷6，康熙四十二年癸未，第246页。

④ 马步青、唐云海：《重修古浪县志》卷2《地理志·水利》，第177页。

⑤ 李廓清：《甘肃河西农村经济之研究》第一章《河西之农业概况》第一节《水利》。

⑥ 刘郁芬：《甘肃通志稿》，《民政志·水利二》，第82页。

⑦ 吕钟：《重修敦煌县志》卷11《艺文志·立夏赴各渠口分水诗》，第442页。

管各坝用水名册，并以此为据进行分水，"各坝各使水花户册一样二本印，一本存县，一本管水乡老收执，稍有不均据簿查对"①。（道光）《敦煌县志》记载敦煌县分水过程如下：

> 渠正二名总理渠务，渠长一十八名，分拨水浆，管理各渠渠道事务，每渠派水利一名，看守渠口、议定章程。至立夏日禀请官长带领工书、渠正等至党河口，名黑山子分水，渠正丈量河口宽窄、水底深浅、合算尺寸、摊就分数，按渠户数多寡公允排水，自下而上轮流浇灌，夏秋二禾赖以收稔。②

立夏分水日地方官带领工书至分水口监督分水，渠正总管水利及每年的具体分水事宜。渠正下设渠长分管各渠渠道事务，每渠又专设水利一员，负责看守渠口、制定水规等事项。渠正、渠长、水利等各级水官在分水时节，至河口丈量河口宽窄和水底深浅，合算尺寸，按渠户数多寡公平分配水源，确保自下而上轮流浇灌。史载"其坝口有丈尺，立红牌刻限，次第浇灌，水利老人实董成焉"③。即坝口宽窄、浇水时间、浇灌次序、用水多少等皆由水利老人负责。

议定水规。在水资源匮乏的河西地区，水规是公平用水的制度保障，议定水规成为水官的另一重要职责。一般而言，水规的议定需该渠水官、绅耆、士庶代表等共同商议决定，县府一般不参与，水规议定后还需上呈县府。为确保水规的有效性，往往刻水规于石碑之上，立于水渠之旁。如清敦煌普利渠渠规遭人破坏，致用水混乱，于是合渠绅衿、农约、水官、坊甲人等"公到会所"，重新"议定章程"④，从而确保了水规的有效执行。水规议定之后，各坝水利乡老还需不时劝谕化导农民，"不得强行邀截混争"⑤，劝导民众遵守水规，防止民众强占混争水源。如光绪年间高台县丰稔渠与小鲁渠争水案，在各渠水官"会同履

---

① 马步青、唐云海：《重修古浪县志》卷2《地理志·水利》，第177页。
② 苏履吉、曾诚：《敦煌县志》卷2《地理志·渠规》，第121页。
③ 张珣美修，曾钧等纂：《五凉全志》，《古浪县志·古浪水利图说》，第472页。
④ 吕钟：《重修敦煌县志》卷11《艺文志·普利渠渠规碑记》，第555页。
⑤ 马步青、唐云海：《重修古浪县志》卷2《地理志·水利》，第177页。

勘"①下，查明事故原因并议定新的水规。

总体而言，清代河西水官的职责明确且具体，史载：

> 应查明境内大小水渠名目、里数，造册通报，向后责成该州县
> 农隙时督率……或筑渠堤，或浚渠身，或开支渠，或增木石木槽，
> 或筑坝畜泄，务使水归渠中，顺流分灌，水少之年涓滴俱归农田，
> 水旺之年下游均得其利，而水深之渠则架桥以便行人。其平时如何
> 分力合作，及至需水如何按日分灌，或设水老、渠长专司其事。②

从上可见，一地水渠名目、里数，如何修渠，在哪里修渠，分水，
日常修浚，水利纠纷的调处等皆由水官具体负责。而州县长官则为督率
者，如农闲时监督分水、批准修渠、拨付水利经费等。水官在清代河西
地区水利事务管理中发挥着重要作用，是确保渠坝修建与维护、分水均
水以及议定水规等事务正常进行的关键因素。

（二）息事宁人：水官与水事纠纷调处

水官在清代河西走廊水利纠纷的处理中扮演着重要角色，通过水利
纠纷的调处，③实现用水秩序的和谐和基层社会的有效治理。

河西走廊水资源短缺，民众视水脉为命脉，在水源枯减的年代里，
不遵水规、违规浇灌之事多发。民众对分水一事亦"甚为重视"④。公
平分水成为河西地方社会治理的重大事件。因水而起的水事纠纷成为清
代河西地区讼案的主体，"河西讼案之大者莫过于水利，一起争端连年
不解，或截坝填河，或聚众毒打，如武威之乌牛高头坝，其往事可鉴
已"⑤。水利纷争成为当地民间纠纷和社会矛盾的核心。清代河西地区
水案数量多、影响大，争水双方矛盾尖锐、不易化解，持续时间长、牵
涉人数多，成为影响地方社会治理的重要因素。"从古到今，这里每

---

① 徐家瑞：《新纂高台县志》卷8《艺文·知县吴会同抚彝分府修渠碑志》，第455页。
② 刘郁芬：《甘肃通志稿》，《民政志·水利》，第28页。
③ 此处的水事纠纷主要是指小型水利纠纷，如同一渠坝内渠户之间的纠纷，或同一流域、
不同渠坝之间的争水等。
④ 李廓清：《甘肃河西农村经济之研究》第一章《河西之农业概况》第一节《水利》。
⑤ 张珩美修，曾钧等纂：《五凉全志》，《古浪县志·地理志》，第479页。

县的人民一致认为血可流，水不可失，持刀荷锄、互争水流、断折臂足，无一退让，死者、伤者一年之内不知多少，足见问题之严重与真实性。"① 如古浪县川六坝与长流坝两处争水，自康熙年间持续至民国时期，期间断断续续争控多次，"近年以来天多苦旱，争端因之愈甚"②。再如山丹县，"乃于开渠杜坝之时，每因多争一勺，竟至讼起，百端罗致多人，屡日难决"③。清代河西地区民间冲突往往与水利纠纷相关联，且矛盾难解、易于激化。

在此背景下，专司分水及解决水利纠纷的水官的作用日益凸显。(道光)《镇番县志》对水官处理水利纠纷的基本原则记载到：

> 夫河渠、水利固不敢妄议纷更，尤不可拘泥成见，要惟于率由旧章之中寓临时匀挪之法，或禀请至官，当机立决，抑或先差均水以息争端，毋失时，毋偏枯，斯为得之，贤司牧其知所尽心哉。④

即水官处理水案时，既不能随意妄议纷争，又不可拘泥成见，需在"率由旧章"的基础上，"寓临时匀挪之法"灵活处理，赋予水官在水案处理中拥有较大权力。日常小型水利纠纷由水官根据水规全权处理，若水案较大难以断决，则需上奏官府，由水官作出案件报告，报呈县府批示，其总的原则即为"毋失时，毋偏枯"。

以下以镇番水案为例来观察水利纠纷调处中水官的具体作用。我们看到，水事纠纷的处理程序一般先由水官作出公议，然后上奏县府，县府据此作出裁断。这就是说，基层水官的公议结果是水事纠纷案件裁断的基础。乾隆十三年（1748年）镇番县屯户与坝民互争水利，控于县府。镇番县府命当地水老确细勘察，作出公议结果。随即各坝水老等实地查勘，形成公议："春水四坝以清明次日起，六坝亦以清明次日起；冬水四坝以立冬第五日止，六坝自第六日起至小雪日止，相应附勒碑内

① 江戎疆：《河西水系与水利建设》。
② 马步青、唐云海：《重修古浪县志》卷2《地理志·水利》，第177页 。
③ 黄璟、朱逊志等：《山丹县志》卷5《水利·五坝水利志》，第165页。
④ 许协、谢集成：《镇番县志》卷4《水利考·蔡旗堡水利附》，第236页。

并垂不休。"①争议地亩的浇水规章由水官公议裁定，并上奏县府，县府据此作出定论。在水案公议的形成过程中，水官拥有很大发言权，其公议结果直接左右着案件的最终判决。

在水案的处理中，水官因熟知民情与水情，拥有丰富水利治理经验，往往可找到较好的纠纷解决途径，所作公议因此能够得到争议双方的认同，可以做到"息事而宁人"②，保证用水公平和实现基层社会秩序的稳定。乾隆年间，镇番县四坝下截红沙堡与狼湖二沟士民在议搭橙槽行水一事上，争议不休控于县府。对此四渠坝水老等经过实地查勘，认为"下截修筑橙槽实系沙河无底，难以相立"，对议搭橙槽行水一事作出调整："将狼湖二沟二百有零钱粮水利，亦从新河一牌使水，按立坪口两个，由西面浇灌。"该议定结果"同众确议情愿"③，争议双方皆无异议，水事纠纷得以解决，一度紧张的民众情绪得以缓解。

实际上，水利浇灌规章等一旦由水官议定后即具有较强约束力，成为日后解决水利纠纷的主要依据。乾隆年间，镇番县头坝土地被风沙掩压，头坝民户呈请县府酌地移丘于北边外红沙梁开种，故由四渠坝水老裁断将头坝长行三口夏水给各坝分浇，以此换取牌隙秋水三十昼夜，各坝头人且有甘结在案。然，十余年后，大二坝民户却复争红沙梁三十日秋水，双方复控于县府。对此县府主要依据之前水老议定章程断勘，④因有水官议定的水利章程，故水案顺利解决。在此期间，由水官主导制定的水利章程在水利纠纷调处中发挥着重要作用。

史称，清代河西地区"水是人血脉"⑤，因水而引发的纠纷始终存在，这也成为影响清代河西地方治理的关键因素。如何合理解决水利纠纷，也是衡量基层社会秩序稳定的重要标志，水利纠纷的调处在基层社会治理中的意义就显得尤为重要。我们看到，河西地方水官通过重新定水规、调处水利矛盾等活动在化解民间水利纷争中发挥着关键作用，成为解决水利纠纷、维护社会治理的重要力量，并最终实现地方社会治理

① 《民勤县水利规则·敬告全县父老昆弟切实奉行民勤县水利规则》。
② 南济汉：《永昌县志》卷3《水利志》。
③ 《民勤县水利规则·敬告全县父老昆弟切实奉行民勤县水利规则》。
④ 《民勤县水利规则·敬告全县父老昆弟切实奉行民勤县水利规则》。
⑤ 许协、谢集成：《镇番县志·凡例》，第25页。

的"息事而宁人"。

（三）经理不善：水官之弊

水官在清代河西地区水利事务管理、纠纷调处以及社会治理中扮演着重要的角色，与此同时，在基层权力运行中水官积弊较多，又影响和制约着水利事务的管理和基层社会的有效治理，这是我们认识水官与清代河西基层社会治理问题时必须要关注的一个重要侧面。

清代河西水官之弊首先表现为争当水官，选举舞弊。如光绪年间酒泉县渠长选任中出现弊政，史载："洪水坝四闸绅耆农约士庶人等，为军兴以后每岁争当渠长，兴讼不休，有误水程，致碍农业……四闸轮流又按十四渠挨当，自十二年起每逢冬至挨次公举，勿得徇情滥保，而偏党不公，以碍水程农业。"①酒泉县绅耆农约士庶人等争当水官，在每年进行的水官选举中恐出现徇情滥保、偏党不公的现象，为此诉讼不断，影响到地方水务与农业发展。水官选举舞弊，自然有碍水利事务管理的正常运行，同样造成社会不安。

惰慢尸位，扶同作弊，是清代河西水官的另一弊病。清代河西地区水官消极怠慢，不勤职务的腐败现象时有发生。如山丹县自乾隆年间下五闸合渠民众兴修白石崖以来，"奈未几物换星移，临河一带磨户并附近居民乘间而侵水者某某，侵地者某某，而今而后倘无有过而问焉者，上下三千二百余石官粮之渠口尽为渔人逐利之场矣"②。山丹下五闸居民侵地侵水却无人管理，水官惰慢尸位，上下渠口成为渔人逐利之场。古浪县"兹因水夫经理不善，于嘉庆二十年两造争讼"③。水官管水不力，造成水利混乱。再如，清代酒泉县渠长每年需更换闸椿两道，但也往往"有名无实"，"以危坏栋梁"④充数，水官作弊，损害水利，滋生新的社会纠纷，成为社会治理混乱的源头。

河西水官之弊还表现为水官各怀私见，损人利己。由于清代河西走

①《甘肃河西荒地区域调查报告（酒泉、张掖、武威）》第六章《水利》第二节《灌溉方法》。

②黄璟、朱逊志等：《山丹县志》卷10《艺文·建大马营河龙王庙记》，第441页。

③马步青、唐云海：《重修古浪县志》卷2《地理志·长流、川六坝水利碑记》，第177页。

④《甘肃河西荒地区域调查报告（酒泉、张掖、武威）》第六章《水利》第二节《灌溉方法》。

廊对所选水官出自上游或下游没有严格规定，①造成上游水官为己谋利，损坏下游水利利益。光绪年间临泽县二坝上下游各推选一位渠长，高如先为下游渠长，认为上下游水渠分设渠长易产生"实权分歧、隔阂易起"的不利局面，"若渠长不得其人，下号田禾屡受干旱，每年秋收荒歉堪虞"。于是高如先提议上下游水渠仅设一名水官，"以专其责"。然而"奈两号首领昧于大义，各怀私见执迷不悟，未得如愿。以致民国十年，下号竟受大旱"②。水官不能将上下两号民众利益通盘考虑，导致下游农田受旱。

水官利用一己之权额外多占水时之现象较为普遍。史载："查得每年渠长恒由多占水时从中取利，屡次兴讼，累误众户农田水利。""及渠长字识夫头长夫人等应占水时外，间有澜占水时者。""各于应占水时外，润占水时，图得利肥家自厚。"③渠长等不顾旱荒频仍、饥馑荐臻，滥占水时从中取利，民众因此屡次兴讼，农业生产受到牵累。更有甚者，水官还操纵水权，据民国时期《民勤县水利规则》记载："民勤水利规则创于清初康雍以还……一百余年来河夫会首操纵水权，习弊相仍。"④水官操纵水权，积弊日滋，水政日坏。

种种水官之弊直接影响到河西地区水利分配与社会治理。究其原因，为保证水官利益，清代河西水官从其被选举出任起，就相应地有一些优惠条件，因而致使人人争当水官，滋生腐败。如敦煌县水规规定"各渠渠长已经优给薪金"⑤，即渠长等水官皆有一定的薪酬，此薪酬多为粮食，在各渠户所承纳田赋粮额中支付。除此之外，水规还明确规定水官可比普通民户多浇水时，"旧渠长春祭龙神应占水四分，渠长各占水二十八分。"⑥即水官既有薪酬，又可多浇水时。水官的各种优惠，

---

① 对山陕地区渠长的选任，韩茂莉的研究认为渠长基本上产生于渠道中下游地区，以此来制约上游地区，维护中下游渠段的用水权力，渠长人选来自下游渠道的原则通行于山陕两地各大灌渠。（韩茂莉：《近代山陕地区地理环境与水权保障系统》，《近代史研究》2006年1期）。
② 张志纯等校点：《创修临泽县志》卷12《耆旧志·高如先传》，第308页。
③《甘肃河西荒地区域调查报告（酒泉、张掖、武威）》第六章《水利》第二节《灌溉方法》。
④《民勤县水利规则·敬告全县父老昆弟切实奉行民勤县水利规则》。
⑤ 吕钟：《重修敦煌县志》卷6《河渠志·十渠水利规则》，第153页。
⑥《甘肃河西荒地区域调查报告（酒泉、张掖、武威）》第六章《水利》。

造成水官的特权化，易诱发腐败。

水官管理中的漏洞与官府监督缺失，同样导致弊政的产生。清代河西县府对水官具有相应的管理措施，如水官的选任需得到县府认可，水官不能尽职尽责、偏私徇情则会受到惩处等。[①]但上述水官的选任、奖惩等事项，却往往由所谓的"总寨公所"或"会所"等民间组织发起。"公所"由地方绅耆、各渠渠长以及士庶代表组成，农闲时节召集会议，"每于八月十五日渠长散工下坝之后，均以十六七八等日，本年渠长转集四闸，众等齐来总寨公所，共同交付本年水工芨芨账簿于众户，由四闸众等公举正直数人，接阅乾坝水时人工芨芨账簿，清查众户"[②]。议定内容主要包括渠长的选举、水官的奖惩、渠规的修订等。一般情况下，地方官府不会直接参与，官府的督率作用缺失。其议定结果需上奏县府，但由于县府对水官奖惩的具体操作不甚了解，加之官府对"总寨公所"或"会所"等组织的放权，由公所议定的结果上奏县府后，随即会得到官府认可。由于官府监督不够及缺乏严密的组织与管理松散，易于造成水利弊政。

"水利问题实为河西吏治之中心。"[③]清代河西走廊水资源匮乏，水利事务管理在当地社会治理中具有举足轻重的作用。水资源能否公平分配以及水利纠纷能否合理化解，直接影响着该地区社会的有效治理。实际上，清代河西地区的水利问题不只是单纯的水资源管护和分配问题，而是一个基层管理和社会治理的问题。对水官设置，时人所谓"俾民不起争端"[④]，这一方面是指在水利管理及水利纠纷调处中实现用水环境的和谐有序，另一方面，强调通过水利的有效治理实现基层社会的稳定。由治水而达到治民，由水利管理到达到社会治理，这是水官在清代

---

① 清代河西县府对水官的管理措施，如乾隆七年（1742）甘肃巡抚黄廷桂奏："掌渠乡甲有徇庇受贿等弊，按律惩治，并枷号渠所示众。"（《清高宗实录》卷181）如果情节严重还会上奏县衙，严格处理。如乾隆八年（1743）古浪县水规中规定，"如有管水乡老派夫不均，致有偏枯受累之家，禀县拿究。"（马步青、唐云海：《重修古浪县志》卷2《地理志·水利》，第177页）

② 《甘肃河西荒地区域调查报告（酒泉、张掖、武威）》第六章《水利》第三节《灌溉方法》。

③ 李廓清：《甘肃河西农村经济之研究》第一章《河西之农业概况》第一节《水利》。

④ 升允、长庚修，安维峻纂：《甘肃新通志》卷61《职官志·循卓下》，第189页。

河西地方治理中核心作用的体现。当然，我们还需注意到，由于管理漏洞等导致水官之弊的产生，这又反过来影响到其水利管理与社会治理作用的有效发挥。

我们看到，清代河西地区水官掌有专管渠道之责，在水利纠纷中力倡"息事宁人"，这保证了水利事务的正常运转，通过化解水利矛盾和纠纷，有助于基层社会秩序走向和谐稳定。"安农业而杜争源"①，这是清代河西地区水官设置的终极目的，所谓"安农业"，是指水官通过渠坝修建、分水均水等确保了农业生产的发展，"杜争源"则体现出水官在水事纠纷调处和基层社会秩序维护中的积极作用。"安农业"与"杜争源"，对清代河西基层社会治理而言，缺一不可，最终实现河西地方治理"咸得其宜"②。水官之责，可谓大焉。要之，水官与基层社会治理之间存有紧密的关系，它是探讨历史时期地方社会治理与水利社会史的重要视角。

第五节　水利开发、生态变迁与清代镇番移民

伴随着农田水利事业的开发，清代河西走廊的人口也呈现出不同的变化。清前期，河西走廊水利事业大规模展开，在该区广泛推行移民开发政策，外埠人口大量移入该区。镇番县是清代河西移民的重镇，外来移民成为该县人口的主体，并对当地社会、语言、民俗、管理等产生重大影响。清代中后期在政府的号召、自然灾害、土地及水源的不断减少、治理腐朽等因素的影响下，镇番县人口不断外移，该县又成为人口大量外迁的地区。从入迁到外流，镇番移民与清政府的西北开发政策及环境的变迁息息相关。

镇番县，即今甘肃省民勤县，位于河西走廊东北部、石羊河下游，其东、西、北三面分别与腾格里沙漠和巴丹吉林沙漠毗连。明洪武二十九年（1396年）设镇番卫，清雍正二年（1724年）改县属凉州府。该县

---

① 马步青、唐云海：《重修古浪县志》卷2《地理志·长流、川六坝水利碑记》，第177页。
② 升允、长庚修，安维峻纂：《甘肃新通志》卷61《职官志·循卓下》，第189页。

"十地九沙"①，明末清初之际"地广人稀"②。清前期与中后期，伴随着农田水利事业的开发及生态环境的变动，该县移民人口出现较大起伏。清代镇番县的移民问题在历史时期西北地区的人口迁移中具有典型性。对此，学术界已有一些讨论，但总体看缺乏对清代镇番县移民问题的专门、系统论述，而从移入到外流这一取向对清代镇番移民问题的研究尚付阙如。③本节对清代前期镇番县人口的移入与清中后期人口的迁出现象、原因及影响进行探讨，以此反映出水利开发、生态变迁与人口迁移的相关联系。

一、清代前期镇番县的人口移入

明清时期，偏处河西走廊内隅的镇番县其人口规模在外来移民的基础上形成。据文献记载，镇番县最初并无定居农业人口，"是县古无定民"④，其人口主要来自各类移民。最初自发而来之移民多为从事畜牧业者，"是时镇邑无县治，亦无熟田，民人徙此，惟畜牧而已"⑤。至明代初年方迁徙内地百姓至此，"洪武初，始迁内地民人以实之"⑥，自此镇番县人口开始有所增加。降至清代，政府多次用兵西陲，重视经营西北，河西走廊以其重要的军事地理位置而备受关注，"盖以用兵西陲，饷运悬远，必先兴屯足食，乃可以言进取"。于是东起镇番柳林湖、昌宁湖，西至敦煌、安西，皆"募民给田，开渠筑路，发农器、牛畜，借籽种以及耕种分余之制，所以便民裕军者"⑦，大规模的移民开发活

---

① 张珂美修，曾钧等纂：《五凉全志》，《镇番县志·风俗志》，第251页。
② 周树清、卢殿元：《镇番县志》卷1《地理考·风俗》。
③ 李并成：《民勤县近300余年来的人口增长与沙漠化过程——人口因素在沙漠化中的作用个案考察之一》，《西北人口》1990年第2期；李万禄：《从谱牒记载看明清两代民勤县的移民屯田》，《档案》1987年第3期。
④ 谢树森、谢广恩等编撰，李玉寿校订：《镇番遗事历鉴》卷4，毅宗崇祯六年癸酉，第170页。
⑤ 谢树森、谢广恩等编撰，李玉寿校订：《镇番遗事历鉴》卷1，太祖洪武三年庚戌，第1页。
⑥ 谢树森、谢广恩等编撰，李玉寿校订：《镇番遗事历鉴》卷4，毅宗崇祯六年癸酉，第170页。
⑦ 黄文炜：《重修肃州新志·校读记》，第1页。

动在河西走廊展开，"文武各官百计招徕未归之孑遗"①，大量荒弃地亩"招民开垦"②。同时政府实施一系列移民优惠政策，为移民借贷籽种、口粮、牛具、银两等。如雍正十年（1732年），在镇番县柳林湖等水利新开区，"即令本处招集屯户借给银两，修办车牛农器，分年还项。借领籽种，计口受食，候秋成之后上下平分从公收贮"③。乾隆二年（1737年），借给凉州府属之柳林湖等处各招屯民户，牛具口粮共银八万一千八百七十余两等。④在这样的背景之下，大量外来人口移入镇番，日益成为镇番县人口的主要组成部分。

（一）移民的类型

清代镇番县的移民主要为拓垦移民。如清代雍乾时期镇番开屯，兴修水渠，拓垦迁移者纷至沓来，"清以来，邑人屡有开垦柳湖之请……迨雍正二年（1724年），延准开拓，于是柳湖沸沸然。余族之一族，今居东渠，盖雍正时迁往拓垦之一者耳"⑤。雍正四年（1726年）春，"李海风等七十二户农民，自青松堡迁徙柳林湖屯田"⑥。雍正五年（1727年），官府移民一百六十人至镇番定居，有司发给试种执照及牛马车具等物，令其垦荒种植等。⑦"先生（指王文卿），祖籍江南，滁州凤阳人。至清乾隆间，柳湖开屯，世祖呈凤始徙居于中渠始元沟。"⑧又如乾隆三十年（1765年），浙江客民孟从蛟，"是年辟地十余亩试种南稻"⑨。乾隆二十四年（1759年）镇番县清查户籍时查出，该年镇番外来移民中"八户系流乞，番民二户，皆系游方僧徒。置有田产者二十七

---

① 张珩美修、曾钧等纂：《五凉全志》，《永昌县志·文艺志》，第431页。
②《清圣祖实录》卷260，康熙五十三年十月壬申条。
③ 钟赓起纂：《甘州府志》卷14《艺文中·国朝开垦屯田记》，第1518页。
④《清高宗实录》卷167，乾隆七年五月乙酉条。
⑤ 谢树森、谢广恩等编撰，李玉寿校订：《镇番遗事历鉴》卷6，圣祖康熙二十八年己巳，第240页。
⑥ 谢树森、谢广恩等编撰，李玉寿校订：《镇番遗事历鉴》卷7，世宗雍正四年丙午，第269—270页。
⑦ 谢树森、谢广恩等编撰，李玉寿校订：《镇番遗事历鉴》卷7，世宗雍正五年丁未，第271页。
⑧ 谢树森、谢广恩等编撰，李玉寿校订：《镇番遗事历鉴》卷12，中华民国八年己未，第514页。
⑨ 谢树森、谢广恩等编撰，李玉寿校订：《镇番遗事历鉴》卷7，高宗乾隆三十年乙酉，第319页。

户，与土著居民一例编置"①。即乾隆二十四年除去流乞与游方僧徒，从事农耕与置有田产者占当年移民数的84%，可以说很大一部分移民是移来垦田的。李万禄从其收览的二十八部民勤县家谱中考出，这些迁来户民的祖先皆为明清两代前来本县的屯田兵民，分别来自陕西、山西、河南、江淮和甘肃东部等地。②

伴随着移民垦殖浪潮，清前期亦有不少贸易经商者移居镇番。这些贸易之人出自"晋商"者较多，如康熙四十七年（1708年）镇番县元宵节赛灯会，外来商民皆技高一筹，其中"有李道民者，取沙竹篾片制鱼蟹鹰鹄，其状栩栩。走马灯尤精善，彩绘《水浒》《西游》人物，衣冠行止，盎然成趣，观者啧啧称绝。王复礼者，亦晋人，以沙枣巨枝结扎成树，悬玲珑灯笼数百枚，繁星点缀，灯花耀眼，成一时之胜景"③。还有记载称，嘉庆二十年（1815年）晋商樊奎润，"于县城南街捐资修建晋西会馆，自任馆长。八月十五日邀同乡聚会，李令亲诣致贺"④。可见镇番县居住着不少来自山西的商人。除此而外，还有来自四川、安徽、河北以及南方各地之贸易者。如山海关人查勇"贸易徙镇，因家与焉"，⑤从此定居下来。再如裴姓富商"亦蜀人也"⑥，再如南人张宗琪"贸易至镇"⑦，等等。

除去垦田与贸易者，清代移居镇番的少数民族人口亦不在少数，如康熙四十八年（1709年）镇番县调查县属外来移民中的少数民族，"蒙人为多，次则回，再则番。番人皆僧尼，分居城内、苏山、枪杆岭山

---

① 谢树森、谢广恩等编撰，李玉寿校订：《镇番遗事历鉴》卷8，高宗乾隆二十四年己卯，第316页。

② 李万禄：《从谱牒记载看明清两代民勤县的移民屯田》。

③ 谢树森、谢广恩等编撰，李玉寿校订：《镇番遗事历鉴》卷6，圣祖康熙四十七年戊子，第248页。

④ 谢树森、谢广恩等编撰，李玉寿校订：《镇番遗事历鉴》卷9，仁宗嘉庆二十年乙亥，第379页。

⑤ 谢树森、谢广恩等编撰，李玉寿校订：《镇番遗事历鉴》卷1，孝宗弘治三年庚戌，第30页。

⑥ 谢树森、谢广恩等编撰，李玉寿校订：《镇番遗事历鉴》卷9，仁宗嘉庆十九年甲戌，第376页。

⑦ 谢树森、谢广恩等编撰，李玉寿校订：《镇番遗事历鉴》卷5，世祖顺治十八年辛子，第212—213页。

处"①，少数民族人口以蒙、回、藏为多。乾隆二十四年（1759年）镇番县清查户籍时查出，"因镇有外民四十二户，回民二十户，番民二户"②。该年移入镇番的回民与番民占外来移民的半成。

清代镇番县之移民种类较多，除上述外还包括戍守的士兵定居至此者、避乱迁移至此者、改官调任者等。如何相之祖何海潮"从戎至镇，因家与焉"③，再如"额济纳依处汉民暴动，邑人孙玉成率近千人众越境归镇"④，"张公祖籍山西平阳府襄陵县，至六世永岐迁家于镇"⑤，又如祖籍江南滁州凤阳之王文卿因官迁至此地⑥，等等。可知，清代镇番移民以拓垦移民为主，兼有经商、避乱、迁官、从军以及少数民族移民等。

（二）移民的来源地

从移民之来源地看，可以说镇番县的移民来自全国各地。如上述来自江南滁州凤阳的王氏⑦，来自浙江的孟从蛟⑧，来自江都凤阳的彭氏⑨，来自浙江宁波的孟氏⑩，来自山西的樊奎润、张氏⑪，山

---

① 谢树森、谢广恩等编撰，李玉寿校订：《镇番遗事历鉴》卷6，圣祖康熙四十八年己丑，第248页。

② 谢树森、谢广恩等编撰，李玉寿校订：《镇番遗事历鉴》卷8，高宗乾隆二十四年己卯，第316页。

③ 谢树森、谢广恩等编撰，李玉寿校订：《镇番遗事历鉴》卷1，明太祖洪武五年壬子，第1页。

④ 谢树森、谢广恩等编撰，李玉寿校订：《镇番遗事历鉴》卷2，武宗正德八年癸酉，第48页。

⑤ 谢树森、谢广恩等编撰，李玉寿校订：《镇番遗事历鉴》卷9，仁宗嘉庆二十年乙亥，第378页

⑥ 谢树森、谢广恩等编撰，李玉寿校订：《镇番遗事历鉴》卷12，中华民国八年己未，第514页。

⑦ 谢树森、谢广恩等编撰，李玉寿校订：《镇番遗事历鉴》卷12，中华民国八年己未，第514页。

⑧ 谢树森、谢广恩等编撰，李玉寿校订：《镇番遗事历鉴》卷7，高宗乾隆三十年乙酉，第319页。

⑨ 谢树森、谢广恩等编撰，李玉寿校订：《镇番遗事历鉴》卷1，英宗正统元年丙辰，第16页。

⑩ 谢树森、谢广恩等编撰，李玉寿校订：《镇番遗事历鉴》卷1，成祖永乐六年戊子，第8页。

⑪ 谢树森、谢广恩等编撰，李玉寿校订：《镇番遗事历鉴》卷9，仁宗嘉庆二十年乙亥，第379页。

海关人查氏①，蜀人富商裴氏、韩氏②，额济纳人孙氏③，山西平阳
府张尔周④，阶州何氏、李氏，陕西谢氏、蓝氏，河南卢氏，鄱阳汤
氏，金陵马氏，伏羌白氏，邛州秦氏，淮南蔡氏，扬州方氏，安徽盱
眙曾氏、江苏淮安魏氏，陕西华亭范氏，浙江华阴乔氏，洛阳华林邸
氏⑤，等等。《镇番遗事历鉴》记载：

> 今本邑之民，问之户籍，辄谓山西大槐树人氏也。余考旧志及
> 诸家谱牒，以为大谬。比如柳林湖今之户族，据王介公《柳户墩谱
> 识暇抄》记，凡五十六族，十二族为浙江、金陵籍，五族为河南开
> 封、汴京、洛阳籍，三族为大都籍，十五族为甘州、凉州籍，一族
> 为湟中籍，一族为金城籍，三族为阶州籍，三族为宁夏籍，五族为
> 元季土著，仅有八族为山西籍。故知所谓镇人为山西大槐树之民
> 者，不过传说而已，实非然也。⑥

可见，南至浙江、金陵，西北至湟中，北至大都，东至洛阳、开
封，镇番移民来源极广。

（三）移民对镇番社会的影响

由于聚集镇番的移民数量众多，来源地各不相同，故对当地的语
言、民风民俗、阶层划分、社会管理等皆产生了重大影响，形成了较为
典型的移民社会。如镇番县的语言受到移民的影响甚大：

---

① 谢树森、谢广恩等编撰，李玉寿校订：《镇番遗事历鉴》卷1，孝宗弘治三年庚戌，第
30页。

② 谢树森、谢广恩等编撰，李玉寿校订：《镇番遗事历鉴》卷9，仁宗嘉庆十九年甲戌，第
376页。

③ 谢树森、谢广恩等编撰，李玉寿校订：《镇番遗事历鉴》卷2，武宗正德八年癸酉，第48
页。

④ 谢树森、谢广恩等编撰，李玉寿校订：《镇番遗事历鉴》卷9，仁宗嘉庆二十年乙亥，第
378页。

⑤ 谢树森、谢广恩等编撰，李玉寿校订：《镇番遗事历鉴》卷1，英宗正统十二年丁卯，第
19—20页。

⑥ 谢树森、谢广恩等编撰，李玉寿校订：《镇番遗事历鉴》卷1，太祖洪武五年壬子，第2
页。

镇邑地处边塞，远距城市，土厚沙深，交通阻隔，人民杂聚，风俗交烩，于语音一端，南腔北调，东韵西声，往往令来官斯土者瞠目结舌，不知所云。乾隆间，有福建龚景运者莅任典史之职，其闽音深重，镇人目为蛮夷，而龚公不解镇语，闻之如听天书。虽誓习方言，终因喉舌有违宏旨，无奈作罢。后寄书原籍，延请熟北语之通使赴镇供役。①

可知由于来自各地之移民众多，语言各异，加上地理位置闭塞，形成了镇番独特之方言，南腔北调、东韵西声，往往令外来之地方官员不知所云。这进而影响到了镇番县当地的语言习惯。如山西清源县主簿事马信，因为老成练达被当地百姓称之为"马大老"，而镇番县当地俗语中亦将成年男子称为"大老""二老""三老"，对此陈广恩认为"溯其源流，盖晋陕旧俗也"②。

同时，移民亦带来了异域文化与不同的生产方式，并影响到当地的民俗民风。如康熙四十六年（1707年），有陕人十数众献艺者迁来镇番，所唱皆秦音，"此谓秦腔也。今镇亦有此艺，柳湖刘氏为其翘楚。尚有曲戏、小调之类。秦腔委婉可听，镇人多善事之。曲戏亦自陕西来，故白口袭陕音"③。可知，随着移民的到来，陕西秦腔亦随之而来。又如，由于镇番地处边地，气候寒凉，并不适合种植水稻，④然而乾隆三十年（1765年）浙江移民孟从蛟迁至镇番垦种，辟地十余亩试种南稻，"初，稻苗萎顿，了无生机，从蛟欲改种菽麦。惟其牛疾，延误数日。迄芒种时节，秧田骤长，不数日而葱茏满目。继则扬花，进而结籽，遂之成熟收割。大丰，人皆奇之"，"明年，邻里多效如也"⑤。由于浙

_____

① 谢树森、谢广恩等编撰，李玉寿校订：《镇番遗事历鉴》卷8，高宗乾隆三十五年庚寅，第322页。
② 谢树森、谢广恩等编撰，李玉寿校订：《镇番遗事历鉴》卷1，宪宗成化二十二年丙午，第29页。
③ 谢树森、谢广恩等编撰，李玉寿校订：《镇番遗事历鉴》卷6，圣祖康熙四十六年丁亥，第248页。
④ 张珂美修，曾钧等纂：《五凉全志》，《镇番县志·风俗志》，第255页。
⑤ 谢树森、谢广恩等编撰，李玉寿校订：《镇番遗事历鉴》卷8，高宗乾隆三十年乙酉，第319页。

人孟从蛟种植水稻成功，从而影响到当地百姓纷纷仿效，其结果虽然收成欠佳，然而亦可见移民对镇番当地社会的影响。

随着这些移民的繁衍生息、不断发展，他们有的日渐成为当地的望族，跻身镇番社会的上流。如改官调任至此的彭氏，"今镇邑彭氏，历传七世，或以明经正选，或以武功显扬，代不乏人，称望族焉"①。原籍浙江宁波府鄞县右坊的孟良允，从军至此，"因家与焉，实本邑一望族焉"②。文献对镇番移民中的重要氏族进行了记载：

> 统本邑实有户族姓氏，凡一百九十。如谓何氏：其族也，盖阶州原籍，因家与焉。初不过十余口，繁衍播迁，历传十世，遂成望族。今户八十，口六百五十余。一支居于川，一支住于湖。祖茔在川，宗谱在湖。数代俱以武功显，英才辈出，与国有勋，造就地方，民社赖之……兹谨以序，略录于左：孟氏，浙江宁波府鄞县；何氏，陕西阶州文县；王氏，滁州；谢氏，陕西咸阳县；卢氏，河南卫辉府；蓝氏，陕西；赵氏，合肥；张氏，山西平阳府襄陵县；李氏，陕西阶州；汤氏，鄱阳；马氏，金陵；霍氏，陕西；苏氏，陕西；白氏，伏羌；秦氏，邛州；蔡氏，淮南；夏氏，河南正阳；方氏，扬州；黄氏，河南淮阳；韩氏，四川长宁；曾氏，安徽盱眙；魏氏，江苏淮安；范氏，陕西华亭；乔氏，浙江华阴；邸氏，洛阳华林……③

从上引资料看，镇番县一百九十户族姓氏中，来自陕西、浙江、安徽、河南、山西、江苏、四川等地的移民望姓就有二十五族。这些移民望族，皆为"英才辈出，与国有勋，造就地方，民社赖之"的大族，在地方上地位举足轻重。可见，移民已日益成为镇番地方社会的重要力量，对当地的影响力不断增强。

---

① 谢树森、谢广恩等编撰，李玉寿校订：《镇番遗事历鉴》卷1，英宗正统元年丙辰，第16页。

② 谢树森、谢广恩等编撰，李玉寿校订：《镇番遗事历鉴》卷3，神宗万历三十八年庚戌，第127页。

③ 谢树森、谢广恩等编撰，李玉寿校订：《镇番遗事历鉴》卷1，英宗正统十二年丁卯，第19—20页。

随着移民的不断增多，镇番地方政府还形成了专门的移民管理制度。雍正五年（1727年），发给迁居镇番垦种的民户试种执照，[①]以利管理。再如，定期查核移民数量及由来等，如清康熙年间，"奉查境内客民，共三百又二户，一千一百十七人"[②]。此外对于来历不明、不安本分的垦种移民要遣回原籍，对垦耕之移民则与土著百姓一起编设户籍。如乾隆二十四年（1759年）镇番县查核户籍，"因镇有外民四十二户，特报指示，旋令外民与土著一例编设。如系亲佃种者，即附于田主户内，偿有不安本分、抑或来历不明；回民二十户，已置田产，八户系流乞；番民二户，皆系游方僧徒。置有田产者二十七户，与土著居民一例编置，其余十五户递回原籍"[③]。即将移民中之无田产、佃种者附入田主户籍，将有田产者编入土著户籍，将不安本分、来历不明者不予入籍，发回原地。同时对在镇番贸易及置有恒产的移民亦进行定期统计，并采取牌甲之法管理，对于无恒产之游商走贾则勒令离镇。如乾隆二十三年（1758年）规定："奉饬编报在邑贸易或置有恒产之客民，本邑贸易者七十八户，置有恒产者二十三户，共一百又一户。按例编列十牌一甲，移置县署总理。又查有二十七户商贾小贩及匠工，往来经营，游弋不定，按制责令客长诘而出之。"[④]镇番对移民的管理已渐成体系。

清代前期伴随着政府经营西北、开发河西的政策导向，外来人口不断移入镇番开田垦荒、贸易经商等。"左番右彝前代寇掠频仍，屡为凋敝，尝徙他处户口以实之，山陕客此者恒家焉，今生齿日繁"[⑤]，移民的到来为偏处沙漠边缘的镇番县带来了劳动力，促进了当地的经济发展。

---

① 谢树森、谢广恩等编撰，李玉寿校订：《镇番遗事历鉴》卷7，世宗雍正五年丁未，第271页。

② 谢树森、谢广恩等编撰，李玉寿校订：《镇番遗事历鉴》卷6，圣祖康熙四十八年己丑，第248页。

③ 谢树森、谢广恩等编撰，李玉寿校订：《镇番遗事历鉴》卷8，高宗乾隆二十四年己卯，第316页。

④ 谢树森、谢广恩等编撰，李玉寿校订：《镇番遗事历鉴》卷8，高宗乾隆二十三年戊寅，第315—316页。

⑤ 张珆美修，曾钧等纂：《五凉全志》，《武威县志·地理志·户口》，第31页。

二、清中后期镇番县的人口外移

以上对清前期镇番县的外来移民进行了论述，可知清代前期政府开发河西、柳林湖开屯，外埠人口大量移入镇番。然而我们翻检河西地方文献发现，清代中后期该县存在着明显的人口外流现象，镇番县由移入之地变为了迁出之乡。对此我们可从清代镇番县人口数量的变化谈起：

清后期镇番县人口数量变化表

时间	户数	口数	户均口数	资料来源
道光五年（1825）	16756	184542	11	许协、谢集成《镇番县志》卷3《田赋考·户口》，第179页
道光十五至二十九年（1835—1849）	16758	189462	11	甘肃省档案馆编《甘肃历史人口资料汇编》第一辑，第211页
咸丰八年（1858）	16648	189785	11	
同治九年（1870）	16060	173230	11	《镇番遗事历鉴》卷11，穆宗同治九年庚午，第448页
光绪六至十年（1880—1884）	16087	183430	11	《甘肃历史人口资料汇编》第一辑，第211页
光绪九年（1883）	16067	183131	11	周树清、卢殿元《镇番县志》卷3，《田赋考·户口》
光绪二十七至三十三年（1901—1907）	23325	123595	5	《甘肃历史人口资料汇编》第一辑，第211页

从表中数据看，清代镇番县人口自咸丰以后至清末，呈负增长趋

势，从咸丰八年（1858）至光绪三十三年（1907年）镇番人口从189785减至123595，不足五十年本区人口减少了近三分之一。产生这一现象的原因，李并成认为是由严重的沙化而导致的人口大量外流。[①] 而事实上，从文献记载看该县自清代中期起即已出现了人口的外流，至清后期人口外流不断累积，从而造成该县人口总数的锐减。其中政府号召外出垦荒、灾荒频仍、水源日稀、人多地少、原居地治理腐败等因素，皆是该县人口外迁的重要原因。下面分别进行论述。

（一）政府号召，移往新疆

清代镇番县的人口大规模外流应始于新疆收复。清乾隆中叶新疆底定，政府号召甘肃省境内的无地贫民移往新疆垦荒，以充实边疆。乾隆皇帝多次下发诏令，要求甘省民众移往新疆："如令新省接壤居民，量其道里近便，迁移新屯各处。则腹地资生既广，而边隅旷土愈开。实为一举两得。"[②] "甘省被灾贫民与其频年周赈，不如送往乌鲁木齐安插。"[③] "甘肃地土瘠薄，民间生计本艰。以乌噜木齐等处沃野不啻千里，闲旷未辟者甚多。若贫民前往垦种赡养，较在内地穷苦度日利且数倍。"[④] 除此之外，清政府还给予移往新疆贫民以各种优惠政策，"每户拨地三十亩、农具一全副、籽种一石二斗，又每户给马匹一匹支，作价银八两，建房价银二两，照水田例，六年升科后，分年征还归款。又每户于到屯之初，按每大口日给白面一斤，小口减半，秋收后交还归款。"[⑤] 在这股移民新疆热潮中，镇番民众纷纷响应，如乾隆三十七年（1772年），凉、甘、肃三州迁往吉木萨尔四百户[⑥]；乾隆四十三年（1778）凉、甘、肃三州迁往昌吉等地一千二百五十五户[⑦]；乾隆四十

① 李并成《民勤县近300余年来的人口增长与沙漠化过程——人口因素在沙漠化中的作用个案考察之一》从人口增长的角度探讨了民勤县的沙漠化发展，在此不赘。

②《清高宗实录》卷716，乾隆二十九年八月辛巳条。

③《乾隆四十二年（1777）乌鲁木齐督统索诺穆策凌八月十二日（9月13日）奏》，《清代奏折汇编——农业·环境》，第270页。

④《清高宗实录》卷1009，乾隆四十一年五月甲午条。

⑤《乾隆四十二年（1777）乌鲁木齐督统索诺穆策凌八月十二日（9月13日）奏》，《清代奏折汇编——农业·环境》，第270页。

⑥《乾隆三十七年（1772）陕甘总督文绶正月十九日（2月22日）奏》，《清代奏折汇编——农业·环境》，第246页。

⑦ 中国第一历史档案馆：《乾隆朝甘肃屯垦史料》，《历史档案》2003年3期。

三年（1778）陕甘总督勒尔谨奏"张掖、武威、镇番、肃州等州县无业贫民，闻新疆乐土咸愿携眷前往"①。乾隆四十四年（1779年）武威等县户民前往乌鲁木齐垦种地亩，共计一千八百八十七户。②乾隆四十四年（1779年）十二月又由镇番县迁往乌鲁木齐等处计三百一十七户；③乾隆四十五年（1780年）镇番县户民呈请愿往新疆垦种者一百八十六户。④如按照上述《清后期镇番县人口数量变化表》之统计：清代镇番县户均口数为十一人，那么仅据上引有明确户数记载之两条史料计算，仅乾隆四十四至四十五年间镇番县迁往新疆的人数至少为五千五百多人，若加上无明确数量记载的移民，那么清代中后期由镇番县移入新疆的人口数量是十分可观的。

（二）灾害多发，移出逃荒

清中后期随着人口的增长，垦殖力度的不断加大，对环境的影响亦愈趋明显。该县三面环沙，生态脆弱，人口的骤增及过度的垦殖导致灾害加剧，迫使人们不得不远走他乡，形成人口的外移。乾隆二十二年（1757年）镇番县郑公乡因被沙覆，"户民迁徙"⑤。道光年间，由于灾荒频仍，"民户多流亡"⑥。同治三年（1864年），"是年大饥，道馑相望，婴儿遗弃，妇女流离"⑦。同治五年（1866年）三月镇番县大河决堤，"渠水自决口奔涌而出，冲淅田地庄户无算，灾区农民岌岌可畏，日逃夜走，争先恐后"⑧。清末民初该县大饥，"死于饥饿者二万余人，逃荒迁徙者一万余人"⑨，受灾民众为谋生计，纷纷外逃，造成

①《清高宗实录》卷1061，乾隆四十三年闰六月壬午条。

②《清高宗实录》卷1083，乾隆四十四年五月壬子条。

③ 中国第一历史档案馆：《乾隆朝甘肃屯垦史料》。

④《清高宗实录》卷1101，乾隆四十五年二月丙子条。

⑤ 谢树森、谢广恩等编撰，李玉寿校订：《镇番遗事历鉴》卷8，高宗乾隆二十二年丁丑，第315页。

⑥ 许协、谢集成：《镇番县志》卷7《宦迹列传》，第338页。

⑦ 谢树森、谢广恩等编撰，李玉寿校订：《镇番遗事历鉴》卷11，穆宗同治三年甲子，第444页。

⑧ 谢树森、谢广恩等编撰，李玉寿校订：《镇番遗事历鉴》卷11，穆宗同治五年丙寅，第446页。

⑨ 谢树森、谢广恩等编撰，李玉寿校订：《镇番遗事历鉴》卷12，中华民国六年丁巳，第505页。

人口的外流。宣统《镇番县志》记载了水患造成的镇番人口外流：

> 况自西河为患以来，一经倒失，辄驱于柳林附近之青土湖，湖蓄水既多，竟成巨壑，每值大风暴作，波浪掀天，往往以倒折之水淹没居民田庐。田庐既尽，贫民无地可耕，不能不奔走他方，自谋生计。①

镇番西河为患，青土湖水量暴涨，水患及河患导致田庐被淹，贫民无地可耕，不能不奔走他方自谋生计。灾荒是造成镇番人口外移的重要原因之一。

（三）地少水减，人口外流

自清后期起，国家人多地少之忧已日益显现。乾隆五十八年（1793年），乾隆皇帝面对日益增长的人口曾言："承平日久，版籍益增。天下户口之数较昔多至十余倍，以一人耕种而供十数人之食。盖藏已不能如前充裕，且民户既日益繁多，则庐舍所占田土不啻倍蓰。生之者寡，食之者众。于闾阎生计，诚有关系。"②而此种态势在缺水的镇番县则表现得更为突出。镇番县地近沙漠，生态脆弱，水源缺乏，土地的垦殖以水源为支撑，农耕灌溉用水多为不足，"镇邑地介沙漠，全资水利，播种之多寡，恒视灌溉之广狭以为衡，而灌溉之广狭，必按粮数之轻重以分水，此吾邑所以论水不论地也"③。该县的人口数量既取决于土地的数量，更受制于水源的多寡。镇番有限的水源限制了土地的更大规模开垦与人口的大量移入。

旧志云镇番土沃泽饶，可耕可渔，"按土地肥瘠视水转移，镇邑明末清初地广人稀，水足产饶，颇形优渥，自风沙患起，上流壅塞，移丘开荒、逐水而居者所在皆是，殖民地辟，河流日微，将有人满地减之忧，至水族孳息，泽梁涸而多鱼无梦，土沃泽饶竟成往事矣。"④由于人口的增加，致使水源日减，人满地减之忧甚矣。早在康熙二十八年

---

① 宣统《镇番县志》，《贡赋考》卷4《户口》，甘肃省图书馆藏书。
② 昆冈等修，刘启端等纂：《钦定大清会典事例》卷168《户部·田赋·劝课农桑》。
③ 许协、谢集成：《镇番县志》卷4《水利考》，第236页。
④ 周树清、卢殿元：《镇番县志》卷1《地理考·风俗》。

（1689年），该县土地不足之状即已显露，"清以来，邑人屡有开垦柳湖之请，知其时人口已众，而耕地则有不敷种植之患"①。至清中后期该县人多地少之势已愈发严重，如嘉庆十八年（1813年），镇番"马王庙湖、六坝湖及柳林湖暂停垦荒，亦不收接外埠屯民，以省地节水故也"。可知至嘉庆时期镇番县已禁止垦荒与人口的大量移入，目的即为省地节水，然而对此时人已嫌太迟，"乾隆之季，已有人稠地少、水不敷用之吁请，至嘉道间，上游来水显见减少，镇人屡讼于凉府，力控上流强堵水流，断绝水路，历官虽时加勘验，以理公判，无如武民有近水楼台之便，旋判旋犯，殆无休已"②。可知为了减轻人口压力，镇番县已不再允许外来人口移入。然而即使如此，亦不能从根本上解决土地及水源不足问题，"今则林损雪微，泉减水弱，而浇灌渐难，岁惟一获"③。"揆厥所由良缘，三渠之地距川写远，水期只是一轮，又值地冻冰坚之候，即河流顺轨浇灌尚虞不足"④。原有的土地、水源已不能满足镇番人口的增长。故清中叶起该县人口不断外出垦田。如镇番等处户民陆续迁至金塔县"垦地务农"⑤，再如乾隆年间移入安西从事屯垦⑥等。时至清末，该县由于无地可耕，已造成人口的大量外移。对此《镇番县志》记道：

> 邑自清道光年生齿十八万四千余口，垦田三千七百八十余顷，贡赋一万四千九百余石，地辟民聚，雅号富庶。至光绪中叶，田赋仍旧，而总辑版图户未少而口顿减……迄于光绪十年（1884年）调查户口较前过之。乃十年以后国家之修养如故，官吏之拊循如故，既无兵岁与疫互相耗折，而民数反减至五六万之多，岂真好生之机有时暂息哉，亦由民日众而土不广。以三倍之地养五倍之人，人与

---

① 谢树森、谢广恩等编撰，李玉寿校订：《镇番遗事历鉴》卷6，圣祖康熙二十八年己巳，第240页。

② 谢树森、谢广恩等编撰，李玉寿校订：《镇番遗事历鉴》卷9，仁宗嘉庆十八年癸酉，第375页。

③ 张玿美修，曾钧等纂：《五凉全志》，《武威县志·风俗志》，第63页。

④ 宣统三年《镇番县志》，《贡赋考》卷4《户口》。

⑤ 赵仁卿：《金塔县志》卷2《人文·移徙》。

⑥《乾隆四年十一月二十八日川陕总督鄂弥达酌改边地兵屯一摺》，中国第一历史档案馆：《乾隆朝上谕档》，附录第5条，北京：中国档案出版社，1991年，第485页。

地两相比例超过之数已有二倍。此二倍之人耕田无田，垦地无地，虽欲不离乡里、弃妻子以糊口，四方讵可得乎？不然何以昔日民多而赋不加增，今日民少而赋不见减，有可耕之人而无可耕之地，其病源已昭然可见。①

由此可见，清光绪朝镇番人口数顿减的原因为人多地寡而造成的外迁，"有可耕之人而无可耕之地"，"此二倍之人耕田无田，垦地无地，虽欲不离乡里、弃妻子以糊口，四方讵可得乎？"即地少水减导致清后期镇番人口的外流。

（四）治理腐败，人口逃亡

除上述原因之外，清代后期治理腐败、赋税沉重等因素亦是造成该县人口外移的重要原因。清末以来由于治理的腐败，该县人口大量逃亡，土地抛荒现象严重："惟自清末以来，由于骄治经济等原因，人口日少，荒芜日甚，今则沃土成为沙漠者，比比皆是矣……我国历代注重边地屯垦，河西即为著名之屯垦区，惟屯垦屡废，不能持久，移民而不养民，垦荒而不防荒，欲其不荒不可得也。"②政治腐朽，移民而不养民，致使大量人口逃亡。"蚩蚩之氓，负担太重，多逃新疆……鱼藏于渊，雀徙于丛，谁之咎也？徭赋频仍，朝夕追逼，缧绁囚系之不暇，遑论农业耶。"③赋税沉重、治理腐朽造成农田废弃、人口逃亡。据《甘肃省民勤县社会调查纲要》记载，清末民初镇番县人口逃亡造成的土地抛荒占民荒十分之一。④发展至民国初年镇番县的土地抛荒面积已达72669市亩，仅次于武威、张掖，成为抛荒面积较大的地区之一。⑤从此亦可见人口外流的严重性。

以上对清代中后期镇番县的人口外移状况进行了探讨。在国家的号召、灾荒、水源与土地数量的减少、治理腐败以及沙漠化等因素的影响下，该区人口不断外移。他们或远走新疆，或近趋河套、阿盟，或驼行

① 周树清、卢殿元：《镇番县志》卷3《田赋考·物产》。
② 《甘肃河西荒地区域调查报告（酒泉、张掖、武威）》第一章《概述·荒区沿革》。
③ 吕钟：《重修敦煌县志》卷3《民族志·四时风俗》，第119页。
④ 《甘肃省二十七县社会调查纲要》，《甘肃省民勤县社会调查纲要·土地与人口》，甘肃省图书馆藏书。
⑤ 《甘肃河西荒地区域调查报告（酒泉、张掖、武威）》第一章《概述·荒区范围》。

半路而流落于张掖、安西、敦煌等地。①人口的大量外流造成了镇番经济的萧条与农业的衰败，"人口日少、荒芜日甚"，沃壤成沙漠，"一任数万生灵流离迁徙……社会经济日行支绌，农业政策日不见发达"②。清中后期镇番的人口外流带来了当地经济发展的变化。

综上所述，镇番移民人口在清代前期与中后期经历了较大起伏。清前期，随着西陲用兵，河西走廊成为重要的军事前沿与军需补给地，充实该区人口、促进该区开发成为清代西北边疆政策的重要一环。移民垦荒则是清朝开发河西的主要手段。在政府的号召下，大量内地无地贫民移入镇番，使得清代的镇番县成为名副其实的移民社会，其土地垦殖力度亦极大增强。除了开垦原有荒田外，还新开发了柳林湖等处，即使是域外之地、水源地亦被开垦，"且红崖堡东边外，如乱沙窝、苦豆墩，昔属域外，今大半开垦，居民稠密不减内地"③。逐水而居、逐水开荒、开垦水源地之现象所在皆是。"自风沙患起，上流壅塞，移丘开荒逐水而居者所在皆是"④。"以移丘开荒者，沿河棋布"⑤。此外民勤县的鱼海子、白亭海、六坝湖等也被垦为田，⑥"嗣后生齿日繁，并白亭海四面之地逐渐成田"⑦。镇番的六坝湖，"在县东边外，距城三十余里，今垦为田"⑧。而且伴随着农垦规模的扩大，祁连山林木破坏益趋加剧，不仅入山伐木猎材的活动愈演愈烈，一些浅山区也不免遭受犁杖之践诸。⑨"至于角禽逐兽，采沙米、桦豆等物，尚有至二三百里外者。"⑩随着土地的大量垦殖，林木砍伐、植被破坏的加剧，类似沙米、桦豆等物只得到二三百里外的地方去采。

---

① 李并成：《民勤县近300余年来的人口增长与沙漠化过程——人口因素在沙漠化中的作用个案考察之一》。
② 周树清、卢殿元：《镇番县志》卷3《田赋考·物产》。
③ 许协、谢集成：《镇番县志》卷1《地理考》，第45页。
④ 周树清、卢殿元：《镇番县志》卷1《地理考·风俗》。
⑤ 张珫美修，曾钧等纂：《五凉全志》，《镇番县志·风俗志》，第255页。
⑥ 慕寿祺：《甘宁青史略》副编卷2，第391页。
⑦ 慕寿祺：《甘宁青史略》副编卷2，第399页。
⑧ 刘郁芬：《甘肃通志稿》，《舆地志·水道三》，第158页。
⑨ 李并成：《河西走廊历史时期沙漠化研究》，第177页。
⑩ 谢树森、谢广恩等编撰，李玉寿校订：《镇番遗事历鉴》卷10，宣宗道光二年壬午，第393—394页。

人口的大量移入以及过度的垦荒造成土地承载力的下降以及当地环境的变化，清后期镇番县地少水减、灾荒多发等状况愈趋严重，并导致人口的加速外流。"殖民地辟，河流日微"①，"河水日细，生齿日繁，贫民率皆采野产之沙米，桦豆以糊口，河水既细，泽梁亦涸，多鱼无梦。"②该县出现水源日减、灾害加剧、沙化严重、收成减低等现象："镇地风大沙狂，气温寒凉，西外渠、东渠等多处，几被风沙埋压净尽。又兼水淹，竟无可耕之田。流亡人众，接踵道路。"③"飞沙流走，沃壤忽成丘墟"④，"农民衣褴褛食糠窍住茅由处不得，推其痛苦原因，半由灾旱频仍、收获无几"⑤。环境变化及灾害成为镇番民众外移的推力。

随着新疆的收复，甘肃由边疆而成为腹里，失去了先前重要的军事地理位置，在政府招徕民众移往新疆及原居地治理腐朽等因素的推动下，镇番人口不断外流。民众离乡，这已与清前期人口大批涌入的局面相去甚远，最终由早期的移入之地演变成为迁出之乡。从入迁到外流，清代镇番移民为我们提供了一个认识清代西北边疆政策及环境变迁等问题的典型案例。

第六节　清代河西走廊水利积弊

随着清代河西走廊水利建设进程的推进，一些不足及积弊亦日益显现。从清代河西地方文献记载看，河西水利开发中之不足及问题主要表现为水规不尽完善、水官徇私舞弊、奸民乱法违规、水规执行不力、水利技术落后、森林破坏水源日稀等。多种因素往往结合在一起，影响河西走廊水利事业的发展。

---

① 周树清、卢殿元：《镇番县志》卷1《地理考·风俗》。
② 张珩美修，曾钧等纂：《五凉全志》，《镇番县志·风俗志》，第255页。
③ 谢树森、谢广恩等编撰，李玉寿校订：《镇番遗事历鉴》卷12，中华民国十八年己巳，第522页。
④ 张珩美修，曾钧等纂：《五凉全志》，《镇番县志·地理志·田亩》，第228页。
⑤《甘肃省二十七县社会调查纲要》，《甘肃省民勤县社会调查纲要·农业与农村》。

一、水规不尽完善

清代河西走廊水规自成系统，较为完备，但其中仍存在一些不足与漏洞。如河西地区多发的争水事件，"死者、伤者一年之内，不知多少，足见问题之严重与真实性，惟过去之争大都由于方法之未尽善，分水之未得均匀"①。从"方法之未尽善，分水之未得均匀"一语可见，水利纷争不断升级、数量不断增多，清代河西走廊水利不足有很大一部分源于水规不善。再如《甘肃通志稿》曾记载，雍正间甘肃巡抚陈宏谋檄各县修渠道、广水利，然而在河西凉、甘、肃等处：

> 渠身未尽通顺，堤岸多坍卸，渠水泛滥道路阻滞……应查明境内大小水渠名目、里数，造册通报，向后责成该州县，农隙时督率近渠得利之民，分段计里，合力公修，或筑渠堤，或浚渠身，或开支渠，或增木石木槽，或筑坝畜泄，务使水归渠中，顺流分灌，水少之年涓滴俱归农田，水旺之年下游均得其利，而水深之渠则架桥以便行人。②

指出出现渠道修治不及时、堵塞、坍塌、渠水泛滥现象的原因即为水规不尽完善，所以提出"应查明境内大小水渠名目、里数，造册通报，向后责成该州县，农隙时督率近渠得利之民，分段计里，合力公修"，即以改善水规的方法以解决此弊。又如古浪大靖地近沙砾之场，水渠分为三截，上游为山泉坝，中游为长流坝，下游为大河坝，三坝浇水时间之规定并不合理：

> 自前明至今二百余年，不知谁定轮灌之例，山泉坝首灌四十日毕，下注长流，长流灌四十日毕，下注大河，大河得水在八十日后，一有小旱，大河受之，故岁每不登，历任控诉，无处断之法。

---

① 江戎疆：《河西水系与水利建设》。
② 刘郁芬：《甘肃通志稿》，《民政志·水利》，第28页。

余则以田之望水，如病之望药，早得一日即早收一日之效，迟至八十日，则断难起死回生，乃酌定章程，改为二十日一轮，以二十日灌溉深透，余润亦足延十余日，更十余日则下轮已至，前后相接不至阔绝干枯，中闲未必全无雨泽，但得霢霂微滋，可无歉岁。[①]

由此可知，大靖水规规定中存有漏洞，上游、中游浇灌时间过长，而导致下游前后不接、阔绝干枯，由于水规不善使该渠百姓受苦多年，在改善渠规之后下游农业才得以有所起色。另从安西、玉门两地争水案看：

安西有皇渠久矣，在玉门县境内，距县治三百里。清乾隆三年（1738年），奉旨发国帑所辟沟，引源泉总汇西泻，贯注南北工五营小宛五百余户，旧无所谓皇渠会也，岁久失修……玉民忽堵塞诸口，点滴不流。安民田苗悉枯，始群寻水泉，忿弛法外，卒遭拂逆。民国十六年（1927年）春，省令调余署县篆，既下车，户民共诉不平，然细究缘由，玉民挟近刁窃，乃由安西邑棍巧取渠银、抛荒渠工所致，是则立制不善也。[②]

可见，安西、玉门两地水案产生源由为水规存有漏洞，才使得玉门挟近刁窃，堵塞渠口导致安西受旱，安西邑棍巧取渠银、抛荒渠工而水渠不治，究其原因即"立制不善"。所以，水规本身存有的不足及漏洞是导致河西水利积弊及水利纷争的重要原因。

二、人为因素影响

清代河西走廊由人为因素导致的水利不足，主要包括官员徇私舞弊、管理不善；民众有意截水、自觉意识较差；地方豪强人物把持水利等。

先看官员徇私舞弊、管理不善之弊。据文献记载，清代河西农业开发中官员徇私舞弊现象并不少见。如清雍正十二年（1734年）十一月，

---

① 陈世镕：《古浪水利记》，《皇朝经世文续编》卷118《工政十五·各省水利中》。
② 曹馥：《安西县采访录三·叙·安西皇渠会叙》。

由于镇番县属柳林湖屯田地亩开屯，经侍郎蒋洄估计开垦修筑渠坝、置备农具等项需银七万八千余两，"而办理率多私弊，所修渠工俱经冬水冲塌……又平地工价银七千八百两，委员潘治、石廷栋等朋比分肥，短发银四千余两"①。官员在渠道修治中偷工减料，以致渠工冲塌，并贪污工价银等现象导致农业受损。再如光绪十二年（1886年）《酒泉县洪水坝四闸水规》载：

> 查得每年渠长恒由多占水时从中取利，屡次兴讼，累误众户农田水利……恐其仍蹈故习，各于应占水时外润占水时图得利，肥家自厚……现在举行有效爰定章程永垂久远，详列于后：渠长各占水二十八分，农约每人应占水一分，字识应占水四分，夫头五人每人应占水二分，长夫三十二名每人应占水二分，厨夫应占水二分。每年渠长更换闸椿两道，不得有名无实……总要栋梁之材，不得以栋梁危坏。②

该水规提到河西水利管理上所存之弊病，主要源于水官的损公利己行为，这已在上文中提及。其结果必然导致水源浪费、分水不均。又如康熙五十一年（1712年）五月二日夜镇番县水首违法乱纪："宁远堡民人柳树叶胁迫同籍六人，潜至晋商王清奎丝绸店，杀死佣夫王六儿，其妹王桃英救兄，贼人颠仆于地，轮番奸淫……贼众皆被擒，渠首柳树叶杖毙，余处重刑。"③奸淫杀戮、违法乱纪之徒却充任渠首，水官选举存有漏洞。

再来看民众有意截水、水利自觉意识较差对水利的破坏。如黑河水自山丹东南出山后，即被上游截流灌田，"若上流截灌，下河即无水矣，西至东乐属之西屯寨以西及古城以下，通年无滴水流入……缘交惊蛰日，上流又复截灌春水，而下流即涸，历年如此"④。该县的水利所

①　刘郁芬：《甘肃通志稿》，《民政志·水利》，第71页。
②　《甘肃河西荒地区域调查报告（酒泉、张掖、武威）》第六章《水利》第三节《灌溉方法》。
③　谢树森、谢广恩等编撰，李玉寿校订：《镇番遗事历鉴》卷6，圣祖康熙五十一年壬辰，第249页。
④　白册侯、余炳元：《新修张掖县志》，《地理志·弱水源考》，第64页。

存不足多为上流截浇而致下游受旱，且历年如此、历时较长。再如永昌县在渠道的修理中出现下游远居居民呼难遂应，而上游百姓多束手不前、坐享其成，从而导致渠道多苟且补苴、倏至湮废的现象。① 又如山丹县，"临河一带磨户并附近居民乘间而侵水者某某，侵地者某某，而今而后倘无有过而问焉者，上下三千二百余石官粮之渠口尽为渔人逐利之场矣"②。民众侵地侵水、水规自觉遵守意识较差，从而形成了"官粮之渠口尽为渔人逐利之场"的局面。再如镇番县，因地处武威下游，"水源皆导于武威"，雍正三年（1725年）"武威县之校尉渠民筑木堤数丈，塞清河尾泉沟，以绝下游。果尔则镇人为涸辙之鲋矣"③。武威民众特筑木堤，有意截水，导致位处下游的镇番县水涸苗枯。再从镇夷闫如岳控定镇夷五堡并毛双二屯芒种分水案来看，康熙五十八年（1719年）两地水案始定，"孰知定案之后高民又有乱法之人，阳奉阴违或闭四五日不等仍复不遵"，即使康熙六十一年（1722年）将两所并归一县，却"亦有刁民乱法先开渠口者仍复不少"。故至雍正四年（1726年）又重定水利章程，并规定官府在分水日之前要专门"派拨夫丁，亲诣甘高封闭渠口，浇灌镇夷五堡并毛双二屯田苗，令夫严密看守以诡整端凌遵无违等"④。从此水案来看，上下游争水主要源于上游乱法之人阳奉阴违不遵水规，私自先开渠口，导致下游受旱，水案纷争持续多年，重定章程之后，还需官府专派夫丁严密看守，以防奸民违规乱开水口。

接下来我们来看地方豪强势力把持水利，导致水利不公之弊。如《民勤县水利规则》记载："民勤水利规则创于清初，康雍以还……一百余年来河夫会首操纵水权，习弊相仍。"⑤ 地方势力操控水权，形成水利积弊。又如山丹县"马良宝……均暖泉渠水利，河西四闸强梁见其公正不屈，夜馈盘金劝退步……"⑥ 可见水利强梁公然行贿，水利腐败

---

① 南济汉：《永昌县志》卷3《水利志》。
② 黄璟、朱逊志等：《山丹县志》卷10《艺文·建大马营河龙王庙记》，第441页。
③ 刘春堂、聂守仁：《镇番县乡土志》卷上《政绩录》，北京：北京图书馆出版社，2003年，第496页。
④ 张应麒修，蔡廷孝纂：《鼎新县志·水利·镇夷闫如岳控定镇夷五堡并毛双二屯芒种分水案》，第692页。
⑤《民勤县水利规则·敬告全县父老昆弟切实奉行民勤县水利规则》。
⑥ 黄璟、朱逊志等：《山丹县志》卷7《人物宦迹·孝义》，第275页。

并不少有。再如陈世镕《古浪水利记》中记载，古浪县之五坝因地势较高，为防止受旱，与相邻的四坝制订分水法规，并将水规刻于木桩之上，"分寸不能相假"，然而四坝之豪民胡国玺却把持水利，导致五坝无水可灌：

> 胡国玺者，四坝之奸民也……作为官吏，而已与群儿跪讼其下，自讯自断，如是者十数年而技成，为人主讼事辄胜，而因以结交县令尹，其假之权不知自谁始，而为所挟制者已数任矣。则于四坝之开一汊港，谓之副河，必灌满其正河，次灌满其副河，而五坝乃得自灌其河。古浪疆域四百里，其爪牙布满三百里。五坝之民饮泣吞声，莫敢谁何也。他坝岁纳数千金以为治河之费，其征收视两税尤急，用是一牧羊儿而家资累万……实以其一坝而占两坝之水，藉以科派取利……详请立案，胡国玺照扰害地方例惩办，而讼以息。特记之以诏后之令斯土者，尚无为地方奸民所挟制也。①

古浪县奸民胡国玺在地方为所欲为、肆无忌惮，"以其一坝而占两坝之水"，导致五坝农田受损，人民饮泣吞声，而几任地方官皆为其所挟制。

三、水利技术落后

从上文河西走廊水利的修治中我们看到，清代该地区的水利修治技术相对落后。如水利工程大多是以泥、草等物垫底和填充渠坝两沿，水闸也多用草闸，故渠坝渗水明显，导致水流减小、农业受损，史载：

> 祁连山北之甘肃走廊地带……渠底墙皆就地采用之沙与乱石，在渠口或交错处则用乱树枝及芨芨草……然亦需年年修理，故此项工料为河西水利上之一大消耗。各渠渗漏量甚大，往往水竭于渠而地则无水可灌，致成旱象。②

---

① 陈世镕：《古浪水利记》，《皇朝经世文续编》卷118《工政十五·各省水利中》。
② 《甘肃河西荒地区域调查报告（酒泉、张掖、武威）》第六章《水利》第三节《灌溉方法》。

河西水渠的修建中渠底渠墙皆就地采用沙与乱石修筑，在渠口或交错处则用乱树枝及芨芨草，这样导致河西水渠的渗漏量很大，而这都源于水利修治技术的落后。

除了水利工程修建所用工料简陋外，由于河西各县土壤含沙量大，水渠修建时往往出现随挖随塌的现象。如临泽县，由于旧有水渠如昔喇板桥渠、八坝渠、九坝渠等沙积严重，"每逢风吹，即致被沙起，最易淹蔽渠身，渠身一经沙填，水即不流"。所以板桥民众咸议谋开新渠，但所开新渠"率多沙质，随挑随坠……终未成功"①。其中技术层面的问题较为突出。

此外清代河西水利修治中还常遇水低地高的情况，人们也往往无能为力。如雍正三年（1725年）提督甘肃总兵官路振声奏，"臣领兵回汛，经过沙州卜隆吉等处，遍踏一带地土，堪以耕种者虽有，而细看形势，地高水卑难以引水灌溉者颇多"②。沙州布隆吉等处由于水低地高，许多耕地无法灌溉。"又河流均源出于祁连山，坡度陡而水流急，冲刷甚而河床日深，地势较高之田已感灌溉困难……此本区水利之改良不可容缓也"③。再如临泽县，"惜泉小流细，水低地高，其低地故不致受旱，然高地究束手无策"，"又河低地高，水难上就……终未成功"④。清代河西地区并不能完全解决灌溉中所存之水低地高问题，水利修治技术需要提高。

清代河西走廊由于水利修建技术的低下，往往形成渠堤不固、水渠改道的现象，从而导致水灾的发生。"河西水利问题在于灌溉，而排水不为人所重视……原有渠道狭窄，不能尽容，随致淹没田禾，或沙石太多，淤塞渠道，随至渠道常改，或左右扩张，往往致有数里，乃至十余里宽之石滩，良田村落牺牲者不可胜记"⑤。由于渠道狭窄、渠堤松垮，往往酿成水患，水患对农业的破坏加剧。正如诗中所言："伏秋汛

① 《临泽县采访录》，《艺文类·水利文书》，第527页。
② 《雍正三年八月提督甘肃总兵官臣路振声具奏》，《雍正汉文朱批奏折汇编》第五册，第630条，第914页。
③ 李式金：《甘肃省的蜂腰》，《水利》，甘肃省图书馆藏书。
④ 《临泽县采访录》，《艺文类·水利文书》，第527页。
⑤ 《甘肃河西荒地区域调查报告（酒泉、张掖、武威）》第六章《水利》第四节《排水方法》。

涨寻常事，谁信冬来灌百川。一片汪洋成泽国，数家村落变江田。凿冰难透波心月，压草终浮水底天。筑堰未成堤又溃，焚香祷告意凄然。"①

总体而言，清代河西走廊水利修治技术是有限的，其主要表现为：其一，所修渠道皆用沙土、乱石、柴草等物，密封性差，水流渗透严重，形成"水渴于渠而地则无水可灌"的现象。其二，水渠多依地形而建，流经面积扩大，水量损失明显。其三，渠道修建中沙塌问题日益严重，对此人们无能为力。其四，对于泉小流细、水低地高的情况，人们多束手无策。渠道修治技术尚处落后。

除以上几点外，清代河西走廊水利问题还表现为水源减少。清代以来，随着草林的砍伐、环境的破坏，本来缺水的河西走廊由于没有了森林对水源的涵养，积雪减少，水源日稀。如古浪县，"报耕开渠由来久矣……迄今七十余载，相安无事。无如近年以来，林木渐败，河水微细，浇灌俱坚"②。水源林破坏，水源减少，农田浇灌日艰。又如，"昔日祁连山森林茂盛，积雪多而水源畅旺，水受山林之调剂，流缓，故水患不大。近年来，数千里山林俱被滥伐，水少而灌溉不足，农田苦旱"③。由于水源林的砍伐，春水稀少、农田受旱。再如武威县，"间逢木饥火旱，山雪既微，川源复弱，不无奸民劫浇者"④，水源也日益稀少。再如镇番，"水既发源武威，则镇邑之水乃武威分用之余流，遇山水充足可照牌数轮浇，一值亢旱，武威居其上流，先行浇灌，下流微细，往往五六月间水不敷用"⑤，导致下游受旱的原因为山水不足。水源日稀引起的水利问题愈来愈多。

综上所述，清代河西走廊水利所存在的问题与不足主要源于水源日稀、水规不完善、水官执行不力、水渠修理技术低及人为破坏，人为因素与渠规不善往往相连为患。这皆成为影响河西地区水利发展的重要因素。

---

① 赵仁卿：《金塔县志》卷10《金石·诗》。

② 马步青、唐云海：《重修古浪县志》卷2《地理志·水利·长流、川六坝水利碑记》，第177页。

③《甘肃河西荒地区域调查报告（酒泉、张掖、武威）》第六章《水利》第四节《排水方法》。

④ 张珣美修，曾钧等纂：《五凉全志》，《武威县志·地理志·水利图说》，第44页。

⑤ 张珣美修，曾钧等纂：《五凉全志》，《镇番县志·地理志·水利图说》，第240页。

第四章　历史时期河西走廊生态环境变迁

甘肃省河西走廊地区的生态环境问题突出，主要表现为沙漠化威胁有增无减、水土流失严重、水资源和水生态环境形势严峻、森林和草原植被破坏有禁不止等。引用正史以及汉简、敦煌遗书、西夏文书、明清方志等大量有关史料，并经实地反复考察，对于历史时期祁连山区林草资源的演变和河西走廊绿洲边缘荒漠植被的破坏状况展开系统探讨，可为今天本区林草植被的保护和河西绿洲的可持续发展提供历史借鉴。河西走廊是历史时期干旱区土地沙漠化的典型地区之一。今日于河西所见，那些被黄沙吞噬的古城址、古遗址、古长城、古绿洲，即是历史上沙漠化过程的明证。我们选取锁阳城遗址及其周围古垦区、张掖"黑水国"古绿洲、玉门花海比家滩古绿洲三个区域，研究沙漠化的过程，揭示其发生的机制和发展变化的规律，并总结历史的经验教训，无疑具有重要的理论和实践意义。

第一节　历史时期祁连山区林草植被的破坏与演变

祁连山脉，雄峙河西走廊之南、青藏高原北缘，为古生代地槽型褶皱山系。其东起乌鞘岭，西至敦煌西南的当金山口与阿尔金山相接，东西绵长850公里多，南北宽80~240公里。整个山脉由七条大致平行的北西西走向的古生代褶皱、中新生代断裂隆起的高山和谷地组成，山势西高东低，大部分海拔在3000~3500米以上，主峰大雪山海拔5564米，相对高度一般在1000米以上。山体自然生态垂直带谱发育良好，海拔2000~2200米为草原化荒漠带，2200~2600米为荒漠草原带，2600~2800米为干草原带，2800~3400米为森林草原带，3400~3800米为高山灌丛草甸带，3800~4000米为高山草甸带，4000~4500米为高山垫状植物带，

4500米以上为冰川和永久积雪带。其中森林草原带和高山灌丛草甸带为本区主要的水源涵养林带，这里分布着青海云杉、祁连山圆柏等高大乔木林和高山柳、箭叶锦鸡儿、金露梅、杜鹃等灌丛林带，以及大片的草原植被，尤以阴坡发育良好。纵贯河西走廊的石羊河、黑河、疏勒河三大河系，皆源自祁连山区，皆赖山区林草的涵养、蓄积水源之利。

祁连山脉与河西走廊绿洲可谓息息相关，绿洲依赖祁连山而存在，祁连山区实为涵蓄水源、维系绿洲生态系统的"命根子"。据测定山区各自然带产流的百分比为：山地草原带1.6%，森林灌丛带24.3%，亚高山草甸带39.2%，高山冰雪寒冻带34.9%。可见森林、灌丛、草甸以及冰川雪田为绿洲的主要水源地，是河西走廊生态系统的命脉所系。

祁连山区适宜森林生长的面积不少于2000万亩，但据祁连山水源林研究所所长车克钧等调查统计的最新数据，该山现有林地仅718.5万亩，其中有林地202.8万亩，疏林地 21.8万亩，灌木林地441.8万亩，活立木总蓄积量2200万立方米，森林覆盖率16.7%。[①] 历史上祁连山林草植被的破坏状况由是可见。

一、西汉大规模开发前祁连山林草植被状况

陈发虎、朱艳等在石羊河下游民勤盆地三角城一带所作的孢粉分析表明，早中全新世三角城剖面有机质和高碳酸盐均较高，湖泊生物发育，气候湿润，夏季风较强；早全新世孢粉组合中针叶树花粉含量高，孢粉浓度大，说明其上游祁连山山地森林覆盖度大，森林范围扩张，下游出现高湖面。三角城剖面下部针叶树孢粉占孢粉总数的50%~60%左右，个别样占到70%~80%，以云杉属（Picea）和圆柏属（Sabina）为主。对孢粉沉积模式研究发现，孢粉浓度和云杉花粉含量可指示流域（特别是祁连山区）有效湿度的变化。孢粉浓度出现六个峰谷变化，其中尤以8.5~7.5千年间的两个孢粉浓度峰最高，应当反映当时石羊河流域特别是山地的植被覆盖度最大，3.4千年以后的晚全新世夏季风减弱气候变干。[②] 可

① 车克钧：《加速祁连山水源涵养林建设，为实施再造河西战略提供保障》，内刊，1999年。

② 陈发虎、朱艳、李吉均等：《民勤盆地湖泊沉积记录的全新世千百年尺度夏季风快速变化》，《科学通报》2001年第17期。

见，史前时期由于很少受人类活动的干扰，祁连山区森林覆盖度的进退变化主要受自然因素，特别是夏季风的影响。但就整个史前时期总的来看，祁连山森林植被保存良好，云杉属、圆柏属当为其主要建群种。

《史记·匈奴列传》《索隐》引《西河旧事》：祁连山"在张掖、酒泉二界上，东西二百余里，南北百里，有松柏五木，美水草，冬温夏凉，宜畜牧。"当汉武帝元狩二年（前121年）霍去病驱走匈奴，攻取河西走廊后，"匈奴失二山，乃歌云：'亡我祁连山，使我六畜不繁息；失我燕支山，使我嫁妇无颜色。'祁连一名天山，亦曰白山也"。《太平御览》卷50、卷719、《太平寰宇记》卷152亦引此语。这里的"祁连山"指祁连山脉中段，位于张掖、酒泉以南；所云"燕支山"，又名焉支山。同书《正义》引唐李泰《括地志》云："焉支山一名删丹山，在甘州删丹县东南五十里"，即今河西走廊中部山丹县城东南约45公里处的大黄山，亦称胭脂山。其东西长约35公里，南北宽12公里，主峰海拔3978米，系祁连山北麓山前隆起的块断山地。《太平寰宇记》卷152甘州山丹县条引《西河旧事》："焉支山，东西百余里，南北二十里，亦有松柏五木，其水草美茂，宜畜牧，与祁连山同。匈奴失祁连、焉支二山，歌曰：'亡我祁连山，使我六畜不繁息；失我焉支山，使我妇女无颜色。'"《太平寰宇记》卷152甘州张掖县条又引《西河旧事》云：祁连山"宜放牧，牛羊充肥，乳酪浓好，夏泻酪不用器物，刈草著其上，不解散，作酥特好，一斛酪得酥斗余。又有仙树，人行山中饥渴者，食之即饱。"《太平御览》卷858亦引是语。由此可见当时祁连山区及其山前焉支山一带，不仅松柏五木、"仙树"生长良好，而且水肥草美，牛羊赖之充肥，为匈奴等游牧民族所依依眷恋。

《太平寰宇记》卷152又记，凉州南有第五山，"夏函霜雪，有清泉茂林，悬崖修竹，自古多为隐士所居"，此山即今祁连山东段之天梯山；张掖南还有临松山，"一名青松山，又名马蹄山，又云丹岭山，在县南一百二十八里"，即指今祁连山中段马蹄寺石窟所在的一带山脉。山以"临松""青松"命名，可知当时山中松林必定繁茂。西汉武威郡辖县中有苍松县，十六国后凉时改名昌松县，南山松峡水流经县域，该县即今古浪县一堵城，松峡水即今古浪河①。其得名同样是因县南祁连山东段的松木茂密之故，直到清代这里仍是"云海苍茫迷路客"，今天仍保留有黑松驿等地名。

不独祁连山脉如此，就连今天早已成为秃山童岭的走廊北部龙首山、合黎山一带，西汉时亦是"生奇材木，箭杆就羽。如得之，于边甚饶"；"匈奴西边诸侯作穹庐及车，皆仰此山林木"②。这与今日的状况恰成显明对比。

二、汉至北魏时期植被的破坏与变迁

自汉武帝河西建郡起，随着大规模移民实边、屯垦开发的进行，绿洲上的天然植被遂被大面积地刈伐破坏而代之以人工栽培作物，用于建筑材料、薪材等横遭斧斤的山区林木亦有较多数量。汉宣帝时赵充国率军在祁连山南麓浩亹水（今大通河）、湟水流域一带屯田，所上宣帝的《屯田疏》云："臣前部士入山，伐材木大小六万余枚，皆在水次。"一次入山即砍伐材木六万余株，在其整个屯田过程中对森林植被的破坏程度可想而知。随后赵充国又上状言《不出兵留田便宜十二事》，其中第六事为"以闲暇时下所伐材，缮治邮亭，充入金城"③。就连距祁连山较远的金城郡（今兰州市）亦仰赖该山木材，可见其供给的范围之大。

敦煌汉代悬泉置遗址泥墙题记④，保存了一篇十分珍贵的汉平帝元始五年（5年）《四时月令诏条》(272号)。其中孟春（农历正月）月令十一条中即有："禁止伐木。谓大小之木皆不得伐也，尽八月。草木零落，乃得伐其当伐者。"同时该月"毋摘剿（巢）。谓剿空实皆不得摘也；空剿（巢）尽夏，实者四时常禁。毋杀□虫。谓幼少之虫，不为人害者也，尽九月。毋杀孡。谓禽兽、六畜怀任（妊）有胎者也，尽十二月常尽。毋夭蜚鸟。谓夭蜚鸟不得使长大也，尽十二月常尽。毋麛。谓

---

① 李并成：《河西走廊历史地理》，兰州：甘肃人民出版社，1995年，第50—51页。
② 《汉书》卷64《匈奴传》。
③ 《汉书》卷69《赵充国传》。
④ 胡平生、张德芳：《敦煌悬泉汉简释粹》，上海：上海古籍出版社，2001年，第192—199页。

四足……及畜幼小未安者也，尽九月。毋卵。谓蜚鸟及鸡□卵之属也，尽九月。"仲春（农历二月）月令五条中有："毋焚山林。谓烧山林田猎，伤害禽兽□虫草木……"季春（农历三月）月令四条有："毋弹射蜚鸟，及张罗、为它巧以捕取之。"孟夏（农历四月）月令六条有："毋大田猎。尽八（?）月。"可见当时保护自然环境已受到汉王室的重视，并逐月制订有具体的禁伐、禁焚、禁卵、禁捕、禁猎等及其时限的诏条。该月令大书于敦煌驿置墙上，宣示于过往人众，表明其在敦煌、河西当得到认真执行贯彻。

额济纳旗破城子所出74E.P.F22:48A简云："建武四年（28年）五月辛巳朔戊子，甲渠塞尉放行候事，敢言之。诏书曰：吏民毋得伐树木，有无，四时言·谨案：部吏毋伐树木者，敢言之。"这是时任河西五郡大将军的窦融所颁发的禁止斫伐树木的诏书令和执行此令的报告。时隔两年窦融再一次颁令禁伐。74E.P.F22:53A简："建武六年（30年）七月戊戌朔乙卯，甲渠鄣候，敢言之。府书曰：吏民毋得伐树木，有无，四时言·谨案：部吏毋伐树木。"①由此知当时伐树的情况已较严重，因而必须接二连三颁布专令以禁。显然这一法令是针对整个河西地区的。

汉魏时期，松峡水（今古浪河）下游称做"长泉水"（今武威洪水河），说明其源头松林茂密，泉源流长、调蓄水源能力良好，远非似今天这般的洪水浊流。《汉书·地理志》武威郡条："南山，松峡水所出，北至揥次入海"。《水经注》卷40记，马城河（今石羊河）"又与长泉水合，水出姑臧东揥次县"。通过考察，揥次县城位于今古浪县土门镇"老城墙"，松峡水所入的"海"即今邓马营湖—汤家海。②

迨及两晋十六国时期，中原一带战乱频多，社会板荡，河西走廊则因地处偏远，较为安定，"中州避难来者日月相继"，由此使得各种建筑、生活用材有增无减。姑臧（今武威）、张掖、敦煌、酒泉曾一度成为一些割据政权的都城，其城市建筑规模之宏大，所需林材之多已很可观。例如姑臧，前凉立为都城，"复大城姑臧，修灵钧台"③。《水经

---

① 甘肃省文物考古研究所、甘肃省博物馆等编：《居延新简》，北京：文物出版社，1990年，第479—480页。

② 李并成：《河西走廊历史地理》，第42—44页。

③ 《晋书》卷86《张轨传》。

注》卷40引王隐《晋书》："凉州有龙形，故曰卧龙城，南北七里，东西三里，本匈奴所筑也。及张氏之世居也，又增筑四城箱，各千步：东城殖园果，命曰讲武场；北城殖园果，命曰玄武圃，皆有宫殿。中城内作四时宫，随节游幸。并旧城为五，街衢相通，二十二门……"张骏系前凉第三位君主，刘满考得其所增筑的四城箱各宽1.25里、长1.25里，前凉姑臧五城周长共达30里。[①] 在这一宏大的城池中，"大缮宫殿观阁，采状饰拟中夏也"。张骏又于皇城内增筑大型宫殿谦光殿，"画以五色，饰以金玉，穷尽珍巧"；该殿四面又各起一殿，即宜阳青殿、朱阳赤殿、政刑白殿、玄武黑殿，合称四时宫，且每殿"其傍皆有直省内官寺署"。南凉、北凉在姑臧又代有增筑，北凉所筑的闲豫堂，季羡林考得为全国十九处国立佛经翻译场之一。[②] 到北魏灭北凉时，"收其（姑臧）城内户口二十余万"，这一数字竟是今天武威城内人口的两倍多，其城池建筑之宏，所费林材之巨自不待言。这些林材无疑取自祁连山区。而这仅仅是就都城建筑一项而言，至于较之更为严重的战争毁林、采薪樵林、农垦伐林等自不会少。正由于此，故北魏时姑臧人段承根写给李宝的诗中有"自昔凉季，林焚渊涸"[③]之句，从而可以揆知十六国以来祁连山森林破坏之严重，从中又可得知河西人们对于"林"与"渊"的关系早已有所认识。

三、唐至西夏时期植被的破坏与变迁

唐代以降，祁连山区林草资源虽早已遭受破坏，但其基本状况仍远较今日为好。敦煌石室所出撰于唐代前期的《沙州都督府图经》(P.2005)描述甘泉水（今党河）上游河谷概况："美草"，"瀑布、桂鹤"，"蔽亏日月"，"曲多野马、牦□"，"狼虫豹窟穴"，"山谷多雪"等。虽仅存片言只语，但亦可得见祁连山西段林草茂密之况：山高林深以至于蔽日掩月，雨雪丰沛，瀑布长悬，鹤、狼、豹、牦牛等禽兽出没山间，

[①] 刘满：《宋代的凉州城》，《敦煌学辑刊》1985年（总6期）。
[②] 玄奘、辩机著，季羡林等校注：《大唐西域记校注》，第8—11页。
[③] 《魏书》卷52《段承根传》。

在较宽阔的河曲滩畔野马徜徉……这种境况在今天已不多见。

伴随着唐代大规模开发的进行，河西的人口成倍增长，开发的规模远胜于前①，祁连山区林草的砍伐更是有增无减。《旧唐书·张守珪传》记，开元十五年（727年）吐蕃攻陷瓜州城撤走后，以守珪为瓜州刺史，"瓜州地多沙碛，不宜稼穑，每年少雨，以雪水溉田。至是渠堰尽为贼所毁，既地少林木，难为修葺。守珪设祭祈祷，经宿而山水暴至，大漂材木，塞涧而流，直至城下。守珪使取充堰，于是水道复旧，州人刻石以纪其事"。《新唐书·张守珪传》亦记："州地沙瘠不可艺，常潴雪水溉田。是时，渠堨为虏毁，材木无所出。守珪密祷于神，一昔水暴至，大木数千章塞流下，因取之，修复堰防，耕者如旧，州人神之，刻石纪年。"可见修复灌溉水渠堤堰亦需要大批木材，顺河漂流而来的"大木数千章"，无疑是伐自瓜州南面的祁连山区。

修筑渠堰的用材如此，建造佛寺洞窟亦需大量耗材。唐代盛世丝绸之路空前兴盛，佛教得到更广泛的传播，在前代修凿的基础上，河西各地建窟之风大盛，莫高窟、榆林窟、西千佛洞、五个庙石窟、东千佛洞、昌马石窟、文殊山石窟群、马蹄寺石窟群、马蹄寺南北二寺石窟、金塔寺石窟、肃南千佛洞石窟、上中下观音洞、泱翔石窟、上天乐石窟、童子寺石窟、石佛崖石窟、云藏石窟、天梯山石窟、炳灵寺、罗家洞等许多沿祁连山麓开凿的石窟发展达到极盛。如莫高窟武周圣历年间已"计窟一千余龛"，当时所造的北大像（今96窟）主佛高33米，为仅次于乐山大佛的我国第二大佛，其外侧建九层楼阁以罩之，其工程之浩大，所需木材之多可以想见。敦煌遗书中有一件北宋乾德四年（966年）《重修北大像记》，记归义军节度使曹元忠与夫人翟氏是年到莫高窟来持斋避暑，所见北大像虽经晚唐文德年间（888年）重修一次，但又经过近八十年的风霜，"建立年深，下接两层，柱木损折"，遂指令都僧统惠纲负责局部维修。每天役使僧俗劳力306个，修建用料"梁栋则谷中采取，总是早岁枯干；椽干为之从城斫来"。"谷中"指流经莫高窟前的今大泉河河谷，发源于祁连山北麓的三危山与鸣沙山间，该河唐宋时名宕泉或宕谷。P.2551《李君莫高窟佛龛碑》描述：宕谷"仙禽瑞兽

---

① 李并成：《唐代前期河西走廊的农业开发》，《中国农史》1990年第1期。

育其阿，斑羽毛而百彩；珍木嘉卉生其谷，绚花叶而千光。尔其镌锷开基，植端桧而盖日。”当时谷中不仅多有林草禽兽，而且还能生长用以修筑宏大洞窟的梁栋珍木，这与今日这里仅有一些次生灌木和草被的境况恰成显明对比。修窟所用较小一些的椽材则从沙州城中砍来，可见沙州城的绿化也可称道。对于砍伐梁栋椽干的“檀越工人，供备实是丰盈，饭似山积，酒如江海”，则檀越工人之众，所伐梁栋之多不言而喻。夫人翟氏还“亲手造食，供备工人”，以示对修窟的重视。

约作于唐代末期的S.5448《敦煌录》记，莫高窟一带“古寺僧舍绝多……其山西壁南北二里，并是镌凿高大沙窟，壁画佛像，每窟动计费税百万，前设楼阁数层。在大像堂殿，其像长一百六十尺。其小窟无数，悉有虚栏通连，巡礼游览之景”。P.2551记修建332窟：“□山为塔，构层台以造天；刻石穷阿育之工，雕檀极优阗之妙。”P.3608记建148窟：“凿为灵龛，上下云矗；构以飞阁，南北霞连。”P.4640记重修148窟：“乃募良工，仿其杞梓，贸材运斫，百堵俄成。鲁国班输，亲临升境……雕檐化出，巍峨不让于龙宫；悬阁重轩，晓万层于日际。”同号文书记修建85窟：“嶝道逶连，云楼架回；峥嵘翠阁，张鹰翅而腾飞；栏槛雕楹，接重轩而灿烂。绀窗晓露，分星月之明。阶阙藏春，朝度彩云之色。”该文书又记修建12窟：“云楼架回，耸顾峥嵘；嶝道联绵，势侵云汉；朱栏赫弈，环拱雕楹。绀窗映煜煌之宝扉，绣柱镂盘龙而霞错。”P.3720、S.5630记修建94窟：“日往月来，俄成广宇，连云耸出，不异鹫岭之峰；峭状烟霞，有似育王之室……金楼玉宇，徘徊多奉壁之仙。”云楼、飞阁、玉宇、重轩、雕檐、虚栏、绀窗、绣柱、嶝道等等皆需选用优质木材建造，如此之宏伟壮观、富丽堂皇、令人瞠目，其所费林木之巨自不待言。P.3540记比丘福惠等14人发心修窟一所，“所要色目材梁，随办而出”。当时获取林木显然较为容易，林产地即在附近的祁连山区。

以上仅是莫高窟木构建造的片断情况，除此而外唐宋时敦煌尚有榆林窟和西千佛洞，另有17所寺院和百余所家寺兰若，有些寺院的规模也相当大。如P.3770记大云寺：“巍峨月殿，上耸云霓；广厦星宫，傍吞霞境。乌轮未举，金容豁白于晨朝；兔月荒昏，曦晖照明于巨夜。丹窗绀凤，晃耀紫霄；宝柱金门，含凤吐日。”S.3905记，唐天复元年（901

年）金光明寺为修窟架设大梁还专撰了一篇《上梁文》："猃狁狼心犯塞，焚烧香阁摧残。合寺同心商量，来座共结良缘。梁栋□仙吐凤，盘龙乍舌惊天。便是上方匠制，直下屈取鲁班。"其所用木材自不会少。而所有这些还仅是敦煌一地的情形，河西各地寺窟建造对于祁连山林木的砍伐之巨由此可以推见。

敦煌文书中还保存了一些为斫伐、运送木材而支酬面、粟、豆、油、酒、布等的记录。P.3875《丙子年（916年）修造及诸处伐木油面粟酒破历》，记是年敦煌佛教教团为修建某寺支付伐木、运木工匠等的油面粟酒等帐目26笔。如"粟叁斗，□郎君庄上斫木人夫食用"；"粗面贰斗，第二日王僧政庄上斫木食用"；"粗面贰斗，于都押庄上掘树人□□"；"粗面叁斗，都押庄拽锯人夫食用"；"面陆斗、粗面壹石叁斗、油半升，瘢家庄上斫木及载木看博士用"；"粗面八斗、油半升，汜都知、郎君、张乡官三团拽锯人食用。粗面柒斗，第□日汜都知等三团人夫食用"，等等。三团人夫为某寺拽锯斫木，日食七八斗面，所伐林木一准不少。P.2040后晋时《净土寺诸色入破历算会稿》："面贰斗，斋人夫及三处斫木僧到来用"；"面贰斗，载柱僧料用"；"面贰斗，城东园斫木及城北张家庄上斫木人夫食用"；"粟叁斗，将看阴水管觅木用"；"豆肆硕，辛押衙梁子价用"；"布四匹六尺，康押衙榆木价用"等。P.2032后晋时《净土寺诸色入破历》："粟一石五斗、布壹匹，买安子君琢梁子价用"；"豆五石，买柳木造钟楼用"；"粟壹斗沽酒，周宅官园内斫梁子用"；"雁斗五硕，于罗平水买柳木及梁子用"等。P.3763《净土寺诸色入破历算会稿》："麦肆硕，程早回木价用"；"粟壹斗沽酒，张乡官庄上斫梁子用"；"粟贰斗卧酒，目家庄上折木及菜田陈家园内折梁子用"等。

在大兴土木耗用大量林材的同时，敦煌僧俗各界也较为重视对林木的管护和栽植，这对于植被的恢复无疑有益。归义军政权专设山场司，具体负责对山区林草的护理。约作于10世纪中叶的《某寺诸色入破历算会牒残卷》(S.5008) 记："白面壹斗，看山场使用。"P.2032后晋时《净土寺诸色入破历算会稿》："面伍斗伍升，窟上大众栽树子食用。"P.3875文书中有两条在砍伐树木前要赛神的记载，祈愿树神使树木茂盛生长，说明当时人们对林木的重要性有了进一步认识。

敦煌遗书中还有不少关于"梁子""油梁子"，即用于油坊榨油的榨木的记载。当时仅寺院用油就数量可观，吐蕃管辖沙州时（786—848年）敦煌诸寺自营"油梁"（油坊），征发寺户看梁（榨油），归义军时期寺院又雇佣"梁户"（榨油专业户）看梁。寺内僧侣众多，长期礼佛灯油、照明灯油、食用油、雇工报酬油等耗用巨量。如P.3578《癸酉年梁户史氾三沿寺诸处使用油历》记，该梁户一户交纳寺院及僧侣的库纳油、燃灯油、局席油、赠油、造佛食油、看大王油等计达1.89硕。榨油工具的主件即"油梁子"，直径一般1米许甚或更粗，长3~5米，且须选用榆、柳等较坚实沉重的木料，用其自重并施加人力榨出油来，这对高大林材的砍伐自会不少。如P.2032《净土寺西仓司愿胜广进等手下入破历》中就有多项斫梁子和买梁子的记录："麦叁硕，王德友梁子价用"，"豆伍硕，于罗平水买柳木及梁子用"等，寺中买入的油梁多达16~17根。敦煌的一些大户亦经营油梁，如P.3774《丑年十二月沙州僧龙藏牒》记，大族齐周就有"城南佛堂并油梁"。

敦煌如此，唐宋时期河西走廊其他地区破坏祁连山林木的情形亦与之类似。流经古浪、武威、民勤的古浪河—洪水河，即汉魏时的长泉水，到了武则天时改称洪源谷。《资治通鉴》卷260"武后圣历二年条"胡注曰："洪源谷在凉州昌松县界。"昌松县即今古浪县。长泉水的改名说明其上游山区林草破坏严重，调节含蓄水量的能力大为下降，以致使其变为浊水洪流，故有洪源谷之称。

唐代姑臧城的建筑仍富丽宏大。岑参《凉州馆中与诸判官夜集》诗吟："凉州七城十万家，胡人半解弹琵琶。"元稹《西凉伎》诗吟："吾闻昔日西凉州，人烟扑地桑柘稠。葡萄酒熟恣行乐，红艳青旗朱粉楼。"《续资治通鉴》卷19"至道二年七月条"载："凉州周回二千里……城周四十五里，李轨所筑。"较前凉时周长三十里增大了一半，面积当倍于前凉而有奇。似此等规模的大型城池，自不免需要消耗大量的建筑林材。除凉州外，甘州、肃州、瓜州等均城池规模不菲。如唐瓜州城（今锁阳城）周长约五公里，就连唐玉门军城（今赤金古城）周长也近三公里。

西夏统治时期，河西的农牧业生产虽有一定程度的恢复和发展，但由于其从事农业的人口较少等原因，对于祁连山林草植被的破坏应不及唐代之烈，但仍时有发生，酿成不良后果。据西夏文《天盛年改旧定新律令》卷15《纳领谷派遣计量小监门》，"条椽"为民户必纳的税种之一。条椽需选取枝干笔直粗实的树木采伐，主要用于建房，其一部分应伐自祁连山等山区。该律令卷17《库监派遣调换门》记，西夏政权还于森林茂密、野兽出没的贺兰山专门设置树税院、木材租院和木炭租院，负责林木采伐、松炭（木炭）烧制及其征榷。杜建录认为这些机构在祁连山与天都山也有设置。黑城出土的另一件文书《番汉合时掌中珠》亦有关于松炭及其征榷等记载。

林材的大量砍伐，引起西夏统治者的忧虑，为了使祁连山、贺兰山等"高山积雪""冰融水现""流水深处坦""河水冰融"，特专定律法保护草被树木，并在灌溉渠道沿岸大量栽植草木。前引天盛年新律令之《地水杂罪门》载："教沿所属渠岸栽植柳柏杨榆及其它种种树等，令具成草、树，并与以前原植草、树一样监护，除按时修剪枝条及伐而另栽等外，不许诸人砍伐。转运司内当派堪提举者人。若违律不栽草树者，有官罚马一，卒人杖十三。草树已植不保护，特别是因失误而使牧畜入食时，牲畜主人等一律卒人笞二十，有官者（罚）五斤铁。其中官草树及私家主草树等被他人砍伐时，计钱以偷盗律决断。诸人举报时，举报之赏按举报偷盗之赏律具得。其监护草树者自己告捕，则罪具舍。自己砍伐时，（所砍）树数不计多少，一律卒人杖十三，有官罚马一。"又云："沿渠干官植草、树中，不许剥皮及用斤斧砍刻等，若违律时，令与全砍树同样决断。"有关官员亦须恪尽职守，抓紧工作，"渠水巡检、渠主不抓紧指挥所属渠干租户、家主，不令沿官渠植树时，渠主杖十三，渠水巡检杖十。令植树，但见诸人伐树不报告时，令同样决断"[①]。运用如此严格的法律手段保护林草植被，这不能不令今人称道。

四、明清时期植被的破坏与变迁

及至明清，随着河西走廊又一次大规模农业开发的兴起和人口的大量增加，祁连山林草的破坏益趋加剧，不仅入山伐木猎材的活动愈演愈

---

① 陈炳应：《西夏律令中的水利资料译释》，《陇右文博》2001年第1期。

烈，而且伴随着农垦规模的扩大，一些浅山区也不免遭受犁杖之践诸。

嘉靖八年（1529年）明室"题准甘肃等边……南北山地听其尽力开垦，永不起科"①。鼓励人们向山区进军，以致酿成更为严重的恶果。祁连山区的开发过程，往往首先在半干旱浅山区垦殖，而由于浅山区蒸发强烈，干燥缺水，遂又抛荒任其荒芜沙化，继续向高海拔的中山区开拓，由此造成浅山区、中山区林草资源相继大面积毁坏。祁连东麓原有"黑松林山"，到了清乾隆时"昔多松，今无，田半"②。至嘉庆十年（1805年）祁韵士《万里行程记》所记，这里"绝少草木，令人闷绝"，其破坏程度又进一等。宣统元年（1909年）修《甘肃新通志》写道："黑松林山，（古浪）县东南三十里，上多松，今成童矣。"可知这一带的松林是在乾嘉之世由于开田而被逐步毁坏的。《甘肃新通志》卷7《舆地志·山川》记，黑河上游的松山（位于民乐县南部），昔日"山上山下布满松柏"，迨至清末"虽变为良田，而松山之名犹未改也"。乾隆十四年修《武威县志》称："兹土山田赋轻，然地少获寡。"正是为了逃避赋役的繁重，耕山者日有趋者。

1923年刊《东乐县志》卷1《地理·山川》载，黑河上游支流洪水河西水关口靠近山麓两岸，均系草坡旱地，同治年间"往往为黠番偷租于汉民耕种"，破坏山坡植被。赖此水浇灌的绿洲"坝民"认为此举为水源所关，"盖以泉水微小，春资雪液，夏恃天雨，地一犁熟，雨尽渗入土中，不能聚而成流"，因之屡与"黠番"构讼。"此案系清同治元年（1862年）甘州府鲍、山丹县熊所断。至光绪二年该番目又翻控一次，蒙甘州府龙仍断如前案。"

森林破坏的后果在乾隆时就已很突出。武威山区"往昔林木茂密，厚藏冬雪，滋山泉，故常逢夏水盛行。今则林损雪微，泉减水弱，而浇灌渐难，岁唯一获，且多间歇种者"③。破坏的后果对涵养水源乃至绿洲农业造成何等严重的影响！严酷的现实使人们对森林与绿洲水源的关系有了更为深刻的认识。乾隆十四年刊《永昌县志》载："倘冬雪不

① 申时行：《明会典》卷18《户部五·屯田》，北京：中华书局，1988年。
② 张珏美修，曾钧等纂：《五凉全志》，《古浪县志》卷1《地理志》。
③ 刘郁芬：《甘肃通志稿》，《民族志·风俗》。

盛，夏水不潮，常若涸竭……惟赖留心民瘼者，严法令以保南山之林木，使荫藏深厚，盛夏犹能积雪，则山水盈留。近湖之湖坡，奸民不得开种，则泉流通矣。"

早在明代中期，位于祁连山脉东麓的庄浪卫（今永登县）就发布文告："东西山木，系一方屏蔽"，禁止奸商"擅采"，本地士民亦不得借口"炊爨、修理之需，自行砍伐，编筏窃卖"①。清嘉庆初年甘肃提督苏宁阿驻守甘州，率人入甘州南部的八宝山（祁连山支脉）考察森林状况，但见松柏古木，粗达数围，均在百年之上，树冠上积雪皑皑，寒气袭人，树冠下珠滴玉溅，细水轻泻，汇为巨流，奔腾出山。他深为感慨，认识到"此乃甘民衣食之源"，"山上之树木积雪，水势之大小，于甘州年稔之丰歉攸关"，为此撰写了《八宝山来脉说》《八宝山松林积雪说》和《引黑河水灌溉甘州五十二渠说》等文，以自身感性体验论述了八宝山森林对黑河水流量的调节作用：冬季大雪为山上林木所阻，蕴成冰仓雪库；春天积雪消融，长流不息，浇灌田亩。若乱采滥伐，冬天储雪量小，春天融流急下，河渠冲毁，必有水灾；夏天积雪融完，河渠干涸，必有旱灾。可见森林能控制水源，调节流量，"若被砍伐，不能积雪，大为民患。自当永远保护"，"永远禁止樵采"。苏宁阿还见诸行动，于祁连山入山要口处悬挂铁牌，禁止入山伐木。上书："偷伐松林，有障水源，摧毁民生，既绝民命。特立此牌，以告乡民：有伐木者，与命案同。"采取严厉的手段制止毁林。然而时隔不长，毁林毁草再度兴起。1942年刊《创修临泽县志》载，县南祁连山"番地林木极为饶富，凡黑河、响水河两岸及山谷溪壑间土石相混之地无不丛生松柏。林场面积较大者以杨岗河柏木林场、照能、玉树、大小黑沟等处为最。其狭小林场遍地皆是，均系天然林。前清时为保护水源严禁砍伐，并有甘肃提督署铸有铁牌，悬为厉禁，迨后政令废弛，无人保护。近年以来森林操于驻军，滥事采伐，影响水利甚巨"。为之呼吁："禁止砍伐森林，查林场内众多细流，均注入黑河、响山、摆浪、西大等河，张（掖）、高（台）、临（泽）、鼎（新）等县农田均藉祁连山雪水泉流灌溉，如不保护森林，滥事采伐，则影响各县水利匪浅。今后对于旧有林

---

① 王之采：《庄浪汇记》，万历四十四年（1616年）刻本。

场，应特予保护，以俟区政府纳入正规，奖励番、汉民众，提倡植树。"
《张掖县志》载，嘉庆时八宝山森林"被奸商借采铅名义，大肆砍伐"。
至于曾颇有名气的焉支山，嘉庆二十一年（1816年）修《永昌县志》称
其"又名青松山，向多松，今樵采殆尽"。

　　清代因战争毁坏森林的现象亦有发生。《甘肃新通志》记，雍正二
年（1724年）五月岳钟琪征剿祁连山东部的谢尔苏部，"纵火焚林，大
破番兵"。破坏的后果不言而喻。

　　因大肆伐林而引发的诉讼案件亦不少见。1923年刊《东乐县志》卷
1载：光绪二十七年（1901年）山丹县属南滩十庄户民，与东乐县（今
民乐县）属六大坝户民，为争夺祁连山支脉双寿寺山地水源林木，上诉
至县、府各级衙门互控不休，后"由府饬县会同秉公讯断，旋经张掖县
堂审。查双寿寺距西水关约有十五里之谱，既不可碍东乐民人水源，亦
不可断山丹人们烟火，除西水关以内林木甚繁，自应严禁入山，以顾水
源。自西水关以外，以五里留为护山之地，不准采薪；尚有十里至双寿
寺，即准采薪，以资烟火。此十五里山场，作为三分，以二分地顾烟
火，以一分地护水源，打立界碑，永远遵行。并令采薪人民入山时只准
带镰刀，不准用铁斧。如有砍伐松、柏一株者，查获罚钱二十串文，充
公使用，并照案出示晓喻，以使周知。该两造士民当堂悦服，各县遵结
附卷完案"。但事情并未就此完全了解，"嗣又控，经山丹县断，令两
县分界，仍照大河为准，所有老林树两县均不准砍伐，以护水源。尹家
庄、展家庄用镰砍伐烧柴，只在老君庙以下，老君庙以上无论何县何
地，均应保护林木，不准砍伐。如有犯者，从重处罚，各具有遵结完
案。尔士民等自应遵此断案，公立界碑，以息讼端，而垂久远"。

　　武威市档案馆藏清咸丰《凉州府就禁伐树株给菖蒲沟农民所缓等的
执照》载，咸丰四年（1854年）武威城郊杨廷权等私立合同，"偷伐雷
台城河沟护泉树株，卖钱肥己"。后被告发，甘凉道官员判决，将罪犯
"提辖枷责示众，将私立合同追销，城河沟泉源树株归雷台经营"。并应
当地民众请求，官方发给执照，且立碑公布，明确各村庄林木分段界线
及管理职责，以期有效管护。同时规定农村公用木材"公议公用，方准
伐放，仍随时补栽"。对民众检举"不肖之徒私行偷伐"林木的正当行
为予以充分肯定，"许尔等指禀，以凭严拿"。

　　随着清代后期祁连山区森林的破坏，其涵养调蓄水源能力的降低，致使河西地区的一些河流流量缩减，有些较小的河沟甚至断流。如流经永昌县中部和金昌市的金川河（泉水河），《太平寰宇记》卷152称其为土弥干川，"即古今匈奴为放牧之地，鲜卑语髓为吐弥干，言此川土肥美如髓，故以名之"。《明史·地理志》称其为"丽水"，清乾隆时仍"水流迅急，引以转砲灌田，其利甚溥"①。可是至光绪三年（1877年）该河所流经的水磨关"水深才尺许"②。1927年《永昌县各项调查表》载，当时金川河上源西大河"各坝排列如雁翅至八九坝，稍远水缩，恒患不足。大河口（西大河）泉源近年为蕃族牲畜践踏，水多干涸，灌溉维艰"，致使金川河泉水水源的涌水量也因此减少。金川河下游"宁远堡以下河道，除遇数载一发之大洪水及冬季灌溉余水外，河床终年干涸，故难获灌溉之利"；"气候亢旱，水源缺乏，致收获不登。民生困苦，且土质干松，经朔风吹播，现耕良田，亦日渐沙化。瞻顾前途，殊堪焦虑"③。

　　清末以来，祁连山林草的破坏更为剧烈。由于绿洲地区抓兵苛派，天灾人祸，被迫逃入山区的人口越来越多，毁林造田愈加有增无减。刊于1909年的《甘肃通志稿》卷28《实业》载："甘肃多山，山多产林。自昔省山启辟，采山耕山者人岁增多，林日减少。"1958年中共张掖地委修《河西志》载，石羊河上游哈溪滩一带，从清末至新中国成立前夕，因兵荒马乱社会不安，牧主、寺院乘机招徕外地移民进入山区，为其充当"牛户"，山田日开。并且"火烧随着开荒，挖草皮烧灰，而引起森林、草原着火事件相当频繁，有时一连数十天不熄，连绵烧毁几千亩，甚至万亩。着火后任其发展，直到熄灭为止"。德国人福克《西行琐录》言其于光绪六年（1880年）所见，人们"每于八九月进（祁连）山打猎，获禽无算"④。陶保廉于光绪十七年（1891年）见，"甘州少雨，恃祁连积雪以润田畴"，而今日山中林木"遭兵刊伐。摧残太甚，

<hr />

　　① 《嘉庆重修大清一统志》卷267《凉州府》。

　　② 冯焌光：《西行日记》，兰州：甘肃人民出版社，2002年，第128页。

　　③ 民国水利部甘肃河西水利工程总队：《永昌宁远堡地下水灌溉工程计划书》，兰州：1947年印本。

　　④ 王锡祺：《小方壶舆地丛钞》第六帙。

无以荫雪。稍暖遽消，即虞泛滥。入夏乏雨，又虑旱暵"①。林木的破坏使其涵养调蓄的功能大大降低。1939年刊《古浪县志》卷6《实业志·物产》："天然山林一在县南之显化山，一在县东南之石门山，一在峡内香林寺各山。林木近年已采伐殆尽，几成濯濯，惟显化山尚有，不过能做椽子之材料而已。"

祁连山地林草资源的大肆破坏，引起不少有识之士的深深忧虑。谢怀琅《民勤地方志》写道："近年以来祁连山之积雪，因无森林之保护逐年减少，而垦荒者日益增多，来源既□细微，又复处处堵塞，故连年荒旱，致一片膏沃之场几成不毛之地。为居民生命之农田，既付诸沧桑，而人民离家谋生之念，于是而萌矣。强者流为盗贼，弱者则远徙新疆，弱而又乏旅资者，则转于沟壑。视此不救，则十数年后全境将为风沙所掩埋，十余万朴实之民众，亦将因此而断绝祖先人之烟祀之虞。"②不特民勤有此之虞，整个河西绿洲亦不能不令人为之忧虑。

林草资源破坏的后果，不仅使祁连山区本身生态环境恶化，更是对绿洲地区的农牧业发展构成直接威胁。山区蕴涵、调节水源的能力越来越差，地表径流趋于减少且稳定性变弱，来水易骤起骤落，使其补给地下径流的时间缩短，补给量降低，导致注入绿洲地区的总水量（含地表和地下径流）和可供重复开采（地表、地下水相互转换）的水资源量同时缩减；径流的不稳定还易使其冲刷力加强，含沙量增大，山区水土流失加重，输入绿洲的疏松物质增多，又易使一些河道季节性断流，从而为风沙活动活跃提供条件，造成绿洲景观的退化演替。河西绿洲历史时期所发生的几次沙漠化过程，其主要原因之一即在于人为破坏祁连山区林草植被之故，即是此种演替的直接恶果。

---

① 陶保廉：《辛卯侍行记》，兰州：甘肃人民出版社，2002年，第290页。
② 谢怀琅：《民勤地方志》，《陇铎》1942年第11期。

第二节　历史时期河西走廊绿洲边缘荒漠植被的破坏

　　绿洲与荒漠之间，通常有一条过渡地带，因绿洲规模的不同，此过渡带可宽达数公里至数十公里不等。因其靠近绿洲，这里一般地下水位较高，甚至还有绿洲灌溉回归水的露头，其水分条件虽不及绿洲，但远较荒漠为优。因而在这条过渡带上生长着疏密不等的旱生、沙生型的灌木、小半灌木及草类天然植被，主要有多枝柽柳、白刺、琐琐、油蒿、沙蒿、沙拐枣、泡泡刺、盐爪爪、红砂、珍珠等荒漠植物。它们虽然不甚起眼，但是作为整个绿洲生态系统中不可缺少的重要子系统，对于固定流沙、屏蔽绿洲农田免遭风沙危害、维系绿洲生态平衡及其生态功能的发挥，则起着不可替代的特殊重要作用。河西乡亲们把这些天然植被集中分布的地段称之为"柴湾"，把旱生超旱生灌木、半灌木等通称"柴棵"，他们早就认识到"没有柴棵，我们的庄稼就得不到保护"，"寸草遮丈风，流沙走不动"，把柴湾视为保护绿洲农田的命根子。据原武威地区林业站的调查测定，绿洲边缘的这些荒漠植被的覆盖度可达40%左右，其中分布最广的是白刺和柽柳，一个高9米的柽柳灌丛沙堆的固沙量可达2500立方米。[①]

　　然而在河西两千多年来的开发过程中，一方面由于人们大量地用作燃料、饲料、肥料、手工业原料（如用柽柳嫩枝编筐，用芨芨草织席等）对其大量砍伐，过度放牧，以至影响其正常更新发育，造成大面积破坏；另一方面绿洲边缘最易受水源条件劣化（主要指地下水位降低，水质变劣等）的威胁，从而又使其遭受损害。限于史料，以下仅以汉代、唐五代、明清三个时期为例，对此展开论述。

一、汉代绿洲边缘植被的破坏

　　由河西汉简等有关史料知，早在汉代大规模开发之初，因用作薪

---

　　① 武威地区林业站：《试论河西地区天然植被保护问题》，铅印本，1981年，第13页。

柴、牲畜饲草等，对绿洲边缘荒漠植被的伐刈即已开始，并且数量不菲。居延汉简84.6A简两次记录："绥和元年（前8年）九月以来，吏买茭、刺。"[1]茭，牲畜饲草。《尚书·费誓》："峙乃刍茭。"290.12简："出茭，食马三匹。"[2]32.15简："出茭卅束，食传马八匹。出茭八束，食牛。"[3]传马即驿马，驿置所用乘骑驾车之马。《汉书·昭帝纪》："颇省乘舆马及苑马，以补边郡三辅传马。"注引张晏曰："驿马也。"敦煌悬泉汉简中还有一册《传马名籍》（Ⅴ1610②:10—20，共11枚简）[4]。刺，指白刺、骆驼刺等，可作燃料。吏所买的茭、刺均无疑伐自当地，其中很多应是从绿洲边缘采伐而来的，因为绿洲内部刺、草数量有限，难以满足供给。

　　茭用以喂养军马、传马、传驴、耕牛等，需要量很大，除吏员购买外，驻防戍卒们还常常定有伐茭任务，并须按期完纳。敦煌汉简1401："王宾茭千廿束。六人，率人茭百七十束。"[5]以王宾为首的6人（可能为同一烽燧戍卒）共刈茭1020束，人均刈茭170束。居延30.19A简："二人伐木，六人积茭，十四人运茭四千六十，率人二百九十口。"[6]积茭，即将大伙采刈的茭收拢集中，以备装运。一次刈茭量即达4060束，需要戍卒14人专门运送，这不能不令人吃惊。也由此可见刈茭地点肯定距其屯垦绿洲有一段距离，故需要较多人员运送。此次伐木、积茭、运茭等总人数达二十余人，可能是某一候长辖段内戍卒的集体行动。350.12简："一月廿七日，运茭就直"[7]，亦为运茭的记载。57.3简："凡出茭九百卅六束"[8]；333.10简："出茭千五百束"[9]；271.15B简："见茭二千九百八十束"[10]，数量均很大。居延新简E.P.T52:149A简：

① 谢桂华、李均明、朱国炤：《居延汉简释文合校》，北京：文物出版社，1987年，第148页。
② 谢桂华、李均明、朱国炤：《居延汉简释文合校》，第489页。
③ 谢桂华、李均明、朱国炤：《居延汉简释文合校》，第49页。
④ 胡平生、张德芳：《敦煌悬泉汉简释粹》，第81—82页。
⑤ 吴礽骧等释校：《敦煌汉简释文》，第145页。
⑥ 谢桂华、李均明、朱国炤：《居延汉简释文合校》，第47页。
⑦ 谢桂华、李均明、朱国炤：《居延汉简释文合校》，第543页。
⑧ 谢桂华、李均明、朱国炤：《居延汉简释文合校》，第100页。
⑨ 谢桂华、李均明、朱国炤：《居延汉简释文合校》，第522页。
⑩ 谢桂华、李均明、朱国炤：《居延汉简释文合校》，第456页。

"驷望隧茭千五百束，直百八十；平虏隧茭千五百束，直百八十；惊虏隧茭千五百束，直百八十。凡四千五百束，直五百四十。"①供给以上三烽燧的这批茭数量亦很大，亦是吏员为其购办的。"直"与"值"通，即价值、价格之义。E.P.T52:177："有官，稍入茭二千七百束，尉骏买二千束。"

汉代饲草的计量单位用"束"和"石"（表重量）。敦煌汉简816："万一千六百五十束，率人茭六十三束多三百八束，为千六百一十七石二钧，率人茭四石一钧转□□□□三石。"②据之算得，此次刈茭约有戍卒180人参与，实为一次大规模的破坏草被行动。据《汉书·律历志》，1石4钧，1钧30斤，则1石120斤。汉斤大体合今250克。敦煌1151简："平望伐茭千五百石。受步广卒九人，自因平望卒四韦以上一廿束为一石，率曰□千五百石奇九十六石，运积蒙。"③平望为汉敦煌郡中部都尉下辖之平望候官，其位于今敦煌市城西北约65公里汉长城线上的卡子墩（T21）；步广为中部都尉下辖之步广候官，位于今国营敦煌农场场部东北6公里处的西碱墩（T24，障城）。④"一廿束"文意不通，恐是12束之误。12束为1石，则每束草重10斤（唐代亦每束草约重10斤，详后）。平望候官此次伐茭1500石，合计18000束，重达18万斤，数量十分巨大。这许多茭显然是伐自距其驻地不远的敦煌绿洲北部边缘的今条湖、波罗湖、酥油土一带。因其本身人手不够，还要约请步广戍卒9人参与采伐。更有甚者，敦煌悬泉简Ⅱ0112②:112载："阳朔元年（前24年）七月丙午朔己酉，效谷守丞何敢言之：府调甲卒五百四十一人，为县两置伐茭给当食者，遣丞将护无接任小吏毕，已移薄（簿）。谨案甲卒伐茭三处。"⑤敦煌郡效谷县位于今敦煌市城东偏北17公里的墩墩湾古城⑥，该县境内的两置应为悬泉置与遮要置。为给其伐茭，一次调动戍卒就多达541人，其所伐之巨，破坏之烈自可想见。伐茭的三处地点，应在靠

---

① 甘肃省文物考古研究所、甘肃省博物馆等编：《居延新简》，第239页。
② 吴礽骧等释校：《敦煌汉简释文》，第83—84页。
③ 吴礽骧等释校：《敦煌汉简释文》，第119页。
④ 李并成：《河西走廊历史地理》，第217—221页。
⑤ 胡平生、张德芳：《敦煌悬泉汉简释粹》，第99页。
⑥ 李并成：《汉敦煌郡效谷县城考》，《敦煌学辑刊》1991年第1期。

近悬泉等置的敦煌绿洲东部边缘的今伊塘湖、城湾农场以东一带。若以前云人均伐茭170束计，则本次采伐高达91970束，重约百万斤。敦煌1858简："具四十万二千四百卅束。"[①] 其数竟如此之大，不能不令人惊叹。1780简："制诏酒泉太守，敦煌郡到戍卒二千人茭……"[②] 此次专为伐茭而来的戍卒竟多达两千人，对草被的破坏无疑更为巨大。

茭草伐刈或购买后，需贮存在烽旁的坞壁或驿置内，以备一段时间之用，有的烽、置还建有贮茭专库，每烽往往存茭数百至数千束不等。敦煌936简："□转使赐茭言库□。"[③] 居延4.35简："第廿二，积茭千石，永始二年（前15年）伐。"[④] 59.3简："出第廿五积茭六百五十三石。"[⑤] E.P.T49:162简："第四积茭四百一石廿五斤，建昭二年（前37年）□□。"[⑥] 第四、廿二、廿五均为燧名。E.P.T59:344简："凡出茭四百束，今余千七百九十。"[⑦] 有时因管护不当，积茭亦会腐烂变质。E.P.T52:173简："□□吞远置园中茭腐败，未以食。"[⑧] 这当然会受到一定处罚。为更有效地伐茭，官员还须亲往视察茭草资源。E.P.T51:400简："诘边官前使尉史宪，自行视茭边何□□。"[⑨] 有时因天然茭草资源采伐过量，不敷其用，还辟有人工种植的茭地。E.P.T49:10简："一人守茭，一人除陈茭地。"[⑩]

经实地考察，河西汉塞每一候官的辖段约20~40公里不等，少数有辖60公里的。[⑪] 若以平均30公里计，则总长约1600余公里的河西汉塞（含居延段）约设候官53个，即依前引敦煌1151简所记之数，每候官每次伐茭以1500石计算，则河西地区仅长城塞防线上一次伐茭即可达

① 吴礽骧等释校：《敦煌汉简释文》，第196页。
② 吴礽骧等释校：《敦煌汉简释文》，第187页。
③ 吴礽骧等释校：《敦煌汉简释文》，第96页。
④ 谢桂华、李均明、朱国炤：《居延汉简释文合校》，第7页。
⑤ 吴礽骧等释校：《敦煌汉简释文》，第104页。
⑥ 甘肃省文物考古研究所、甘肃省博物馆等编：《居延新简》，第163页。
⑦ 甘肃省文物考古研究所、甘肃省博物馆等编：《居延新简》，第381页。
⑧ 甘肃省文物考古研究所、甘肃省博物馆等编：《居延新简》，第240页。
⑨ 甘肃省文物考古研究所、甘肃省博物馆等编：《居延新简》，第205页。
⑩ 甘肃省文物考古研究所、甘肃省博物馆等编：《居延新简》，第144页。
⑪ 李并成：《河西走廊历史地理》，第212页。

79500石，即9540000斤，合今近5000吨！若按每月伐茭一次计（据E.P. T52:85简："受六月余茭千一百五十七束"，很可能每月伐茭一次，并盘清余茭），则此项伐茭全年即可高达6万吨。当然这还远非整个河西地区全年的伐茭数，其数尚不包括民户百姓的伐采数量。

除伐茭外，绿洲边缘的芦苇、柽柳等亦是被大量采伐的对象。《汉书·西域传》记：鄯善（楼兰）"多葭苇、柽柳、胡桐、白草"。颜师古注："柽柳，河柳也，今谓之赤柽"，河西当地俗称红柳。葭苇即芦苇，胡桐即胡杨，白草指芨芨、沙蒿等，这些植物在河西亦多分布。已如前述，河西汉长城塞垣、烽燧乃至城堡的构建方式，大多是以土墼（或夯土）与芦苇（或柽柳等）层层交错叠压筑成，从敦煌、安西、玉门、金塔、额济纳旗等地实地考察，塞、燧墙体中每层芦苇（或柽柳）厚约20~30厘米，若墙高5米，约需苇层6~8层，而其基部则往往用厚约40厘米的罗布麻、柽柳、胡杨枝与夯土压实而成。试想仅此一项就将有多少芦苇、柽柳资源惨遭刀斧？当年燃放烽火的"苣"亦用芦苇制作，所用数量亦很巨大。至今在一些汉燧坞墙下仍堆放着大量未燃的苇苣，苣长者224厘米，短者1米许，直径约5厘米，以苇绳捆扎。有的烽燧周围还存放着芦苇、柽柳堆起的"积薪"堆，少者三五堆，多者十余堆，每堆体积一般2×2×1.3立方米。

伐苇、砍柳、运苇等劳作往往成为戍卒主要的日常任务之一，这在当时戍卒每日劳作的"日作簿"简中亦有不少记载。如敦煌1027简："募当卒张逢时病病病苇苇苇格苇休苇苇苇□。"[1]该戍卒头三天病，接着伐苇三天、格（砍柽柳等枝）一天，又伐苇一天、休息一天、伐苇三天。814、1028—1032简均为此类日作簿。如1030简："□格十五日一日休一日苣一日格九日苇 三日运苇□。"[2]该卒十五日仅有一天休息，余皆从事伐苇、运苇、砍枝、扎苣等劳作。又如204简："□曹马掾遣从者来伐苇"[3]；1236简："十二月甲辰，官告千秋隧长记到，转车过车，令载十束苇，为期有教……"[4]，等等，有关记载不胜枚举。

---

① 吴礽骧等释校：《敦煌汉简释文》，第105页。

② 吴礽骧等释校：《敦煌汉简释文》，第106页。

③ 吴礽骧等释校：《敦煌汉简释文》，第19页。

④ 吴礽骧等释校：《敦煌汉简释文》，第127页。

二、唐至西夏时期绿洲边缘植被的破坏

唐代前期，是继汉代以后河西历史上规模更大的又一次土地开发时期。与之相伴随对绿洲边缘植被的破坏当更为严重。因有关史料缺略，主要依据敦煌遗书，重点以敦煌地区为例予以考察。

敦煌遗书《唐天宝年代敦煌郡见在历》(P.2626背、P.2862背)："郡草坊，合同前载月日见在草总四万三千四百二十七围。"知当时敦煌郡专门设有草坊，以贮藏从绿洲边缘等处伐刈来的草。"围"与"束"同样，均为草的计量单位。唐人元稹《弹奏山南西道两税外草状》："山南西道管内州府，每年两税外，配率供驿禾草共四万六千四百七十七围，每围重二十斤。"以此率计，则敦煌郡郡草坊天宝时存草约868540斤。唐代每束大约亦重10斤，2束为1围。上引元稹奏状又云："严励又于管内诸州元和二年（807年）两税钱外，加配百姓草，共四十一万四千八百六十七束，每束重十一斤。"束之法定重量恐为十斤，因严励苛敛百姓而加征一斤。

唐代寺院经济发展迅速，于敦煌文书见诸寺院中亦常常刈割、贮存大量的草，备其所用。《护国寺处分家人帖》(S.5868)："右帖至仰领前件家人刈草三日。"《某寺因佛事分配勾当帖》(P.3491)记，该寺为佛事活动准备的物品中，重要的一项就是"草"。《吐蕃戌年（818年）六月沙州诸寺丁壮车牛役部》(S.542背)中每每有寺丁刈草记录，如龙兴寺曹小奴"刈草十日"，报恩寺刘保奇"刈草十日"，普光寺李毗沙"刈草十日"等。

当时对草被资源的破坏还不仅仅限于直接刈伐，后果更为严重的是采打草籽。唐代前期《沙州仓曹会计牒》(P.2654)记，沙州官仓中贮存粮食、油品、铜钱等，同时还有草籽"壹阡柒拾捌硕肆斗肆胜肆合贰勺草子"；又一笔"肆拾叁硕玖斗肆胜肆合叁勺草子"。同时代的《沙州仓曹会计牒》(P.3446背)亦记："肆拾叁硕玖斗肆胜肆合叁勺草子"；又一笔"壹阡叁拾叁硕五斗草子，毛麟张□下打得，纳。"P.2763背《沙州仓曹会计牒》亦有相同记载。"草子"即草籽。毋庸置疑，草子的大量"打得"将会对草资源的繁育更新造成严重破坏，对草场的恢复带来

恶劣影响。并且官仓中所存草子须由百姓交纳，显然这是当地官府加在百姓头上的一项税种，如此一来这种破坏更会是长期性的，后果更不堪设想。官府收纳草籽的目的主要用作马匹等的精饲料。生长在河西一带的沙米（Agriophyllum arenariium）、沙蒿（A.arenaria）、沙蓬（A.arenarium）、沙棘（Hippophae rhamnoides）以及禾本科的芨芨（Achnatherumsplendens）和异燕麦属（Holictotrichon）等中、旱生植物籽粒，营养价值颇高，为上好的牲畜精饲料。沙蒿的拉丁文名称原意即是"使马育肥"之义。有些子粒人亦可食，如清乾隆《镇番县志》载，贫民多采沙米等以糊口。道光《镇番县志》卷3《田赋考·物产》亦载："沙米虽野产，储以为粮，可省菽、粟之半。"《镇番遗事历鉴》记，雍正五年（1727年）"镇大饥，邑令杜振宜委参将刘顺，率民人五十众往沙漠采沙米以救荒。阅二十余日，共采净米二十五石六斗四升，饥者赖以全活。"沙米的救灾之功可谓大焉。1942年刊《创修临泽县志》卷1记载："蓬，俗名沙米，实如蒺藜，中有米如稗子，食之益人。"光绪《肃州新志·物产》载："沙米，出野外沙滩中茨茎上，雨涝则生，旱则无。夷夏皆取子为米食之。"又云："芨芨米，即芨芨草之子也，凶年人多采食之。"今天以沙米酿做的凉粉、以沙棘制成的饮料竟成了宴会上颇受人们青睐的佳品。

唐代前期，对于柽柳、白刺等枝柴的砍伐亦有较多记载。生长在绿洲边缘地段的这些旱生灌丛，自古就为敦煌当地薪柴的主要来源。《三月廿八日荣小食纳付油面柴食饭等数》（P.3745）记："蒸饼用面壹硕、散枝八斗"；又分配诸人纳枝柴数目："见来柴数：索江进、索怀庆、索住子、索押衙、曹胡子两束；蒋师子、小金（？）日与柴数，住子三束，八郎三束，江进三束，蒋师子两束"，必须克日完纳。

逮及晚唐五代至宋初的敦煌归义军时期，其所征收赋税中除官布、地子等外，还专门列有"柴草"一项。如P.3155《光化三年（900年）敦煌县神沙乡百姓令狐贤威状》："昨蒙仆射阿郎令充地税，伏乞与后给免所著地子、布、草、役夫等，伏请公凭，裁下处分。"P.3324背《天复四年（904年）衙前押衙兵马使子弟随身等状》记："如若一身，余却官布、地子、烽子、官柴草等大例，余者知杂役次，并总矜免。"P.3214《天复七年（907年）高加盈出租土地充折欠债契》："其地内所著官布、地子、柴草等，仰地主祗当，不干种地人之事。"P.3257《甲午年（934年）二月十九日索义成分付与兄怀义佃种契》："所着官司诸杂烽子、官柴草等大小税役，并总兄怀义应料，一任施功佃种。"P.3579《宋雍熙五年（988年）十一月神沙乡百姓吴保住牒》："因科料地子、柴草……"。约作于公元9世纪末的P.3418背《唐沙州诸乡欠枝夫人户名目》详列欠纳各种枝柴的人户名单，由该篇文书知，凡占有田地之民户均须向归义军官府交纳枝柴，即使如长史李弘谏、县丞阴再庆这样身份的贵胄显宦亦不能免，拥有土地的僧人也在纳枝之列。文书记阴再庆"欠二十六束"，李弘谏"欠三十五束"，僧瘭志新"欠四束"，僧吴庆寂"欠五束半"等。对于"有忧""打窟""音声""吹角"等有特殊情况和职业的民户可以减缓交纳或免纳。由其所列"全欠枝夫人户名目""纳半欠半人户名目"以及"全不纳枝夫户"计之，欠枝最多的户为"王连子欠四十一束"，最少者为"张出子欠壹束半"；大多民户一般应纳枝7~14束，则户均约纳11束许。文书183行记"合冬柴十三束"，据之推知民户一年内纳柴当不止一次，至少有"冬柴""夏柴"两次，如此则每年户均纳柴约22束。归义军时敦煌约有6500余户，则每年仅交纳官府的枝柴一项就约15万束，若再加上民间枝柴的用度，其数自然更巨，这对于绿洲边缘地区植被的破坏程度可想而知。

为了有效地征收和经管柴草，归义军政权还专设柴场司，对征纳"枝户"的柴草负责管理并须及时给宴设司及归义军衙门其他各有关部门供应薪柴。P.4640《己未至辛酉年（899—901年）归义军衙内布纸破用历》几次提到柴场司："七日支与柴场司细纸壹帖"，"廿九日支与柴场司细纸壹帖"。S.3728《乙卯年（955年）二三月押衙知柴场司安祐成状并判凭五件》，是柴场司供给宴设司（或名设司）等部门造食及其他需要支给桯刺枝柴等薪料的五件文状，所记颇翔实。如："柴场司，伏以今月廿三日马群赛神，付设司桯刺叁束；廿四日于阗使赛神，付设司柴壹束；马院看工匠付设司柴壹束；廿七日看甘州使付设司柴两束；十三日供西州使人，逐日柴壹束，至廿四日断。"宴设司为归义军节度衙门主管宴设的部门，由文书上见当时敦煌僧俗两界各种宴设招待等活动十分频繁。又如："柴场司，伏以今月二日马圈口赛神，付设司柴壹束，看甘州使付设司桯刺两束；三日看南山付设司壹束，看甘州使付设司柽刺两束，东水池赛神熟肉柽玖束，付设司造食柽刺捌束，使出东园柽捌束，衙内煎汤柽叁拾伍束，墓头造食柽伍束，李庆郎礓头打查柽壹佰贰拾束，百尺上赛神付设司壹束，楼上赛神付设司壹束，支于阗博士月柴壹拾伍束、汉儿贰拾陆人共柴叁佰玖拾束；押衙王知进等肆人共柴肆拾束，又叁人共柴叁拾束，张佛奴妻柒束，跃珊伍束，公主肆人共捌拾束，消碱柴伍束；付设司卧醋刺两束。"

除上而外需用柽刺的项目还有：修缮烽燧、骟马、祭拜、祭川原、宜秋渠打瓦口、梁户吹油、西城上火料、城北打口、支付打窟工匠、内宅需用、迎送客使等等，其需用量往往很大，几乎天天需柴场司支给，有时一天支出就达数百束甚至上千束之多。如S.3728又记："支城北打口柽壹佰束"，"准旧例支太子柽捌车各柒拾柒束、刺两车各伍拾伍束，内院柽捌车各柒拾柒束，北宅柽拾车各柒拾柒束，鼓角楼僧柽叁车各柒拾柒束，四城上僧共柽壹佰贰拾束，南城上火料柽柒拾柒束，西城上火料柽柒拾柒束，百尺上柽两车各柒拾柒束、刺两车各伍拾伍束，门僧二人各柽柒拾柒束，佛座子柽两车各柒拾柒束，梁户二人吹油刺贰佰贰拾束，南城上阿婆柽伍拾伍束"。仅这一次"准旧例"就支出柽36车（2772束）又340束，共计3112束；支出刺3车计165束。尤为引人注目的是太子府、内院、北宅等归义军上层统治者的府第需用量特大。若以每束10唐斤计，上述一次支出柽刺总重量计达32770唐斤，合今约196.6吨（据梁方仲，唐五代1斤约合今1.1936市斤）！其数的确令人咋舌。

上文所记"肉柽""熟肉柽"，可能属柽柳中根茎特别肥硕耐烧者；"消碱柴"，可能是硝、碱含量较高的刚毛柽柳（Tamarix hispida）、琵琶柴（Reaumuriasoongorica）、碱蓬（Suaeda spp.）及盐爪爪属（Kalidium）的一些旱生、盐生的灌木、半灌木等。此外S.3728中还记有石柽、癗树。"熟肉并烧石柽叁束"，石柽需由"熟肉柽"烧制得来，可能是用粗大柽柳烧成的木炭。"癗树"既然称"树"，似应指荒漠中小半乔木的藜科琐琐属（Haloxylon）植物。

柴场司之下，归义军政权还在村坊或渠道设立"枝头""白刺头"等胥吏，具体负责组织民户从事柽刺的伐刈交纳诸事宜。约作于公元10世纪前期的《沙州某地枝头白刺头名簿》残卷（罗振玉旧藏）记有枝头3名、白刺头34名，每名枝头下另列4人姓名，共5人为一组；白刺头下另列2人姓名，共3人为一组。该文书纸缝上钤有"沙州节度使印"，当为官文书。另有一件类似的文书S.6116《沙州诸渠白刺头名簿》残卷（约作于10世纪），记载双树渠、八尺渠、宋渠等渠白刺头人名13人，以灌溉渠道为系统将民户组织成刈割交纳白刺的单位。

以上讨论还主要限于归义军官府方面对枝柴的需用情况，尚不含寺院和民间的用度。于文书中见，当时佛教寺院对于枝柴的需求量也很大，常住百姓须定期向其交纳。如国图0636v《乙巳年八月送春柴帐》："乙巳年八月一日，春柴五束，常住百姓造食人盈得手上于南宅内送纳。"据《禅苑清规》卷3典座条记载，典座下属的寺职有饭头、粥头、米头、柴头、团头等。P.3757、S.4760等文书记敦煌寺院亦设典座。柴头应为寺院中负责收纳供应薪柴的寺职。至于民间的炊爨、取暖、建房（至今敦煌民户仍用柽柳枝条等铺搭屋顶）以及修渠、筑坝、护堤、铺路、围栏和用作饲料等对于柽刺枝柴的砍伐，其数无疑更巨。

由于对绿洲边缘枝柴、柽柳的砍伐过于严重，以致直接影响到农田的保护和防沙固沙，带来明显的生态恶果。作于9世纪中期的《太平颂》（P.3702）为此呼吁："大家互相努力，营农休取柴柽，家园仓库盈满，誓愿饭饱无损。"由此也表明当时人们对于枝柴、柽柳的生态功能已有较清楚的认识。

因史料所限，以上讨论虽主要就敦煌地区展开，但其亦应代表河西地区的一般状况。

公元1028—1036年，西夏政权次第占领河西全境，继而统治河西近两个世纪之久。西夏将河西作为其后方基地加以经营建设，河西的农牧业开发遂在较稳定的社会环境中获得一定程度的恢复和发展。[1]据1909年于额济纳旗发现的西夏文《天盛年改旧定新律令》卷15《纳领谷派遣计量小监门》载，草被列为西夏赋税的重要组成部分，纳税户所纳有"地税、冬草、条椽等"。采自绿洲边缘的草蓬子、夏莠等以及麦草、粟草等谷物秸秆与谷糠均在征缴之列。同卷《收纳租门》记，大致"一顷五十亩一块地，麦草七捆、粟草三十捆，捆绳四尺五寸，捆袋内以麦糠三斛入其中"，各依地租法交官之所需处，"当入于三司库，逾期时与

① 李并成：《西夏时期河西走廊的农牧业开发》，《中国经济史研究》2001年第4期。

违纳租谷物之纳利相同"。水利工程所需的柴草亦按地亩数量征纳。同卷《灌渠门》载，每亩纳草"五尺捆一捆，十五亩四尺背之蒲草、柳条、梦萝等一律当纳一捆"，藏之库局，以备调用。《地水杂罪门》记，如果渠道涨水决口，"附近未置官之备草"，则就近提取私草，"草主人有田地则当计入冬草中"，"未有田地则依捆现卖法计价，官方予之"。据此看来西夏时农户纳草数量当不亚于归义军时期。上面还提到民户交纳"冬椽"，河西地区用作"椽"的材料主要为白杨，农家庄前屋后多有栽种，亦在砍伐纳税之列。

又据《宋史》卷186《食货志·互市舶法》，西夏还常以境内所产甘草易北宋之缯帛、罗绮，以柴胡、苁蓉、红花、硇砂等易宋之瓷漆器、香药等物。甘草、柴胡、苁蓉等均采自绿洲边缘的荒漠草场，因夏境内对瓷漆器、香药等物资的需求量很大，因而对这些荒漠植被的采伐破坏肯定严重。

三、明清时期绿洲边缘植被的破坏

洪武初，"太祖既设草场于大江南北，复定北边牧地：自东胜以西至宁夏、河西、察汉脑尔……荒闲平野，非军垦屯种者，听诸王驸马以至近边军民樵采、牧放"①。这一规定为河西绿洲边缘荒漠植被的大量砍伐破坏开了绿灯。但因明初人口、牲畜数量较少，其后果还不很显露。宣德元年（1426年）范济上言：屯田军士因兼有"养马采草，伐薪烧炭，杂役旁务"等，以致出现"虚有屯种之名，田多荒芜"的景况。②问题变得突出起来。更为严重的还不仅仅在于饲养、樵采而大量砍刈植被。据杨一清《西征日录》记载，明廷规定于每年夏、秋刍草茂盛之时，边将派兵北出烧原毁草，使蒙古族牧民无法接近边墙放牧，以防其兵马南下，谓之"烧荒"。这种"损招"无疑对绿洲边缘植被的危害更大。

成化年间（1465—1487年），陕西行都司（治所甘州，管辖整个河

---

① 《明史》卷92《兵志四》。
② 《明史》卷16《范济传》。

西地区和湟水流域）"将在边各营堡操守官军余丁尽数查出，于青草长茂之时，督定前去采打。有马者每各采草一百八十束，各够自己马匹六个月支用。无马者每名照例采打堪中草一百二十束，运仓上纳，以备客兵之用"。这几乎是倾军出动大采牧草，并为之下了死命令："如所采草束延至十月纳不完者，就将把总官员俸粮住支，候采草完日，获有实收，方许支用。"[①]可见为备战之需，这一规定执行得极为严格。并且从中可知，自青草长茂之时（约农历三月）至十月仍有采不足额的，即是说在整个牧草生长季节内采割活动几乎是一直进行着的，这种经年累月的刈伐势必严重影响牧草的更新繁育。也正是由于这种活动的剧烈，加以河西沿边雨泽鲜少，牧草恢复不易，因而有迟迟不能完纳者。

依明清规定，甘肃所收草束有大、小之分，大者每束18斤，小者每束7斤。[②]取平均值，即以每束13斤、马步兵人均采草150束计算，则每兵额定采草1950斤，合今约1163.8公斤（据梁方仲，明清时1斤合今0.5968公斤）。因这些牧草要够支马匹半年之食，故知其数应指干草数量。按河西地区民间经验鲜草10斤以上可晾干草1斤。姑以10斤计，则每兵须采鲜草11638公斤。这些鲜草一部分当采自绿洲内部，大部分则应采自绿洲边缘荒漠草原。据上海师大等测算，荒漠草场一般每亩鲜草产量50~100公斤[③]。假定70%的鲜草采自荒漠草场，亩鲜草产量取平均数75公斤计算，则每兵约需刈割荒漠草被108.6市亩之多。

明制，"大率五千六百人为卫，千一百二十人为千户所，百十有二人为百户所"[④]。由《明史·地理志》《明史·兵志》《边政考》等知，陕西行都司领卫12、守御千户所4。除庄浪卫（今甘肃永登）、西宁卫和碾伯千户所（今青海乐都）外，其余10卫3所皆位于河西走廊，则其足额兵员数应为59360人。但从有关史料看，屯防河西地区卫、所的实际兵员数并未足额。如《明史》卷91《兵志三》："以凉州锐士五千，扼要屯驻，彼此策应"，知凉州卫兵员稍低于足额数。又《天下郡国利病书·九边四夷》云："凉州马步官军一万八百五十八员名"，这应是合指凉州

---

① 魏焕：《皇明九边考》卷1，明嘉靖刊本。

② 何让：《甘肃田赋之研究》，台北：成文出版社有限公司，1977年。

③ 上海师范大学等：《中国自然地理》，北京：人民教育出版社，1980年，第118页。

④ 《明史》卷90《兵志二》。

卫和凉州中卫的总兵员。又如，《皇明九边考》卷9记，镇番卫（今民勤县）"原额官军舍余并陕西备御巩昌卫官军四千一百三十九员名"，其数更不足额。成书于清顺治十四年（1657年）的《重刊甘镇志》载，明代甘州左右中前后五卫原额兵25908名，实在兵仅8848名；山丹卫原额兵6770名，实在兵1551名；高台千户所原额兵1465名，实在兵1326名。均不足额。该志引嘉靖年间陕西行都司巡抚都御史杨博《议饬军旅备长技御虏疏》曰："看得本镇十五卫、所官军，冬操夏种舍余并新募调到备御官军实有四万二十四员名。"如除去庄浪、西宁、碾伯3卫所兵员约8000余名外，河西走廊实际屯驻官军不超过32000人。准以此数，以上考每兵刈草108.6亩计，则河西地区仅仅为储备冬半年军马马草一项刈割荒漠草被就多达347万余亩！其数略小于当时河西的耕地面积。又因这一活动是在旷日持久地持续着，故破坏后的草皮不易恢复，极易诱发风沙患起。再加之其他名堂的破坏，危害更著。明代后期河西的沙漠化过程显然与这种大规模的荒漠固沙植被的破坏不无直接干系。

迨及清代，随着河西更大规模的开发，绿洲边缘固沙植被的破坏更是有增无减。康熙二十三年（1684年）甘肃总督佛保《筹边疏略》言，镇番红崖山以东直达柳林湖一带，"耕凿率以为常，至于角禽逐兽，采沙米、桦豆等物，尚有至二三百里外者。"[①] 何以要远至二三百里之外去采？这只能说明绿洲边缘近处的这些旱生植物已破坏惨重，几无可采，故不得不足跋涉求之，随之对荒漠植被破坏的范围进一步扩大。民众又何以不辞辛劳，大采此物？乾隆十四年（1749年）刊《镇番县志》云，镇番"土之肥瘠，水利能转移之。镇邑名产生被风沙据上流"，又兼以"生齿日繁"，以至"河水日细"，故"贫民率皆采野产之沙米、桦豆以糊口"[②]。可知随着清代中期人口数量的急剧增加（如镇番县清道光五年有口184542人，较乾隆时增长了3.51倍，已与今天的人口数差之不多），绿洲生态系统的承载能力无以支付，为糊口计贫民被迫大量采食野生植物，而这一举动的后果势必进一步加剧绿洲生态系统的恶化，使之人口负载能力更为降低，从而形成恶性循环，直接导致沙漠化

---

① 许协、谢集成：《镇番县志》卷1《地理志》。

② 张珩美修，曾钧等纂：《五凉全志》，《镇番县志》卷3《风俗志》。

过程发生。

　　用以糊口的沙米、桦豆的采撷如此，作为薪柴、饲料的植被破坏更甚。道光十一年（1831年）刻《敦煌县志》："柽，西、北两湖生最多，为最要燃料，俗名红柳。"光绪二十三年（1897年）修《肃州新志》："麻黄，生沙滩中，肃人剃以为薪，大车捆载皆是。"当时不仅绿洲民众竞相于荒漠采伐，而且随着阿拉善高原游牧业的发展，蒙古族牧民亦南来争夺荒漠草场。乾隆时所立《汉蒙界志碑》载："镇邑左右临边不过二三十里，口内并无山场、树木及产煤之所。自开设地方以来，阖县官民人等日用柴薪樵采于东西北之边外，以供终年炊爨，实与他地不同。请以边外一二百里之外樵采，以资民生。"①乾隆五十年（1785年）修《永昌县志》卷9《杂志》亦云，该县北境汉蒙交界一带"百姓采樵牧放实咸赖于此"。然而阿拉善蒙古王爷则坚持边外60里为界，寸步不让，由此一直"争执纷纷，频繁案牍"。镇番知县上疏："今若照六十里定界，则镇番一县军民百姓无处樵采牧放，于民生大有关碍"。这一争端从康熙二十五年（1686年）持续到乾隆五十五年（1790年），时逾百年才得以告终，界线最终划定，"汉蒙民人俱各悦服"。绿洲外缘荒漠地区人类活动的剧烈程度于此可窥一斑。

　　除上而外，明清以来对于荒漠地区和祁连山区药材的采挖日甚一日。1921年修《新纂高台县志》卷2《舆地志·物产》："高台地接祁连，药材极多，明清以降，次第发明者，以数十百计，远若新、陕，近则甘、凉、肃，皆取给焉。比年以来如羌活、大黄、苁蓉、黄柏、甘草等驼运出境者，动辄数百担。洵天然利源，土产之大宗也。"苁蓉、甘草等皆掘自绿洲边缘，它们的大量挖撷，其害洵属匪浅。有些地段因采挖过甚，以至所剩无多，严重影响到药材的繁育更新。乾隆《镇番县志》卷1《地理志·物产》："枸杞，三月采其叶可为茶，四月花，五月实，小暑采其子。境外者佳，瞭江石产者更佳。其树为耕樵砍伐，不可多得。"1920年刊《续修镇番县志》卷3：甘草"近因购买力膨胀，采办络绎，实为药材一大宗"。

　　清代以来，改明代屯军征收草束为民户征收，"刍粟并征"，此为

---

① 许协、谢集成：《镇番县志》卷1《地理志》。

甘肃田赋之特殊情况。乾隆四十三年（1778年）刊《甘州府志》卷6《食货·赋役》记，屯田、科田等，皆"每粮一石征草十束或五束不等"；甘州府原额征草1203842束，实征1131889束。以每束18斤计，则实际共征草20374002斤，合今12159.2吨，折鲜草为121592吨。其中部分当系民户以自产的麦秸等交纳，部分应采自绿洲内部，部分采自荒漠草场。若采自荒漠草场的部分准以总量的1/2计，则相当于刈伐荒漠草被约81万余市亩。又据乾隆《武威县志》和《镇番县志》卷1《地理志·田赋》载，乾隆时武威、镇番两县年征草束约计70万束，合今约7520吨，折鲜草为75200吨，若仍以上率计，则相当于刈伐荒漠草被约50余万市亩。以上计算仅是甘州和武威、镇番两县之数，据之推估整个河西走廊刈伐荒漠草被可能超过300万亩。清代中后期河西地区沙漠化过程的活跃正与这一大规模荒漠植被的破坏在时间上颇为吻合。

不仅仅是对草被的直接刈伐，而且当地居民还有挖掘土泛（草堡），弥补燃料不足的习惯。《甘州府志》卷14载："湖内有草，丛根盘结，俗名土堡，乡人取晒，以备御寒之用。"光绪二十三年（1897年）修《肃州新志·土产》："土泛，湖滩中泥多草根，兼有硝碱，挖成土块，晒干着火能燃，可以烧炕。"1929年抄本《临泽县金石采访录》亦记：县境鸳鸯湖内有草丛根盘结，俗名土堡，可取晒御寒。草堡的大量挖掘无疑会影响到草被资源的繁育更新，此种破坏亦不容小视。

由于绿洲边缘天然植被大量被砍伐用作饲料、燃料、肥料乃至建筑材料等，严重影响到绿洲农田的防护，影响到其生态功能的发挥，反过来促使人们不得不重视对它们的管护。清代以来镇番县群众自发地组建了一批所谓的"柳会""柴会""风沙会""羊头会"等管护组织，制订有不成文的乡规民约，采用罚款、罚物等办法禁止在柴湾内打柴、铲草、刨根等，并选派叫做"柴夫"的专人看护，还尽可能引用农田余水和洪水浇灌柴湾，促其繁育。

绿洲边缘固沙植被砍伐以后，沙质地表直接裸露，风沙物理过程迅速加强，进而形成流动沙丘。据民勤县林业部门测定，在固沙植被破坏的地段和风口，流沙以每年6~10米的速度向东南迁移。[1]河西流行的

---

① 民勤县天然林管理站：《民勤县林业建设规划任务说明书》，1979年铅印本，第23页。

"流沙压农田，沙丘埋庄园，西风打死苗，东风吹干田"的民谣，正是这一过程的生动写照。由于天然燃料、饲料的消耗量大，因而破坏荒漠固沙植被导致流沙入侵，遂成为河西沙漠化过程的重要途径之一。

第三节　锁阳城遗址及其故垦区沙漠化

锁阳城遗址位于甘肃省瓜州县桥子乡南八公里处，为河西走廊一处颇有名声的古代城址，曾有不少考古、历史等科学工作者对其做过工作。这一城址周围的故绿洲垦区又是我国干旱地区历史时期沙漠化过程的典型区域之一，对其环境变迁的研究遂又为地理学工作者所重视。我们曾两次前往瓜州县进行历史地理考察。现就调查结果并对照文献和考古资料，在前人工作的基础上对锁阳城遗址作一考证，并对其周围故垦区沙漠化过程予以探讨。

一、锁阳城遗址概况

锁阳城位居昌马河洪积冲积扇西部边缘，沿着这一边缘有一条长约70公里，宽约5~7公里的沙漠化地带，西起锁阳城以西11公里许的踏实农场，东北至布隆吉乡肖家地故城以东，其地貌景观表现为连片的风蚀硬质光板地面，并多有吹扬灌丛沙堆分布其间，当地遂将这里赋以长沙岭、昊家沙窝、南岔沙窝等名称。今天这里虽已满目荒凉，但是古代灌溉渠道、农田阡陌、地垄的遗址仍清晰可辨，并还残存着锁阳城、南岔大坑故城、半个城、旱湖脑城、肖家地故城等多座故城址，其中锁阳城为其规模最大、暴露遗物最多、周围故垦区面积最广的故城址。

锁阳城残垣犹存，南北486.72米，东西565米，总面积约27.5万平方米，墙基厚7.5米，顶宽4.6米，残高10米许。四垣皆有马面，计24座，四角有角墩，唯西北角角墩保存完整，高约18米。北垣设瓮城二座，西、南二垣各有瓮城一座。全城分东、西二部，东城较小，应系衙署驻地；西城较大，当为百姓居所，西城内还残留圆形土台21座，周围有倒塌的土筑围墙，显系屋宅基址。城垣四周还可见到羊马城的残迹。城区及其周围文化内涵丰富，随处可见散落的灰陶片（绳纹、素面）、经陶片、白陶片、陶纺轮、石磨、铁箭头、碎砖块等物，并发现"五铢"，（亦有隋代铁"五铢"）、"开元通宝""熙宁元宝""皇宋通宝"等货币，多为汉唐时期遗物，亦有宋元明时代的瓷器残片、毛褐残片等物，证明锁阳城系汉至明代的故城址。城垣上下还堆放有大量擂石，当为当年应战之物；城墙夯土中亦发现灰陶片、石磨残片等物，说明该城曾经过后代补建重修。

锁阳城内遍布柽柳灌丛沙堆与白刺灌丛沙堆，一般高2~4米，许多地段沙与城齐。城址周围成片的弃耕地上亦多有吹扬灌丛沙堆分布。城址东南8公里许，今残存故拦水坝址一道，其上源有故河道与昌马河出山口相通，其下流则分为数条故灌渠通至锁阳城周围，每一灌渠又分若干支渠，呈树枝状展布。朱震达、刘恕先生曾根据航空照片上锁阳城周围耕地渠道痕迹的范围算得，当时绿洲面积约50万亩左右。[1]

二、锁阳城历史沿革考证

锁阳城的历史面貌如何？向达、阎文儒、齐陈骏、吴礽骧、余尧等先生认为该城系汉代敦煌郡冥安县治和唐代瓜州治晋昌县故城[2]，孙修身先生则断为该城纯系明代始建，非汉唐遗址[3]，王北辰先生近来又撰文指认其为唐瓜州晋昌县下的新乡镇[4]。诸说各执其见，言人人殊。我们则赞同上述第一种看法。主张此看法的学者虽有不少，但他们均未曾有系统地提出过相应的论据，因而其观点并未被普遍接受。论证如下：

其一，《通典》卷174《州郡典》"晋昌郡"条下云："西至敦煌郡二百八十里。"同书"敦煌郡"条下亦云："东至晋昌郡二百八十

---

[1] 朱震达、刘恕：《中国北方的沙漠化过程及其治理区划》，北京：中国林业出版社，1981年，第8页。

[2] 向达：《唐代长安与西域文明·两关杂考》，北京：生活·读书·新知三联书店，1979年，第385页；阎文儒：《河西考古杂记（下）》，《社会科学战线》1987年第1期；吴礽骧、余尧：《汉代的敦煌郡》，《西北师院学报》1982年第2期。

[3] 孙修身：《唐代瓜州晋昌郡郡治及其有关问题考》，《敦煌研究》1986年第3期。

[4] 王北辰：《甘肃锁阳城的历史演变》，《西北史地》1988年第2期。

里。"《太平寰宇记》卷153亦如此记载。《元和郡县图志》卷40"瓜州"条下则云："西至沙州三百里。"同书"沙州"条下亦云："东至瓜州三百里。"敦煌石室出撰于五代后汉乾祐二年（949年）的《沙州城土镜》(P.2691背)则记曰沙州"东至瓜州三百一十九里"。晋昌郡即瓜州，敦煌郡即沙州，《旧唐书》卷40《地理志》云，瓜、沙二州于唐天宝元年（742年）分别改名为晋昌郡与敦煌郡，至乾元元年（758年）复故名。上引文献所记瓜、沙间里程虽互有差异，但大体相去不远，可以互证，即瓜州位于沙州之东二百八十里至三百一十九里处，取其整数大约为三百里。汉唐沙州城学界公认为今敦煌城西、党河西岸的故城址，由该城东至锁阳城约138公里（鸟道），这正与《通典》和《太平寰宇记》之280里合，如考虑到道路迂曲的影响，亦可言锁阳城位沙州东三百里许，这又与《元和郡县图志》和P.2691背所载位置合。因而今锁阳城当为唐瓜州治。

其二，唐慧立、彦悰撰《大慈恩寺三藏法师传》卷第一记云，玄奘法师西行求经于贞观三年（629年）九、十月间抵达瓜州晋昌城，在当地询问西行路程，"或有报云：从此北行五十余里有瓠𪩘河，下广上狭，洄波甚急，深不可渡。上置玉门关，路必由之，即西境之襟喉也。关处西北又有五烽，候望者居之，各相去百里，中无水草。五烽之外即莫贺延碛，伊吾国境"。玄奘遂在瓜州找了一位胡人向导，"于是装束，与少胡夜发。三更许到河，遥见玉门关。去关上流十里许，两岸可阔丈余，傍有梧桐树丛。胡人乃斩木为桥，布草填沙，驱马而过"。这里标明瓜州城以北五十余里为瓠𪩘河（今疏勒河），其上置有玉门关，即是说唐玉门关所在的疏勒河以南五十余里之外即为瓜州城。唐玉门关的位置学界公认在今双塔堡附近（向达、阎文儒等），锁阳城则位于双塔堡南34公里，较上云五十余里略远。因五十余里系"或有报云"的估略之数，当然不可能很精确，但亦与疏勒河与锁阳城间的实际距离近之。今天在河西乡间询问里数亦多言其概数，且所云里程往往比实际距离偏小，这种估算里的习法想必由来已久。又玄奘一行因是策马而往，更兼赶路心切，因而可以"夜发，三更许到河"。我们考察中见，自锁阳城向北沿昌马河洪积冲积扇扇缘，经兔葫芦村直达双塔堡有一条宽约六米，较今地面低一米许的大道，今虽已破残，但亦可断续相连。该道穿越扇缘泉水出露带的地段为防湿陷翻浆，路基遂用芦苇、柽柳等物夹砂土垫压，今日仍可显见，当地农民管此路唤作"唐道"。唐道之名虽已无考起自何代，但据其陷入现代地面以下的深度知其年代已很古老。这一故道当为连接唐瓜州城与玉门关的主道。

其三，敦煌遗书《沙州都督府图经》(P.2005) 卷3 "苦水"条云：苦水，右源出瓜州东北十五里，名卤涧水，直西流至瓜州城北十余里，西南流一百二十里，至瓜州常乐县南山南，号为苦水。又西行三十里，入沙州东界，故鱼泉驿南，西北流十五里，入常乐山。又北流至沙州阶亭驿南，即向西北流，至廉迁烽西北廿余里，散入沙卤。由上述河流流行情形观之，唐之苦水正是今天的黄水沟，其下游又名芦草沟，而位于苦水南十余里处的唐瓜州城又正是今天的锁阳城遗址。黄水沟源自锁阳城东北约8公里处的昌马河洪积冲积扇扇缘泉水出露带，自西向东流经今锁阳城北5.5公里处的张家庄北侧、平头树国营牧场以北，穿过乱泉湖、银湖、西大湖，沿程接纳诸多泉流，水势渐大，至天生泉、拐弯泉，折而西南行，沿截山子（即唐之常乐南山）南麓经石板盐池、八龙墩、营盘泉、牛桥子、土墩子，至锁阳城西北70公里许的谢家圈折而西北流，又行约7公里切穿截山子，从截山子北麓流出，继续西北流，约行十余公里没入沙砾之中。这一流程情势与P.2005之苦水完全吻合。又P.2005提到的鱼泉、阶亭二驿，查同卷"一十九所驿"一节知，鱼泉驿位沙州东185里，阶亭驿位沙州东170里，依此方位、里数标之，前者位今谢家圈北部一带，后者则位今黑沙梁附近。黄水沟与鱼泉、阶亭二所故驿的相对位置亦与P.2005所载合。黄水沟流经的地段，因其北部截山子阻挡，自南部昌马河、榆林河扇缘出露的泉水不易排泄，常呈滞缓状态，因而这一带泉沼较多，唐之"鱼泉"即其一也；加之其地下水位较高，水体含盐颇多，故而水色发黄，水味苦涩，唐因名为苦水，今之亦然。由P.2005之"苦水"可以证明锁阳城即是唐瓜州城。

其四，《元和郡县图志》卷40在记述唐代瓜州晋昌郡的"八到"时谓"南至大雪山二百四十里"；在记述晋昌县所属名山大山时又谓："雪山，在县南一百六十里，积雪夏不消。"在今锁阳城南120公里处正有大山，今亦名大雪山，山体呈东南——西北走向，系祁连山西段的主脉。在锁阳城南80公里处则又正好有大山，今名野马山，东西横亘，为祁连山支脉，峰顶达4000米以上，亦终年积雪，当为唐之雪山。由上述二山的位置亦可证明锁阳城为唐瓜州治所和晋昌县城。

其五，锁阳城为今天残存在瓜州县境内汉至明代故城址中规模最大的一座，其面积为六工破城的2.7倍，踏实破城子的7.5倍，南岔大坑故城的15倍，肖家地故城的11倍，无疑应为当时最高行政机构的驻所。又锁阳城虽经后代的重修，但在形制上仍保留着典型的唐代城址的风格，如城分东西二部，马面、瓮城的设置齐备，就连羊马城的建置今仍历历在目。《通典》卷152《守拒法附》云："城外四面壕内，去城十步，更立小隔城，厚六尺，高五尺，仍立女墙，谓之羊马城。"其绕城一周，平时用以安置羊马牲畜，战时为城厢加设一道防线。羊马城系唐代较大的城址中典型的建筑形制，且不见于后代。敦煌遗书《唐天宝年代敦煌郡会计帐》(P.2626) 即记有敦煌郡城垣四周环以羊马城。我们考察见，锁阳城外围的羊马城虽已破残，但亦可断续相连，残高约1~1.5米，远低于墙垣高度，而尤以东、南二墙之外显见。这亦表明锁阳城在明代重修中并未整修其外垣的羊马城。由上可以推断，锁阳城在唐代当属疏勒河中上游地区最高行政机构的治所——瓜州城。

其六，锁阳城处四路汉唐烽隧线的辐合之地。四路烽隧为：一路由锁阳城沿昌马河洪积冲积扇边缘趋向东北，经半个城、长沙岭、肖家地故城、四道沟故城一线直趋酒泉（唐肃州）；一路由锁阳城向北，经兔葫芦村、双塔堡村、疏勒河干流折而西北，直趋哈密（唐伊州）；一路由锁阳城向南，沿榆林河谷趋石包城以远；一路由锁阳城向西，沿截山子直趋敦煌。这些烽隧在≥1/20万的地形图上均有标绘，瓜州县博物馆的同志们经过辛勤工作已摸清其全部情况。由锁阳城烽线辐辏的史实可以推知，该城在当时为一十分重要的政治、军事中心，居于枢纽地位。唐瓜州治于这里，《重修肃州新志》所谓"介酒泉、敦煌之间，通伊吾、北庭之路，俯临沙漠，内拱雄关，宽平阃爽，节镇名区"。

其七，由前述锁阳城中及城周围暴露的遗物知，该城系汉至明代的故址，又由上考可知锁阳城在唐代系瓜州及其所领晋昌县的治所。那么在唐代以前该城的建置情形如何？《旧唐书》卷40《地理志》云："晋昌，治冥安县，属敦煌郡。冥，水名。置晋昌郡及冥安县。"《元和郡县图志》卷40曰："晋昌县，本汉冥安县，属敦煌郡，因县界冥水为名也。晋元康中改属晋昌郡，周武帝省入凉兴郡。隋开皇四年（584年）改为常乐县，属瓜州，武德七年（624年）为晋昌县。"《太平寰宇记》卷153亦云："晋昌县，本汉冥安县，地理志属敦煌郡。冥，水名也。晋置晋昌郡及冥安县，隋初改为常乐县，唐武德四年（621年）又改为晋昌县。"可见锁阳城亦为汉代的冥安县、西晋的晋昌郡及冥安县，隋代常乐县的治所。又由史籍得知，唐代以后直到元代，瓜州的建置一直沿而未辍，并且其治所又从未有过搬迁的记载，可见锁阳城作为瓜州治当由唐一直延及元代。史载，唐安史乱后，吐蕃乘虚吞食了河陇的广大地区，大历十一年（776年）瓜州陷落①，锁阳城遂落于吐蕃之手。降及唐宣宗大中二年（848年），敦煌人张议潮领导民众起义，赶走了吐蕃奴隶主的统治，瓜州复归大唐，嗣后历经唐末、五代、宋初，仍然置有瓜州。②宋仁宗景祐三年（1036年）西夏占据本区，亦置瓜州。③"夏亡，州废，元至元十四年（1277 年）复立。二十八年徙居民于肃州，但名存而已。"④迨至明代，锁阳城又被重新利用。由《明史·西域传》《天下郡国利病书》第三十四册、《肃州新志》等古籍知，该城在明代名为苦峪城，于宣德十年（1435年）重新修筑，正统六年（1441年）缮毕，成化八年（1472年）又移哈密卫于此，弘治七年（1494年）再次缮修城池。到了正德（1506—1521年）以后，明王室对嘉峪关外进一步采取了弃置政策，不复经理，致使关外诸城反复被土鲁番、哈密、蒙古等各族各部争夺，苦峪城亦随之残废。此后史籍上就见不到有关该城的记载了。至于"锁阳城"之名大约是到清代后期才在民间叫开的，因城池荒颓已久，城内外遍长锁阳等旱生植物而得名。

三、锁阳城及其周围垦区的沙漠化

锁阳城的历史面貌如上，那么其周围垦区的沙漠化始自何代？其产生的原因何在？有的学者认为由于战争破坏水利设施，致使唐中叶以后

---

① 李吉甫撰，贺次君点校：《元和郡县图志》，第1027页。

② 苏莹辉：《五代迄金初沙州归义军节度使领州沿革考略》，台湾宋史座谈会编辑：《宋史研究集》第8辑， 1976年，第497—503页。

③《宋史》卷485《夏国上》。

④《元史》卷60《地理志三》。

流经锁阳城的河流改道东北流，灌溉水源断绝，迫使锁阳城绿洲废弃形成沙漠化土地。诚然，唐代中叶以后这一带的战事的确一度较多，对农田水利的破坏自然不免，但由上考得知，锁阳城在这一时期并未废弃，直到元代仍为州一级的治所，明代中叶以前仍有人们的活动，并曾做过哈密卫的驻所，其所在的绿洲自然不会废弃沙漠化。我们认为锁阳城绿洲的完全废弃和沙漠化过程的产生当是明代正德以后直到清代前期的事，特别是伴随着康熙末年至乾隆初年昌马河洪积冲积扇扇缘东部和北部绿洲的大规模开发而发生的。

公元776年瓜州陷蕃后，由于文献的缺载，吐蕃对瓜州的经营状况无以确考，但可幸的是《太平寰宇记》卷153记载了瓜州这一时期的户数，其曰："唐天宝户四百七十七，至长庆一千二百。"查《新唐书》卷40《地理志》，亦曰天宝时瓜州有户四百七十七。长庆系唐穆宗的年号，为公元821—824年，这正是吐蕃占领瓜州的后期，其户数不但没有比天宝年间减少，而且还增加了不少，由此可以推知，吐蕃时期锁阳城绿洲不仅没有废弃，并且其农田面积还应较盛唐时有所发展。

到了唐末至宋初，瓜、沙二州作为归义军政权的根据地和大本营，其开发经营备受重视。早在张议潮时期就在瓜沙整顿户口、登记土地，努力发展绿洲农业，其后这里的生产一直稳定发展，未有衰退。锁阳城东约一公里许的塔尔寺中出土的归义军时期的断碑中云，当时这里"大兴屯垦，水利疏通，荷锸如云，万亿京坻……"可见这一时期锁阳城绿洲曾有过兴旺的农业经营，并未见沙漠化迹象。正是凭借瓜、沙二州雄厚的经济实力，归义军政权才能在当时政局纷杂、政权林立的局面中雄长一隅。

迨至西夏统治瓜州的191年中，夏王室亦重视对本区的经略，不仅锁阳城仍作为瓜州治，而且西夏十二军司之一——西平军司亦设于这里。《宋史》卷485《夏国传》中记有"瓜州西平"监军司之名，锁阳城西南30公里的榆林窟第25窟和29窟西夏文题记中均提到"瓜州监军司"，现藏于故宫博物院和中国历史博物馆的西夏文《瓜州审判档案》中亦有"瓜州监军司"之称，由此学界一般认为西平监军司即置于瓜州城中。① 监军司兵是西夏军队的主力，西平军司所在的锁阳城中必然屯

---

① 陈炳应：《西夏监军司的数量和驻地考》，《西北师院学报》1986年增刊。

集有不少的兵马，这时期的锁阳城绿洲很可能又是这些军队的屯田之区。又榆林窟第15、16窟（西夏窟）长篇汉文题记中有"万民乐业海长清，永绝狼烟，五谷熟成"的词句，瓜州军民们把农业收成的好坏作为头等大事来祈求神灵的保佑，可见对其的重视。又第3窟（西夏窟）中还可见到《犁耕图》《踏碓图》《酿酒图》和《锻铁图》等表现农业、手工业生产的壁画，壁画中二牛牵一犁，作二牛抬杠式，其耕作形式与同时期中原地区没有什么两样，所绘的锹、撅、锄、耙等农业生产工具亦与中原地区的大体接近。这些形象资料表明，西夏时期锁阳城绿洲的农业生产仍在发展，亦未有沙漠化迹象。

到了元代，锁阳城绿洲又开屯田，并积极招辑流民前来归田授业，其农业生产亦未荒废。《元史》卷100《兵志》云："世祖至元十八年（1281年）正月，命肃州、沙州、瓜州置立屯田。"《元文类》卷49《翰林学士承旨董公行状》云，元初"始开唐来、汉延、秦家等渠，垦中兴、西凉、甘、肃、瓜、沙等州之土为水田若干。于是民之归者户四五万，悉授田种，颁农具"。当时瓜州的农业经营状况亦不逊于前，《元史·兵志》曰："大抵芍陂、洪泽、甘、肃、瓜、沙因昔人之制，其地利盖不减于旧。"降及世祖至元二十八年（1291年）虽然因故徙瓜州民于肃州，锁阳城一度弃置，但仅时隔十二年，这里又再度复兴。《元史·成宗纪》曰，大德七年（1303年）"御史台言，瓜、沙二州，自昔为边镇重地，今大军屯驻甘州，使官民反居边外非宜，乞以蒙古军万人分镇险隘，立屯田以供军实为便。从之。"锁阳城绿洲遂又成了蒙古军旅的屯田之区。《元史·武宗纪》记载，武宗之世，瓜州屯田的收获量已很可观，中书省上言："沙、瓜州摘军屯田，岁入粮二万五千石，撒的迷失叛，不令其军入屯，遂废。今乞仍旧遣军屯种，选知屯田地利色目、汉人各一员领之。"到了仁宗时瓜州屯田继续发展，延祐元年（1314年）十月，又专设"瓜、沙等处屯储总管万户府"[1]，以司理屯田军储诸事宜。又锁阳城东一公里处的塔尔寺，据考古工作者鉴定系元代的建筑，中有大塔一座，周围有小塔九座，甚雄伟。又据瓜州县博物馆李春元同志云，1944年曾在该寺中发现大量古代经卷。可见塔尔寺在

---

[1]《元史》卷101《兵志四》。

元代当是一处颇具规模的佛教寺院，诵经拜佛的活动自必十分频繁。这一情形亦表明元代的锁阳城绿洲仍是一处兴旺的人们居住生活的地域。

明代以降，锁阳城先是作为安置归附的哈密、蒙古一些部族的处所，《明史·西域传》载，天顺四年（1460年）"诏赐牛具谷种，并发流寓三种番人及哈密之寄居赤斤者，尽赴苦峪及瓜、沙州，俾自耕牧，以图兴复"，并曾一度移哈密卫治此。可知这时锁阳城绿洲仍未荒弃。其后这里又成了一些部族角逐的场所。自正德以后（16世纪初期）城池残破，绿洲垦区亦不复经理，遂趋于荒败，到了清代初期，这里才完全演变成沙漠化土地。乾隆三年（1738年）编纂的《重修肃州新志·柳沟卫》描述锁阳城周围景观已成为"城外北面多红柳黄茹，耕地尚少，西、南二面则平畴千顷，沃野弥望，沟塍遗迹绣错纷然"；其引灌渠道"今俱干涸无水，渠身砂砾，所以此城遂废"。250年前的衰败景象与今日略同。

考之锁阳城绿洲沙漠化的原因，主要在于清代前期昌马河（疏勒河）流域开发地域的转移，昌马河洪积、冲积扇扇缘东部和北部绿洲大举拓垦，大兴灌溉，遂使扇缘西部的锁阳城地区再无流水注入，以至形成了今天的景观。查《大清一统志》卷213、《甘肃通志》《重修肃州新志》《安西县志》《玉门县志》知，康熙五十七年（1718年）于扇缘东部新置靖逆卫（今玉门镇），于扇缘北部新置柳沟所（今四道沟），雍正元年（1723年）又于扇缘北部新置安西厅（今布隆吉故城）及所属安西卫，五年（1727年）升柳沟所为卫，并改隶安西厅。至乾隆初年，这一厅三卫于扇缘东、北部共开有渠道十余条，计长约150公里许，共辟地约10余万亩，其人口亦增至万人以上，远大于盛唐时期整个瓜州的民口之数。农业开发的兴盛，人口的激增，使有限的昌马河水在扇缘东部和北部被大量引灌，扇缘西部的锁阳城一带遂断流干涸。《重修肃州新志·靖逆卫》云："自康熙五十八年，相度于达里图筑靖逆城，始堰昌马河口，逼水东流，分为靖逆东西二渠，溉新垦地，招户民居之。"从而使昌马河口原向西分流的故河道断流。正是在这种情况下，遂使明代正德以后即已废弃的锁阳城垦区完全干涸，并在当地强劲风力的作用下，很快流沙壅起，最终演变成了风蚀弃耕地与吹扬灌丛沙堆相间分布的沙漠化土地。可见因人为作用导致的开发地域的转移及其水流状况的变化乃是锁阳城绿洲沙漠化过程的主因。

第四节　张掖"黑水国"古绿洲沙漠化

"黑水国"古绿洲，位于甘肃省张掖市城西北15公里，居处河西走廊中部黑河中游绿洲腹地。其地又名西城驿沙窝，南北长约7公里，东西宽4.5公里许，面积约30平方公里。公路国道312线从沙窝中部穿过。沙窝中平地积沙一般厚0.5米许，南部多见新月形沙丘、盾状沙丘，相对高度9~14米。沙窝北部则多见风蚀古耕地形成的雅丹地貌，其风蚀垄槽比高约1米。近二三十年来在沙窝中打井提水，广植花棒、沙拐枣、沙打旺等旱生植被，有些地段还被重新开成了农田，其面貌已多有改观。

沙窝内遗存十分丰富，有北古城、南古城两座较大城址和周围七座较小城堡，有史前文化遗址、汉代建筑遗迹、古寺院遗址和民居遗址，有成片的古墓群、古耕地渠道遗迹等。当地传说昔年黑匈（匈奴）居此时筑城，其地因名"黑水国"。我们以为"黑水国"之名有可能系"黑水洼""黑水窝"或"黑水湾"的音讹，因其位处黑河河湾、地势低下而得名。

一、南、北古城遗址

早在1945年9月，夏鼐、阎文儒先生即对黑水国古城作过考古发掘。我们曾于1986年7月、1988年9月、1993年5月、2001年9月四次来这里考察。所见南、北两座古城均已残破，残垣犹存。南古城在国道312线2744公里处南1.5公里许，东南至张掖市城约17公里。GPS测得位置：39°00′53.1″N，100°20′37″E。平面略呈方形，南北222米，东西248米，墙基坍宽8米，顶宽2.5米，残高3~6米。夯土版筑，夯层厚15~20厘米。东垣北段有前后两次加筑的痕迹，底部原始城墙夯层厚15~17厘米，高约3米；其上为中间加筑层，厚约1.8米，加筑夹棍，并夹杂汉砖碎片；上部加筑层高1.5米，亦加筑夹棍及夹压汉砖、石块、陶片等。东垣南段和南垣东段上部、北垣西段下部等，亦有加筑或补修痕迹。许多墙段顶部被风蚀成刃脊状。门一，东开，阔7米，门外筑瓮城，其一角已坍，用汉子母砖、灰青色砖块杂乱补砌。城垣无马面。四角筑角墩，方形，每边宽6.2米，多与墙体等高。唯东北角墩高大，高约13米，突出墙体约5米，其上可见明显的5排椽眼。城内建筑无存，地表遍布汉子母砖、碎砖块、石磨残片，亦见宋代豆绿瓷片、夏元黑釉瓷片、粗缸残片和明代青瓷片等。城址中部有一条东西向街道遗迹，将城分为南北两部分。北部正中有建筑台基一座，存部分建筑物残壁，靠近西垣正中亦有建筑台基及残存墙垣。城垣内外均被流沙壅压，沙堆几与城齐，城外东南角及西侧淤成大型沙丘。

北城位于国道之北，距南城2.7公里，位置39°02′07″N，100°21′35.2″E。城址地势较低，地处数米厚的河湖相红色黏土沉积层上，城垣亦就地挖取红色黏土筑成。与南城形制相似，东西254米，南北228米。墙基坍宽5~7米，顶宽1.5~2米，残高2~6.3米，夯层厚11~20厘米。东垣南段和北墙东段有后代补修痕迹，夯层中加有汉砖块和白釉瓷片。门一，南开，阔8米，有瓮城。墙垣亦无马面。西南角筑土台一座，正方形，每边9.5米，残高约7米。靠近北墙正中亦有建筑台基，每边14米许。西南隅城垣被流沙埋没，城外东南角亦有沙堆。城内中部隐约见南北向断续残垣，似该城原被分作东西二部。城中到处散落汉砖块、绳纹、素面灰陶片，亦见宋元时的豆绿色瓷片、白瓷片、黑釉瓷片和明代青瓷片、粗缸瓷片等。当年阎文儒一行还在这里找到过汉五铢钱、货泉钱、小铜扁针和唐开元通宝钱等物。该城东垣外侧有一块宽约60米、长200米余的平地，平地东沿为高约10米陡坎，黑河的一条支流在陡坎下淌过，沿岸芦苇生长茂盛。该城南数百米范围内现开设有张掖市砖厂、明永乡砖厂、梁家墩砖厂等，皆取用这一带红色黏土制砖。城南里许还有一片直径约3公里的沼泽滩地，名西大湖滩，为昔日湖泊的残迹。

1992年9月，甘肃省文物考古研究所和张掖市博物馆联合在黑水国南城内搞了一次试掘。结果如下：地表堆积层厚0.2~0.3米，多为汉子母砖和唐宋以后的砖瓦瓷片，在清理到一处房基时发现朽化的谷物和壁画残片，壁画内容为桃园三结义故事和仕女图，从其构图特点上看应为明代所绘。地表堆积层以下为黄胶土和灰沙层。距地表1.5米处发现砖券单室墓1座，出土绘彩陶奁1件、陶鼎1件、陶壶2件，彩绘花纹用红、黑双线勾勒。另有灰陶罐、灰陶灶、灰陶盘、陶耳杯等器物，皆为魏晋时物。墓道两侧为厚约3.5米的灰沙。清理过程中除地表堆积的汉砖块以及墓顶券砖中夹有汉代绳纹瓦片外，再未见有其他任何汉代遗物。据此可知南城应是魏晋以后至明代的城垣。至于城中堆积的大量汉代子母砖，应是后人从其周围密集分布的汉墓中（部分墓被自然风蚀露头）搬迁而来，复被重新利用的，该城东门瓮城即用此种子母砖补砌加固。王北辰考得，黑水国南城为唐代始建的巩笔驿，亦是元西城驿、明小沙河驿，城内坊巷遗迹乃是元、明时的建筑遗迹①。

至于黑水国北城，阎文儒先生据考察认为其修筑早于南城，北城最晚筑于汉，"直到唐时仍未废。又于附近拾得仰韶马厂式陶片及新石器数件，则此地于史前期已有人迹，非自汉时始也"②。我们根据正史以及地湾城址（汉肩水候官治所）、汉金关遗址等出土汉简所记有关里程等史料考得，北城应为汉至隋代张掖郡治觻得县城。③

二、其他遗迹

（一）卫星式小城堡

"黑水国"遗址范围内，还散布卫星式小城堡7座，均破坏严重，仅存轮廓，面积皆900~2000平方米许。城堡内留存汉砖块、灰陶片、黑釉瓷片等物。其中2座位于北古城西南1公里许，其余5座分布在南古城北部、东部。我们实测最大的一座，位于南古城北1公里处，已十分残破，墙垣残断，西南部被新月形沙丘埋没。基宽1.5米，残高1.5~2米，最高2.5米。夯筑，夯层厚12~14厘米。北垣残长约60米，东垣存30米许。城内遍布灰陶片、汉砖块、子母砖等，亦见明代青瓷片、白瓷片,还发现许多磨圆较好的小石子。这些小城堡当为昔日的乡城或驻军之所，有人认为它们可能是古代的屯庄遗址。

（二）马家窑文化马厂类型遗迹

张掖市博物馆吴正科先生，多年来一直留心黑水国遗址，每逢节假

---

① 王北辰：《甘肃黑水国古城考》，《西北史地》1990年第2期。
② 阎文儒：《河西考古杂记（下）》，《社会科学战线》1987年第1期。
③ 李并成：《河西走廊历史地理》，第53~56页。

日常去实地考察，风餐露宿，锲而不舍，实可感人，并撰成《黑水国古城》一书，由甘肃人民出版社1998年出版。据他的考察，除古城址、古墓葬等外，黑水国还留有新石器遗址（灰坑）、古代建筑遗址、寺院遗址等。

早在上世纪40年代，夏鼐等老一辈考古工作者就在黑水国发现马家窑文化马厂类型（距今4200—4000年）陶片，五六十年代国际友人路易·艾黎亦曾在这里找到不少陶片。吴正科查得这里有史前文化遗址（灰坑）5处，遗址总面积约35万米，堆积层最厚达1.8米，最薄处接近地表。发现较为密集的残碎陶片和许多石器。陶片大多为夹砂陶，很少有泥质陶，这与河西齐家文化、四坝文化、沙井文化诸遗址、墓葬的陶器特征相似。纹饰以彩陶为主，有少量的绳纹陶、条纹陶和划纹陶，素面陶极少。彩陶纹饰有菱形网纹、三角网纹、粗细平行斜线纹、折线纹、折线网纹、弦纹、变形蛙纹、锯齿纹等，器形有罐、瓮、盆、鬲、釜、纺轮、器物盖等类型，以牛角和葵叶形器最为独特。采集石器标本百余件，有打制石器、磨制石器，兼有琢制石器，器形以打制石斧和磨制石刀为主，另有石杵、盘状敲砸器、石球、石锛、石纺轮、大砍砸器、石钻、石网坠、石铲等。同时还发现不少细石器，器形有锥状石核、细石叶、圆头刮削器、盘状刮削器、散光刃口刮削器、歪端刮削器、其他类型刮削器、尖状器、刮刻器、石镞、打制石针、石片、石屑等。细石器往往被作为装备骨、木等复合工具的刃部而使用，它们的大量出现表明当时狩猎活动的普遍存在。另外，黑水国遗址中还采集到贝壳、琏珠、红铜器具（刀状铜片、锥状铜器）以及冶铜原料——孔雀石等。

（三）建筑遗址

黑水国留有汉代建筑遗址4处，均在312国道之南。一处位于明永砖厂南80米处，为高台状，15米×30米，堆存大量汉砖块、陶片等，其下有马厂文化堆积层，南侧正中筑土墩，残高2.2米。一处位于面粉厂农场东200米处，亦为方台形，范围约80米见方，被沙土和砾石掩埋，散存较多的汉砖和陶片。最大的一座建筑遗址位于面粉厂农场大门东100米处，南北200米，东西50米，其北部有一条长80米、宽5米、厚约1米的汉代绳纹瓦片堆积层，南部亦有部分堆积，并从中发现汉代云纹瓦当。遗址内还有汉晋陶片、宋元瓷片等。遗址东200米范围内有数座汉砖瓦堆。

黑水国遗址内的梁家墩砖厂北侧，存残土墩一座，当地俗称驴丘墩，墩体由夯筑基座和土坯砌筑的墩身组成。基座大致正方形，每边长约6米，墩座墩身通高7米。吴正科认为，该墩原为建于元代的覆钵塔，其东部还有一处长方形建筑遗迹，东西约80米，南北20米，建筑物痕迹依稀可辨，似为三进院落，应为当年的寺院遗址。遗址内堆积残碎砖瓦和陶瓷残片，留存大量汉代至宋元明时期陶片、瓷片，遗址南北30~50米范围内亦有残碎遗物密集分布。所出遗物较典型的有汉云纹瓦当、五铢残币，唐代邢窑白瓷杯底，宋代景德元宝、政和通宝、正隆元宝、磁州窑瓷片、均窑瓷片，元代狮头瓦当、滴水，明代青瓷片、猫头瓦当等。

（四）古墓群

南北二城周围遍布古代墓葬，其范围2.5公里×2公里，有墓3万余座，名黑水国古墓群。黑水国区域以外，南至明永乡孙家闸、武家闸一带，甘浚乡新墩滩、八号北滩、西洼滩、四角墩滩一带，西至明永乡燎烟村、五个墩一带，西南方向的沙井乡上寨子村等处，亦有大面积古墓葬分布。这些墓葬均为砖室墓，从时代上看主要为汉至魏晋墓，大多在新中国成立前被盗掘，现遍地散落大量汉子母砖、灰陶片等。墓砖按用途分，有铺地砖、画像砖、条砖、榫卯砖、楔形砖等。其中铺地砖较特殊者有千金纹铺地砖，砖面模印若干行椭圆形图案，图案以四个"金"字对座复合而成，砖周饰以菱纹，每个菱纹中心又套一"田"字纹。联想到汉代张掖设郡后大力移民实边，发展农垦，开有"千金渠"等灌溉渠道，这里自古又有"金张掖"的美誉，吴正科据之认为此砖正应是对这一状况的艺术反映。画像砖一般镶嵌在墓葬内壁，用以避邪祈福，其代表作品为四灵神兽砖，另有驱驴急行画像砖、桓表门画像砖等。此外黑水国还发现一批汉代模印文字砖。向达《西征小记》载，1941年"于右任过此，曾检得有大吉二字铭文及草隶砖，卫聚贤并得有图像砖，俱是汉代物。疑今所谓黑水国或即张掖故城亦未可知"。近年张掖市博物馆又在这里采集到模印有"日利""大利""金钱""千"等文字砖、合文砖和刻划有"风雨……""甘""圣"等文字砖数十块。特别重要的是还找到了一块"永元十四年（102年）"的记事砖，砖面残存刻写草隶文字4行，为我们对有关墓葬及文物的断代和地方史的研究提供了难得的证据。20世纪70年代初，张掖地、市一些单位开始在黑水国区域内兴办农场、林场和砖厂。截止1997年底计有农场5家、林场1家、砖瓦厂7家，开垦耕地约9.7公里，打机井21眼，开挖引灌渠道25.4公里。所植乔、灌木林带目前已发挥着良好的防风固沙作用。90年代初市面粉厂还在南城西1.5公里处建造沙漠公园1座，占地150万平方米。然而，大量的开挖取土也给这里文物保护敲起了警钟。

三、张掖"黑水国"古绿洲沙漠化

"黑水国"沙窝位于黑河西岸冲积平原腹地，正当黑河干流与其大支流山丹河交汇处之西，当地称作黑河湾。临河近水，地势低平，易受水冲和风沙的壅塞之害。依其所存遗址遗物来看，早在四多年前的马厂文化时期这里就是绿洲先民们的采猎和畜牧之域，西汉建郡后农耕兴起，作为郡治所在，其地生产发展、农业兴旺的情景不难想见。由文献记载和地表遗存可以考知，"黑水国"古绿洲的废弃及沙漠化的发生，可分为隋末唐初和明代以后前后两个时期。前期的沙漠化过程造成古绿洲北部以北古城为中心的一带地域废弃沙化，后期的沙漠化过程则又使得古绿洲南部荒弃沙化。

（一）古绿洲北部的沙漠化

"黑水国"北部，指国道312线以北、以黑水国北城为中心的一带古绿洲，面积约15平方公里。与其南部古绿洲相比，这里地势更为低洼，沉积有厚达数米至十数米的红色黏土（当地俗称红胶泥），当原为黑河所经的一处牛轭湖，长期处于静水沉积环境。北城墙垣即取用此种红色黏土筑成。因其质地细腻土质好，今天这里设有多家张掖市、乡的砖厂，用此黏土烧砖。

已如前考，早在距今四千多年前的马家窑文化马厂类型时期，黑水国一带即有人类的活动，人们利用这里河汊交织、水环湖绕的自然条件，主要从事原始种植业，并有畜牧和渔猎生产。战国以后，月氏、匈奴相继进入其地游牧，繁育牲畜。匈奴觚得王还在这里筑有觚得城，即西汉张掖郡治觻得县的前身。《元和郡县图志》卷40、《太平寰宇记》卷152引《西河旧事》皆云，汉觻得县"本匈奴觻得王所居，因以名县"。西汉设立张掖郡，郡治觻得县城即北城遗址，魏晋因之。后来张掖郡（甘州）移治于今张掖市城，则北城遗址废弃，随之黑水国北部这片古绿洲亦当逐步荒弃沙漠化。

黑水国北部古绿洲沙漠化是何时出现、因何发生的？解决这一问题的关键应首先搞清楚张掖郡城是何时、因何故迁出"黑水国"而移治于今张掖市城的。《后汉书·明帝纪》：永平十八年（75年）"八月丙寅，令武威、张掖、酒泉、敦煌及张掖属国系囚，右趾以下任兵者，皆一切勿治其罪，诣军营"。李贤注："张掖郡……故城在今张掖县西北。"说明汉张掖郡城位于唐张掖城西北，在唐代以前某时期，张掖郡城废弃，移址于唐张掖城新址（今张掖市城）。《通典》卷174张掖县条亦记"汉张掖郡城亦在西北"。

那么，张掖郡治的移徙应在唐代以前哪一时期？史乏明文。王北辰推测，魏晋十六国动乱时期迁建郡城恐非其时，北魏得张掖后始改其名为甘州，迁建之事亦难寻其迹，直到隋朝统一中国，炀帝即位后情况才有了变化。大业五年（609年）炀帝巡行张掖，极尽排场奢华，"以示中国之盛"。巡行前先派裴矩作了各项准备，很可能裴矩为迎合炀帝的奢欲，舍弃了旧而小的张掖故城，另在张掖河东选址建了新城。吴正科则认为，魏晋时期张掖郡及觻得县城均由黑水国区域迁建到今张掖市区，黑水国遂废弃，大部分土地沦为荒芜的墓葬区，觻得之名也从此不再使用，新建之县名为永平，永平县的出现就是张掖郡城迁治的标志。

我们倾向于王北辰先生隋代迁址的观点，但又认为迁建的原因似又不单纯是为了迎合炀帝的喜好。黑水国北部地势低下，北、东两面临河，易遭水患，亦易风沙壅积，更加以自西汉以来几百年的开垦，不免诱发一些地段沙漠化的出现，这样显然不利于城市的进一步发展。随着隋代大一统时期的到来，河西地区进入了一个新的发展阶段，这必然给似张掖这样的中心城市的发展提出新的要求，于是遂有迁城之举，张掖城遂迁至较为高爽开阔更有利于城邑发展的黑河东岸新址。

张掖迁居新址后，黑水国北部的旧城随之废弃，其周围的一些田园亦当弃置。风沙运行的规律表明，废弃的墙垣屋舍往往成为遮阻风沙的最好屏蔽，最易招致流沙壅塞。废弃的墙体愈高、愈多，所拦阻的沙土也就愈多，形成的沙堆就愈大、愈密。偌大的旧张掖郡城及其大批弃置的官署屋舍，成了遮挡风沙的好处所。更加以这里本来就地势低洼，易于流沙停聚，经长时期开垦后早已有风沙活动，因而其地逐渐演变成了沙漠化土地。同时其周围一带因垦荒、筑城、建房、樵薪等因素导致沙生、旱生植被的大量破坏，亦应是其沙漠化发生的重要原因之一。其地沙漠化的形成当在隋末至唐代。

清末袁大化《抚新纪程》一书，记载了当时流传在张掖的一则传说："相传隋韩世龙守黑水国驻此，有古垒四，去后一夕为风沙所掩，即今沙山也。"检索《隋书》并无韩世龙其人，这一传说亦未知起自何代。传说固然不足置信，但似给我们透露出一个信息，张掖郡城及黑水国北部的荒弃沙化即发生在隋代，其沙漠化的主要作用途径即为风沙侵入，这与我们上考结果恰可吻合。

（二）古绿洲南部的沙漠化

黑水国古绿洲南部（国道312线以南，约15公里）的沙漠化过程，出现在清代初期。《新唐书·地理志》甘州张掖郡条："西有巩笔驿。"《旧唐书·王君㚟传》云，开元十五年（727年）君㚟任河西节度使，"会吐蕃使间道往突厥，君㚟率精骑往肃州掩之。还至甘州南巩笔驿，护输伏兵突起……遂杀君㚟。"《资治通鉴》卷213"开元十五年九月闰月条"亦记其事，胡注："甘州张掖县西南有巩笔驿。"王北辰考得，驿名应为巩笔驿，"笔"即粮囤之意，巩笔即粮囤巩固，或固若粮囤的意思，"笔""笔"均为传刻之讹，是不可信的。[①]该驿的位置，上引史籍一说在张掖西，一说在张掖南，胡三省则折中二者记在张掖西南。依王君㚟进军方向，此驿应在甘州通往肃州的路上，即应在张掖城西北。乾隆四十四年（1779年）刊《甘州府志》卷4《地理·古迹》："今黑水西岸有古驿址，俗曰西城驿者，或云即巩笔驿，或云元西城驿，或云明小沙河驿。"王北辰认为这一古驿址即黑水国南古城，我们同意其说。

可见，以南古城为中心的黑水国南部，并未因其北部隋代以后的荒

---

① 王北辰：《甘肃黑水国古城考》，《西北史地》1990年第2期。

弃而废置，这里自唐洎明一直有驿站之设，许多驿户、站户即居住在黑水国南部，其周围一带绿洲未见沙漠化迹象。《元史·英宗纪》载，至治二年（1322年）三月"遣御史录囚置甘州八剌哈孙驿"。吴正科认为此驿即西城驿。清顺治十四年（1657年）修《甘镇志·建置志·驿传》记："小沙河驿，隶中卫，城西三十里。甲军五十一名，马、骡、驴四十七匹、头。"张掖城西三十里，正是今黑水国南古城之所在。此书资料截止明末，因知直到明末这里仍未废弃。而乾隆四十四年（1779年）刊《甘州府志》卷5《营建·驿塘》中，已裁小沙河驿之名，所记驿路由甘州城内的甘泉驿向西一站五十里即抵沙井驿（今张掖市沙井乡），中间无须停经原小沙河驿，驿路从黑水国南古城以北绕过，说明小沙河驿此时已经废弃，其地已经出现沙漠化迹象。

明代黑水国南部还设过常乐堡，亦在清初荒弃。《甘镇志·兵防志·堡寨》："常乐堡，城西三十里。"甘州城西三十里无疑应在今黑水国区域内。然而在《甘州府志·村堡》中该堡之名则消失得无影无踪，显然亦在清代前期沙化废弃。

黑水国古绿洲南部沙漠化的原因，考虑到其地表沉积物组成上，这里原为黑河西岸的一处牛轭湖，沉积了厚层的沙质、粉沙质物质，在长期开垦、植被破坏后易于被风蚀，吹扬起沙。且这一带古冢较多，封土堆拦截流沙，便于沙丘堆积。随着明代后期至清代前期以来黑河中游绿洲大规模土地开发，大量采伐荒漠植被，风沙之患遂不断加剧。《甘州府志》卷2《世纪》载：正德十六年（1521年）十二月辛卯，"甘州行都司狂风，坏官民庐舍、树木无算"；嘉靖二十六年（1547年）七月乙丑，"甘州五卫风霾昼晦，色赤复黄"；顺治九年（1652年）"诏免故绝抛荒并淹沙压地亩赋额"。有关记载不胜枚举。1942年《创修临泽县志》卷1《舆地志·山川》引清人王学潜《弱水流沙辨》云："今甘州之东之西之南之北，沙阜崇隆，因风转徙，侵没田园，湮压庐舍。"正是在此种情况下，易于风蚀起沙的黑水国南部遂逐渐被流动沙丘吞噬，演变成今天这种景观。至此，整个黑水国古绿洲彻底荒弃沙漠化。

第五节　甘肃玉门花海比家滩古绿洲沙漠化

甘肃省玉门市比家滩古绿洲，面积约310平方公里，今地表景观主要为连片分布的遭受严重风蚀的弃耕地，并伴有吹扬灌丛沙堆。古绿洲上遗存丰富，有火烧沟类型文化遗存、多座汉魏时期的古城遗址等。我们通过实地调查，对其历史面貌及其沙漠化发生的时代和原因作如下探讨。

一、玉门花海比家滩古绿洲概况

玉门花海比家滩古绿洲，位于河西走廊甘肃省玉门市北约60公里的花海乡西北部，北石河南岸。这是一块历史上沙漠化发生、发展的典型区域。1990年9月，我们在河西实地考察时发现了这块古绿洲，此后又先后三次来到这里，对其作了进一步的踏察，摸清了其基本情况。本节拟对其遗存状况及其荒弃沙漠化的过程、原因作一探讨，以期对今天西部大开发中生态环境的保护和建设，走可持续发展之路，提供切实有益的历史借鉴。

比家滩古绿洲分布范围，北抵汉长城，南达南干渠，西接青山农场，东至今花海绿洲，南北宽10~15公里，东西长约24公里，总面积约310平方公里。其地为一处天然洼地，海拔1204~1250米，比其西部的玉门镇绿洲低100~260米。源于祁连山北麓的石油河（汉唐石脂水）古道纵贯其间，从疏勒河向东分流的北石河、南石河（汉海廉渠）自东向西从洼地以北穿过，古绿洲以东约30公里的干海子为其终间湖（汉唐延兴海）。可以想见，当年在石油河等河流的滋育下，比家滩曾是一处农牧业兴旺的绿洲。

今天于这一带所见，地表景观主要为连片分布的风蚀光板弃耕地，皆遭受严重风蚀，风蚀垄槽比高0.6~1.5米。位于古绿洲中心的比家滩古城一带弃耕地尤为集中连片，土层厚，土质好，废弃的阡陌、渠堤遗迹依然可见。其间多有吹扬灌丛沙堆分布，沙堆高0.5~3.5米。弃耕地上散落灰陶片、黑陶片、红陶片、碎砖块等物。古绿洲南部的沙锅梁、上下回庄间的砂石滩等处发现大量火烧沟文化类型遗物，当地群众遂将其地唤作"古董沙窝"。

古绿洲上残存沙锅梁遗址和花海北沙窝破城子、花海西沙窝破城子、上回庄、下回庄、比家滩古城等多座汉魏时期的古城遗址。

二、玉门花海比家滩古绿洲上残存的遗址、城址

（一）沙锅梁遗址

沙锅梁遗址位于花海乡金湾村西北3公里处，系省级重点文物保护单位。遗址面积约6平方公里，遗物集中分布区4平方公里。堆积大量夹砂红陶片、灰陶片、彩陶片，残损的彩陶罐、陶盆等物，并多见石刀、石斧、石凿、石钵、石磨、石臼、石镰、石锥、石弹丸、石刮削器、砍砸器等和贝壳、绿松石、铜器残件（匕首、饰件）等。实地量得一件较大的石臼直径约45厘米，中部凹进10厘米许，表面十分光滑，旁边还遗落与之配套的石棒槌。发现坍塌陶窑遗址五处，地表有大片被烧过的灰红色土和许多木炭碎屑。

（二）北沙窝破城子

北沙窝破城子位于花海乡政府北偏西约25公里、汉长城头墩北3公里处，南北93.5米，东西102米。城垣大段坍塌缺失，墙基残宽3~4米，残高一般1.5~3.5米，最高5.5米，夯层厚7~12厘米。地面散见灰陶片、绿釉红陶片等，多为汉晋时物。该城位处汉长城之北，当属长城沿线一处较大的军事城堡。

（三）西沙窝破城子

位处花海乡小泉村西5.2公里，平面正方形，每边长83米。西垣全圮，存其余3垣。基宽3~4米，顶宽2米许，残高约3米，夯层厚12厘米。附近地表暴露少量夹砂红陶片、灰陶片等。城内城周遍布柽柳灌丛沙堆，风蚀弃耕地遗迹明显。该城规模较小，当为汉代池头县（后改为沙头县，详后）外围的一处城障或乡城。

（四）上回庄古城

上回庄古城位于花海乡政府西略北13.5公里，即西沙窝破城子西南

7.5公里处。平面亦正方形，每边长约45米。东西二垣残损较重，南北垣则较完整。基宽2米许，残高3~5米，夯层厚12厘米。城内东南隅存房宅残迹，宅墙以大土坯砌筑，已倒坍。城内及附近散存大量灰陶片、红陶片、黑陶片等，纹饰有垂幛纹、菱格纹、雨点纹、素面等，俯拾即是，皆汉魏时物。还发现筑城用的半个石杵，其半径约10厘米，中间有穿木把的孔洞。城内西南隅有一处露头灰坑，距地表0.2米，厚0.5米以上，含木炭碎屑等物。周围多见风蚀弃耕地，风蚀垄槽比高1~2.5米。该城位处花海绿洲腹地向西赴疏勒河中游绿洲的大道上，其规模较小，可能为汉魏时的一处驿置，抑或为池头县城外围的城障或乡城。

（五）下回庄古城

下回庄古城位于花海乡政府西6.5公里处，西距上回庄7公里。平面略呈方形，南北49米，东西56米。墙垣以大土坯砌成，底宽4米许，残高0.5~4米。南垣被风蚀成断续土墩状，西垣大段坍倒，东垣已成残高0.5~2米的土垄，唯北垣稍完整。东垣外15米处又起一道墙垣，残宽约3米，亦成颓基，残高仅0.1~0.4米，估计应是一道较老的城墙，该城可能经过几次重修。南垣东段开门，有瓮城。东南、西南角墩残存，墩上见房址残迹，城内亦有房基留存。城内城周散落许多灰陶片、石磨残片、陶纺轮等，并见石刀、石斧、夹砂粗红陶片等石器，还发现明代青瓷片。城南114公里发现一处陶片、瓷片集中散落区，有夹砂陶片、灰陶片、黑瓷片、白瓷片、青瓷片等。城中原有庙宇，已圮，残留不少少数民族用以祭祀的擦擦（土捏而成，形似带尖的馒头），至今仍有人在城里烧香祭拜。据其形制遗物，该城当汉代始建，规模亦小，亦应为池头县城外围的城障或乡城。该城元明清时又被人利用，明代曾为土鲁番人所居。城内多有淤沙，附近地表风蚀严重，隐约可见耕地残迹。

除上述古城外，这块绿洲上所存规模最大、最重要的城址为比家滩古城。

三、比家滩古城及其兴衰沿革

比家滩古城位于花海乡政府西略偏北13.5公里，即西沙窝破城子西6.5公里、上回庄北3.5公里、下回庄西北7.5公里处。城址所在是一处地势平荡、一望无垠的荒滩，该滩与其北面的三墩滩又连在一起，直抵汉长城脚下。滩上多见风蚀古耕地遗迹，分布有较稀落的柽柳灌丛沙堆，高1~3.5米，柽柳生长茂盛。20世纪70年代"农业学大寨"运动中曾在该滩平地造林，结果因水源缺乏林未造成，该古城却几被夷平。实地所见城址仅余两座残墩，夯筑，底基均方形，每边长4米许，一座残高2.5米，另一座残高1.5米。残墩以东250米处又发现一条土埂，长30米许，高1.5米，夯筑，造林运动中曾被用作渠堤而得以保存下来。此埂应系该城原来东墙的一部分。地埂东部还见干河床1条，宽约30米，残深1.5米，当为该城东护城壕的残迹。访当地年长的一些村民，皆言此城原来墙垣高大，可达丈余，城址基本方形，每边长约200~300米。依其规模当为汉代县城遗址。城内外遍布红、灰、黑各色陶片，纹饰有粗绳纹、水波纹、垂幛纹等，还见残铁片、石磨残块。当地群众说，当年推土平地时推出了不少陶罐、陶碗一类的东西。

比家滩古城应是历史上的什么城？其兴废沿革若何？考之史籍，《汉书·地理志》记酒泉郡有池头县，由《后汉书·郡国志》知该县已改名沙头县。《三国志·魏书·阎温传》载：东汉献帝建安二十一年（216年），敦煌功曹张恭遣从弟张华攻酒泉沙头、乾齐二县。可见二县当位于酒泉郡西部，为敦煌兵马东来进攻的首当之地。据《晋书·地理志》，西晋时乾齐划归敦煌郡辖，沙头仍属酒泉郡领，表明乾齐更靠近敦煌，沙头则更接近酒泉，沙头位于乾齐之东。我们曾考得汉乾齐故址为今玉门镇东南二公里处的古城子。[①]《宋书·氐胡传》载：隆安三年（399年），北凉酒泉太守王德背叛段业，自称河州刺史，"业使蒙逊西讨，德焚城，将部曲走投晋昌太守唐瑶。蒙逊追德至沙头，大破之，虏其妻子部落而还"。时段业建都张掖，沮渠蒙逊向西追击由酒泉退往晋昌的王德，结果在沙头获胜。可见沙头位于酒泉之西、晋昌（今瓜州县锁阳城[②]）之东。而比家滩古城正好居于酒泉之西、晋昌和乾齐之东。清乾隆二年（1737年）刊《重修肃州新志·赤金所》亦云，沙头废县在酒泉西。《读史方舆纪要》卷63："沙头城，在（肃州）卫西二百五

---

① 李并成：《河西走廊历史地理》，第104—106页。
② 李并成：《锁阳城遗址及其古垦区沙漠化过程考》，《中国沙漠》1991年第2期。

十里，汉县，属酒泉郡。"这一方位正在今比家滩一带。

池头之名显然是因该县居于池沼或湖泊近旁而得。比家滩之地正是古花海子湖西岸的一处滨湖三角洲，正可谓"池头"的所在。古花海子湖汉晋时名为延兴海，十六国阚骃《十三州志》记，玉门县（故址在今玉门市赤金堡①）"众泉流入延兴"。《大清一统志》：西几马河（今石油河）在玉门县赤金西，源出所在草地，有数脉会流而北，又折东北流三百里，注于阿拉克池；又呼济尔河（今白杨河）在赤金东，上源亦有数脉，北流，折东北，亦注入阿拉克池，池周数十里。阿拉克池即花海子湖。徐松《西域水道记》（撰于清道光三年）卷3："查华（花）海子，逼近赤靖（靖逆卫，今玉门镇）等处营讯，南通青海，北接北路卡伦，留牧方便，盖海滨广斥，故饶水草，海子长一百六十里，北与湃带湖泊相连，其西为布鲁湖。"又据《重修肃州新志·靖逆卫》："布鲁湖，在靖逆西北，宽百余里，长数百里……湖北出泉数道，东北流经盐池，入于花海子。"又云："青山湖，在靖逆西北，与布鲁湖相连。"布鲁、青山二湖今已干涸，青山湖即今青山农场之地。二湖与花海子组成一带线状湖泊群，其泉流奔涌，河曲萦绕，湖滨肥沃的绿洲（比家滩）为从事农牧业提供了良好条件，这也正是池头县兴起发展的自然基础。

近来，于敦煌悬泉出土的部分汉简资料予以刊布发表，我们欣喜地看到了一些有关内容。Ⅱ90DXT0214①：130A简："玉门去沙头九十九里，沙头去乾齐八十五里……"由汉玉门县址（今赤金堡）沿石油河谷北至比家滩古城约45公里，恰合汉里百里许；由比家滩古城向西至乾齐县址约40公里，亦约合汉里85里许，汉简所载又与上考沙头、乾齐、晋昌间的相对位置符合，由此可见比家滩古城应为汉代池（沙）头县城。该城还靠近古延兴海，正处于"池头"之地。城周数公里范围内又多有小城障或乡城分布。该县西汉始置，延及东汉、两晋，北魏时不见记载，当已废弃。

比家滩上还分布有较大范围的汉代墓群，如三个墩汉墓群位于该滩南部，占地约1平方公里许。

---

① 李并成：《西汉酒泉郡若干县城的调查与考证》，《西北史地》1991年第3期。

四、比家滩古绿洲沙漠化

花海比家滩古绿洲，地处疏勒河流域北部，其北边紧邻河西走廊北山南缘的戈壁、流沙地带，且当地盛行风向为偏北风，位当风沙侵袭前沿，因而其地生态环境十分脆弱，很容易因人类的开发活动不当而招致沙漠化的发生。

如前所考，西汉于这里设置池头县（比家滩古城），因靠近延兴海（今干海子为其残迹），处于"池头"而得名。然而值得注意的是，约在西汉末年该县即改称沙头县。前引敦煌悬泉所出 II 90DXT0214①：130A 简记有沙头县与玉门、乾齐等县的相对位置，该简发掘时出自第二发掘区0214探方第一层，而该探方出简1307枚，而第一层出简133枚，纪年简有西汉永始（2枚）、建平（2枚）、元始（10枚）和居摄（1枚）共四个年号。由此可以推断该层汉简大体反映的是西汉末年成、哀以来的情况，而池头改名沙头也当在这一时期。该县因何改名？我们认为主要是自西汉开发以来，其地生态环境发生显著变化之故。

池头一地，靠近汉长城（属酒泉郡北部都尉辖），又为酒泉西出的要道，军事、交通地位重要，对其开发经营自会受重视。1977年8月，于比家滩古城东北约30余公里的一处汉代烽燧遗址出土汉简百余枚，有木简、觚、封简、削衣等，内容有诏书、簿籍、书信、小学字书、练字习作和反映甲卒屯戍活动的不少史料，同时出土转射、泥弹丸、木椎、木耙、木门臼、毛笔竿、笔套、麻布衣、鞋和兽皮等物品。77J.H.S：52 简有"元平元年"（前74年）的纪年。于此我们可以获知，这一带始自武帝，中经昭帝，晚至东汉安帝，屯戍活动一直未有停辍。一如居延、敦煌那样，这里亦建立有完整的塞防、邮驿系统，皇帝的诏令可及时到达，屯田生产开展得颇有声色，并出土有生产工具（木耙等）。除戍卒军垦外，池头县所管辖的民垦亦当兴盛，如此对于这片绿洲平原原本就十分脆弱的生态环境的影响自不会小。可以想知，当时单就用于修筑塞墙、烽燧、坞堡、城邑、渠堤、堰坝等的芦苇、柽柳、白刺等枝柴，用于军民燃料、牲畜饲料等的薪、草就为数可观，过量采刈、砍伐，加以水土资源不合理的开发利用，必然会招致严重的风沙活动，而这首先使得流域北部的下游地区受害最烈。

池头县位处石脂水（今石油河）下游绿洲，其中游绿洲汉代设玉门县，即今玉门市赤金镇绿洲。石脂水本身流量较小，出山径流量仅3.6×10^7立方米，仅占整个疏勒河流域1.5525×10^9立方米的2.32%。至于北石河、南石河流量亦小，且因其流经地段较比家滩古绿洲低20~30米，河水较难引用，主要泄入终闾湖延兴海。河水既少，又在其中下游分设玉门、池头两县，必然使其严重入不敷出，给中下游绿洲的农业开发带来此消彼长的严重环境后果。玉门县的大规模开发及农田引灌，大大影响注入下游池头绿洲的水量。池头县之所以在西汉末改名沙头，一方面反映了随着石脂水中游绿洲农田大量开垦灌溉的进行，致使输入下游的水量显著减少的史实；另一方面也表明下游绿洲的风沙活动已很盛行，"池"缩而"沙"盛，县名因之改易。虽只一字之别，然其所反映的生态状况的变迁则甚明了。

沙头县之设延至魏晋十六国时期。据《甘肃日报》2002年9月10日头版报道，新近在玉门市花海乡比家滩考古获重大发现。甘肃省文物考古研究所于2002年6月，对于比家滩新暴露的53座墓葬进行抢救性发掘，初步判定均属公元360—400年间的十六国西凉至北凉墓葬。出土物丰富，有保存较好的丝绸、长衣、内衣，其上刺绣凤凰图案，接近中原风格。发现完整的衣物疏9块，其上记载随葬品的种类、数量、入葬时间等甚详。尤为珍贵的是，一墓中一块由三四片木板钉成的棺板上墨书5万余字，从已释读的5000多字初步判定为晋律，有诸侯律、捕亡律、系讯律等，并有律文注释。《晋书》记载晋律颁行于泰始四年（268年），但其全文早佚。这一发现填补了我国晋代法律史研究上的空白。由此可见比家滩古绿洲虽然早自汉代后期沙漠化迹象就甚明显，但其直到公元4世纪末仍有人类活动，尚未彻底荒废。

比家滩未发现北魏以来的遗物和墓葬，且史籍中亦不见于北魏及其以后对于沙头县的有关记载，由此推知该县已于北魏时弃置。古绿洲上的其他一些古城址，如花海北沙窝破城子、西沙窝破城子、下回庄等，亦应在这一时期或前或后相继废弃。偌大的比家滩绿洲至此已完全荒废。其后长期以来这一带未有建置，亦未见于文献记载。唐代仅在石脂水中游今赤金绿洲设玉门县（一度改置玉门军），而下游一带仍处荒芜。

元明清时仅下回庄城址复被利用，主要是用作宗教处所，而少有开垦。可见比家滩古绿洲的沙漠化即出现在汉代后期，迨及元魏时已彻底荒废。其沙漠化的原因即在于滥垦滥樵，引发强烈的风沙活动，以及石脂水本身流量较小，受中游绿洲开发制约注入下游的灌溉水源不足之故。研究历史上的沙漠化过程，对于我们今天的防沙治沙、生态环境的保护和建设，走可持续发展之路，具有重要的史鉴意义。

第五章　左宗棠对甘肃水利与生态环境的治理

在中国近代史上，左宗棠是与曾国藩、李鸿章齐名的晚清"中兴名臣"，也是与西北地区社会嬗变关系最为密切的人物之一。左宗棠在就任陕甘总督、督办新疆军务紧张繁重的军事、政治活动之外，从开发西北和甘肃的实际需要出发，推行了一系列恢复和发展地方经济的措施，其中也包含了一些治理水利与生态环境的思想趋向和措施，其治理甘肃水利与生态环境的做法至今仍为后人所称道。

第一节　左宗棠与甘肃水利建设

左宗棠在青年时代就高度重视农田水利事业，认为"王道之始，必致力于农田，而岁功之成，尤资夫水利"[1]。到西北以后，左宗棠清楚地看到，"西北地多高仰，土性善渗，需水尤殷"[2]。没有水源或不兴修水利，就无法发展农业生产。特别是沙漠戈壁地区，无水草、无民人、无牲畜，其生态环境尤其恶劣，更需兴修水利，以改善西北各族人民的生存环境与条件。因此，在西北十余年当中，左宗棠特别重视水利建设，把兴修水利作为恢复和发展当地社会经济的头等大事。

一、左宗棠对兴办甘肃水利的认识

左宗棠对在甘肃兴办水利有许多重要见解。首先，从水利与屯田关系上看，左宗棠认为"开屯之要，首在水利"[3]，即水是推行屯田的

---

[1] 左宗棠：《左宗棠全集·家书·诗文》，长沙：岳麓书社，1996年，第427页。
[2] 左宗棠：《左宗棠全集·奏稿》（卷7），第518页。
[3] 左宗棠：《左宗棠全集·书信》（卷3），第515页。

基础。屯田是左宗棠收复失地以后恢复和发展当地生产，解决军粮和老百姓口粮的首要措施。而且"历代之论边防，莫不以开屯为首务"[①]。据载，左宗棠在甘肃，"一路进兵，一路屯田，便从泾州一直到了敦煌"[②]；其部将刘锦棠、张曜等人也在新疆大规模推行屯田。而屯田政策要取得成功，最基本的条件就是要解决水源和水利灌溉的问题。为此，他认为"水利为屯政要务"[③]。把兴修水利作为屯田垦荒、辑边安民政策的重中之重。这主要有三层含意：第一，解决水源或兴修水利是搞好屯田的基础，这是由西北农业发展的特性决定了的。第二，选择靠近水源或便于灌溉的地方屯田垦荒，集中在屯田面积成片的地带兴修水利，"新增屯垦均在新开渠工两岸"[④]。第三，水之多少决定地之肥瘠和发展生产之潜力。他说："水足者地价倍昂，以产粮多也；水歉少收，价亦随减。将欲测壤成赋，必先计水分之充绌，定地方之瘠饶，科粮赋之轻重。"[⑤]以水利是否便利来判定当地发展农业生产的效益和潜力。

其次，从水利对西北开发和发展的影响来看，左宗棠认为"水利兴废，关系民生国计"，若"不得水之利"，"则旱潦相寻，民生日蹙，其患将有不可胜言者"[⑥]。为此，他指出："甘肃治法，以……兴水利为首务。"[⑦]"治西北者，宜先水利。"即把水利作为振兴经济的关键。把兴修水利作为开发西北优先发展的要政，表现了左宗棠与众不同的眼光和超越其他官僚的才干。光绪四年（1878年），他给坐镇新疆的刘锦棠写了一封长信，信中就西北兴修水利的重要性系统阐述了自己的看法。他说："西北素缺雨泽荫溉，禾、稼、蔬、棉专赖渠水，渠水之来源惟恃积雪所化及泉流而已，治西北者，宜先水利，兴水利者，宜先沟洫，不易之理。惟修浚沟洫宜分次第，先干而后支，先总而后散，然后条理秩如，事不劳而利易见。此在勤民之官自为之，令各知其意，不必多加

---

① 左宗棠：《左宗棠全集·奏稿》（卷6），第288页。
② 秦翰才：《左文襄公在西北》，重庆：商务印书馆，1947年，第125页。
③ 左宗棠：《左宗棠全集·札件》，第455页。
④ 左宗棠：《左宗棠全集·奏稿》（卷7），第518页。
⑤ 左宗棠：《左宗棠全集·奏稿》（卷7），第518页。
⑥ 左宗棠：《左宗棠全集·奏稿》（卷8），第25—26页。
⑦ 左宗棠：《左宗棠全集·札件》，第458页。

督责，王道只在眼前，纲张斯目举矣。其要只在得人，勤恳而耐劳苦者，上选也。"①信中包含了对西北兴修水利的重要性、步骤、方法等问题的认识，具有很强的指导性。后来，他总结治水经验说："治水之要，须源流并治。下游宜令深广，以资吐纳；上游宜多开沟洫，以利灌溉。"②这些思想，对其在西北大兴水利，整体推进开发西北的各项事业产生了重要影响。

再次，从水利与养民、安民的关系方面看，左宗棠认为："水利所以养民，先务之急，以此为最。"③即把水利作为养民安民的根本。他之所以特别重视水利，除他一贯的重农思想外，主要出自重民思想。在他看来，既要维护国家利益，就要重视赖以维持这个国家存在的民众。在这样的思想基础上，他深谋远虑，提出了"保民""养民""爱民"和"民可近不可狎"等一系列正确观点，认为"保民之道，必以养民为先"④，"诚心爱民，其为民谋也"⑤。对于在西北治理旱灾，他坚持"若从养民之义设想"，非兴修水利不可的主张⑥。左宗棠心系于民，得到了人民的支持和拥护，这是他兴办西北水利取得成绩的先决条件。

二、甘肃兴办水利的灌溉类型和兴工方式

西北地区土地广袤、气候干燥、地形复杂，水资源的分布极度不均。水源紧缺是西北干旱的主要症结。因此，河流、水泉、地下水、雪水就成了西北水利工程赖以兴建的基础。左宗棠根据不同地区可资利用的水源地的差异，因地制宜兴修不同种类的水利工程，主要可分为三种类型：

一是沿河开渠灌溉型。西北地区除新疆外，甘宁青诸省区的水系多属黄河流域。所谓沿河开渠灌溉型主要是指在靠近黄河及其支流的一些

---

① 左宗棠：《左宗棠全集·书信》（卷3），第387页。
② 左宗棠：《左宗棠全集·奏稿》（卷8），第26页。
③ 左宗棠：《左宗棠全集·札件》，第104页。
④ 左宗棠：《左宗棠全集·书信》（卷3），第759页。
⑤ 左宗棠：《左宗棠全集·书信》（卷3），第716页。
⑥ 左宗棠：《左宗棠全集·书信》（卷3），第695页。

地方开渠引灌。左宗棠到西北后，首先进行治理和开发的是贯穿宁甘陕三省的泾水。在洮河流域，兴修抹邦河水利工程。在宁夏，左宗棠支持宁夏道陶斯咏修复汉渠。先是，金积堡收复之后，左宗棠拨马化隆缴出的部分余款，整理各渠，主要是唐、清、汉三渠，因为避险省工，新修不久又出事，左宗棠十分不满。同治九年（1870年），宁夏道陶斯咏要求拨款万两修复汉、唐、清旧渠时，左宗棠正处于"饷项万分支绌"的困境，但他认为"事关水利农田，未便任令荒弃"。因而，"于无可设想之中筹备湘银三千两"。并指示陶斯咏，"照引水灌田之户计亩摊捐"办法，将官办改为官助民办，"令附渠各庄堡回、汉绅民从公拟议，开造某户应摊银数，悬榜通衢，限日呈缴"①。这项工程进展很快。但在完工后就发现渗漏，野狐坝外堤坍塌，需载石修复，左宗棠对此"殊深系念"，要陶斯咏"赶紧设法修筑，务期坚实耐久，毋许草率贻误"②。光绪元年（1875年），左宗棠拨银一万两，兴办宁夏垦务，又以半数银两整治境内渠道。大约光绪五年（1879年），固原州代理知州廖溥明向左宗棠"禀办固原海城水利，似尚切实"③。得到了左宗棠的肯定。可见，左宗棠在宁夏兴办水利的工作从未间断过。在西宁湟水流域，左宗棠于同治十一年（1872年）冬命各厅县详细调查境内荒废的古代渠道，并于来年修复，计有西宁城西阴山崩裂时压坏的渠道约一里许；新修碾伯楼弯堡一带沟渠二十余里。以上所引，均为投工投料较多、影响较大的引河开渠的灌溉工程。小规模的水利工程尚未计算在内。

二是川塬凿井灌溉型。西北多数地方降雨稀少，极易发生旱灾。大旱之年，河水干涸，无水可资灌溉，何况还有许多本无河流的旱塬就只能靠掘井汲水灌田。光绪三年，针对这种情况，左宗棠在陕甘两省受旱灾影响严重的地方，总结前人掘井灌田的经验，推广掘井方法，掀起了一个掘井运动。查阅左宗棠这一时期与同僚下属的来往函件，多涉及这个问题。在给陕西巡抚谭钟麟的信中说："民间开井，虽可以工代赈，不必另为筹给。"对赴工之人，"则宜察酌情形，于赈粮之外，议加给银钱，每井一眼，给银一两或钱一千数百文，验其深浅大小以增减之。

---

① 左宗棠：《左宗棠全集·札件》，第236页。
② 左宗棠：《左宗棠全集·札件》，第268页。
③ 左宗棠：《左宗棠全集·书信》（卷3），第515页。

俾精壮之农得优沾实惠，而且前之救奇荒，异时之成永利，均在于此。计开数万井，所费不过数万金。如经费难敷，弟当独任之，以成其美。"①陕西平川较多，凿井历史悠久，适宜大规模掘井，他把陕西作为凿井的重点区域。而甘肃只有陇东的部分地区适宜掘井，对此他也大加督责，作了不少的安排。他说："甘肃各州县，除滨河及高原各地方向有河流、泉水足资灌润外，惟现办赈之庆阳、宁州、正宁等处川地较多，尤宜凿井。兹已将成法刻本，会列台衔，札发司道转饬各州县仿照陕西开井加赈办法，迅即遵办……计富者出资，贫者出力，两得其益，民当乐从。"他认为如能抓紧抓好，乘现在"正当农隙之时，地方尚无饥馁之苦"的有利条件，"赶速图之"，甘肃"当较陕西尤易集事"，②取得成效。而且他还大力推广"区种"法。具体做法是将地亩划片作成小畦，谷物种在一行行沟内；灌水时由渠内引水入沟，好处是"捷便省水"。他认为推行凿井灌田之法，必须与推广区种法同时并举，才能收到实效。因为"开井、区种两法本是一事。非凿井从何得水？非区种何能省水？但言开井不言区种，仍是无益"③。左宗棠这种开井、区种两法并举的水利灌溉类型，颇具有今天节水抗旱型高效农业的某些特征，很令人钦佩。这种作法既可以保证农民在大旱之年抗灾保产，也可在正常之年浇田增收。

三是河西井渠灌溉型。甘肃祁连山麓连绵千里的河西走廊自古号称戈壁瀚海，气候干燥，环境艰苦。但凡能汲引由雪山融水形成的内陆河水和凿井开渠，导引丰富的地下水灌溉的地方，往往成为当地发展农业生产的膏腴之区。自汉代经营西域以来，历代在西北迭有屯垦之举，兴建了一些水利设施。这些水利工程可称为河西井渠灌溉型。即开渠导引由雪山融水形成的河水灌溉，或充分利用地形，开渠导引由雪水形成的地下水入田灌溉。左宗棠到河西走廊以后，先安抚百姓，使之着地生产，不再流徙；对最穷荒的安西、敦煌、玉门三州县，拨给赈银二万两，寒衣一万套，拨专款兴办军屯民屯，整治河渠。张掖、肃州旧有的水利设施得以修复，农业生产逐渐恢复起来。

---

① 左宗棠：《左宗棠全集·书信》（卷3），第277页。
② 左宗棠：《左宗棠全集·书信》（卷3），第279页。
③ 左宗棠：《左宗棠全集·书信》（卷3），第277页。

　　左宗棠在甘肃兴办水利工程，主要采取了防营独办、兵民合力和官贷民办等三种出资兴工的方式。

　　一是防营独办。这是左宗棠在甘肃兴修水利的主要方式。这种方式主要集中在军屯要地或防营驻地附近。由左宗棠筹资出钱，勇丁出人出力完成。据载，在甘肃境内，"各地防营所修灌溉工程，则有河州三甲集的新挖水渠四十余里，祈家集的兴修水渠一道；狄道州的疏浚旧渠两道"①。在新疆境内，自张曜在哈密兴修石城子渠给予成功示范以后，其他地方如镇西厅、迪化州、绥来县、奇台县、吐鲁番、库尔勒、库车等地所修各渠及坎井等，"皆各防营将领饬兵勇轮替工作"②，独立完成。

　　二是兵民合力。即由左宗棠拨款，兵勇和老百姓共同兴建的水利工程。在甘肃境内主要有王德榜主持的军民共用开挖抹邦河的水利工程。在新疆，不少水利工程都雇用民夫，据载："其兼用民力者，给以雇直。地方官募民兴修者，亦议给工食。"③特别是"库车阿寺塘，工程尤大，驻扎库车统领……易开俊督率弁兵，辅以民夫，修筑通畅，增开支渠，灌溉称便"④。

　　三是官贷民力。就是由官府出资，由地方官督率农民兴建的水利工程。这主要有两种形式。第一种是由官府直接拨款，由地方官督办兴建的水利工程。如宁夏修复秦、汉、唐三渠，左宗棠曾三次拨给款银，还曾小规模地推行过由灌田户计亩摊捐集资的办法，但修复渠道的效果都不佳，左宗棠很是不满。另外，收复西宁后，左宗棠曾命地方官"准备夫料，以待来年实施春工兴修"⑤，修复了一些古渠。第二种是以工代赈，兴修水利。光绪三年（1877年），西北大旱，左宗棠想利用以工代赈办法开泾，还嘱托平庆泾固化道魏光焘去筹划，未果。但以工代赈的方法却在当年的陕甘凿井运动中得到了某些实施。左宗棠"督各守令劝谕有力之家一律捐资开井，计富者出资，贫者出力，两得其益"。而且，

①　秦翰才：《左文襄公在西北》，第190页。
②　罗正钧：《左宗棠年谱》，长沙：岳麓书社，1982年，第378页。
③　罗正钧：《左宗棠年谱》，第378页。
④　罗正钧：《左宗棠年谱》，第384页。
⑤　秦翰才：《左文襄公在西北》，第189页。

他认为"以工代赈"，"多兴水利，似所费少而为利多"①。值得大加提倡。陕甘的一些地方，就是用以工代赈的办法凿井，应付当时的大旱荒年的。

三、泾河治理与开挖抹邦河

（一）泾河治理

1. 左宗棠重视泾河治理

首先，力图通过治理，使泾水"复郑、白之旧"，重新发挥灌溉功效。郑国渠和白渠是古人分别在秦和西汉时期在陕西境内的泾水下游开挖的两条最早的引泾灌溉的水利工程，曾产生过很好的经济效益。后来，由于黄土高原植被遭到破坏，水土流失日渐严重，河渠淤塞，水量渐小，加上年久失修，逐渐失去了灌溉功能。左宗棠看到这种情况以后，经多方考察，决定从上游着手，对泾水进行治理，使其发挥旧有的功效。

其次，从现实情况来看，对泾水上游进行治理，开渠灌田，既可使泾水正流水势变小，减少下游的涝灾，又可使泾水流域"得腴壤数百万顷"②，最终实现避害趋利，综合开发的目标。泾水治理是一件让人伤脑筋的事，主要是因为"泾流之悍激性成，自高趋下"，岸高水急，且"来源既长，收合众流，水势愈大，但于其委治之，断难望其俯受约束。若从其发源之瓦亭、平凉、白水、泾州一带，节节作坝蓄水，横开沟洫，引水灌平畴，则平、泾、白水、泾州一带原地，皆成沃壤；而泾之正流受水既少，自可因而用之。泾州以下，均属陕辖，再能节节导引溉地，则聚之为患者，散之即足为利，而原田变为水地，泾阳南乡可无涝灾"③。这是左宗棠驻节平凉期间经实地考察得出的结论，包含了他决心治理泾水的基本意图，而贯穿始终的目的则是意欲"为关陇创此永利"④，使当地人民群众永获实惠的思想。

---

① 左宗棠：《左宗棠全集·书信》（卷3），第279页。
② 左宗棠：《左宗棠全集·书信》（卷2），第205页。
③ 左宗棠：《左宗棠全集·书信》（卷3），第279页。
④ 左宗棠：《左宗棠全集·书信》（卷2），第205页。

2. 治理泾河的设想

同治四年（1865年），左宗棠的重要助手——帮办陕甘军务的刘典，在郑、白渠的遗址上，重修了龙洞渠土渠一千八百丈，渠堰和石渠长五十七丈二尺。还有一条渠道叫利民渠，是明代成化末年修的一条引泾灌溉的渠道，可以灌田三百余顷。由于民间用这条渠道运转水磨，所以又叫做头道磨沟。左宗棠于同治年间对之进行疏通，还改名为"因民渠"。左宗棠并不满足于这种修修补补的小规模治理，他把着眼点放在对泾水全流域的治理上，力图使泾水通过治理发挥避害趋利的综合效益。他把治理重点放在泾水上游，并提出如下几点初步的设想。

第一，"节节作闸蓄水，并可通小筏"。左宗棠设想在泾水试行通航，并以湖南老家的一些河流为例，进行比较。他给正在泾阳疏导泾水的袁保恒的信中说："吾乡湘（水）、资（水）之水，均可于源头通舟楫；醴陵渌水，小筏可至插岭关下。弟驻平凉久，常览形势，知郭外泾流大可用，若浚导得宜，何以异乎？"①他认为只要治理方法科学、正确，在河上节节作水闸蓄水，是能通木筏的。

第二，"速开支渠，治其上源"②。左宗棠认为"平凉西北数十里，为泾水发源处，南数十里为汭水发源处，至泾州合流水势渐壮。若开渠灌田，可得腴壤数百万顷"③。如果从开发水利，发挥优势上着眼，"从其发源之瓦亭、平凉、白水、泾州一带，节节作坝蓄水，横开沟洫，引水灌平畴"，则平凉至泾州一带川地"皆成沃壤"④，可收避害就利之效。而从根治水患、克服劣势上看，泾水"水性悍浊，不但泾川、平凉受患之烈较他处为最，甚至由于干流狭急，无支渠渲泄以杀其势，故遇涨发，则泛滥无涯涘，积潦难消，足以害稼"。他认为若从上游"多开支渠以资渲泄"，则泾阳以下无水灾，又可收减灾免祸之效。因此，"益见支渠开浚之工不可缓也"⑤。

第三，先开挖二百里正渠，以作示范。光绪三年（1877年），西北大

---

① 左宗棠：《左宗棠全集·书信》（卷2），第205—206页。
② 左宗棠：《左宗棠全集·书信》（卷3），第695页。
③ 左宗棠：《左宗棠全集·书信》（卷2），第205页。
④ 左宗棠：《左宗棠全集·书信》（卷3），第279页。
⑤ 左宗棠：《左宗棠全集·书信》（卷3），第695页。

旱，严峻的旱情使左宗棠下决心对泾水进行治理。他打算用以工代赈的办法开泾，并安排平庆泾固道魏光焘实施。但治理泾水工量大，耗资多，加以"泾流之悍激性成，自高趋下，宜非人力所能施"①，于是，左宗棠决定采用先进机器开河，打算开一条长二百里的正渠，以作示范。这就是左宗棠从国外引进新式掘井开河机器之源起。这样，前述三种初步设想，最后只落实为机器开渠一种方案，并得到了一定程度的实施。

3. 引进开河机器与结局

泾河发源于平凉附近的崆峒山西麓的陇山之中。《甘肃新通志》说："泾河水，在县城（平凉）西，源出笄头山下。"②《平凉县志》："泾河水在县西南笄头山。"泾河自六盘山东麓发源后，东南流经宁夏泾源、甘肃平凉、泾川等地，到陕西省高陵县入渭河，全长达四百五十公里。要使这样一条流经三省区、全长近千里的河流为民造福，使其上源"平、泾、白水、泾州一带原地，皆成沃壤"，"泾州以下……原田变为水地"，全靠人力治理是困难的。左宗棠原先就听说外国有开河机器，知道"自明以来，泰西水法既已著称"③，他曾在光绪元年托两江总督沈葆桢代为购买掘井、开河机器，同时又让在英法留学的学生顺便研究这样的机器，但均未见答复。据《泾川县采访录·灾异》记载，光绪三年（1877年）春夏间，泾州一带"旱，麦歉收，至秋旱甚，麦未下种，斗价一千八百文，民大困"，更加强了左宗棠根治泾水的决心。他想试行以工代赈的办法来治理。恰在这一年，胡光墉来信说外国有"新出掘井、开河机器"，左宗棠便要胡设法买几台，"并请雇数洋人，要真好手，派妥匠带领来甘，以便试办"。他认为："此种机器流传中土，必大有裨益，与织呢织布机同一利民实政也。"④接着，又嘱咐胡光墉，开河、掘井机器，"请先购其小者来"⑤。还确定"将来开河机器，拟先留之平凉，治泾川正流……事毕再解送兰州"⑥。开河、掘井机器是

---

① 左宗棠：《左宗棠全集·书信》（卷3），第279页。
② 升允、长庚修，安维峻纂：《甘肃新通志》卷10《舆地志·水利》，第562页。
③ 左宗棠：《左宗棠全集·书信》（卷3），第297页。
④ 左宗棠：《左宗棠全集·书信》（卷3），第297页。
⑤ 左宗棠：《左宗棠全集·书信》（卷3），第356页。
⑥ 左宗棠：《左宗棠全集·书信》（卷3），第481页。

通过泰来洋行从德国买来的。光绪五年（1879年），这些机器和织呢机一起启运来甘。次年开河机器运到泾源工地。左宗棠派平凉府知府廖溥明主持其事，并请了德国技师，其中之一便是曾主持过兰州织呢局局务的福克，打算先开一条长二百里的正渠。左宗棠采用先进机器治理泾水，这在西北乃至中国近代治河史上都是一个创举，在中国水利建设史上具有划时代的意义。

泾河工程的营建以左宗棠所部勇丁为主，还征集了部分民工。这些军民都由德国技师指导。但德国技师认为开渠计划有问题，鼓不起干劲。光绪六年冬，左宗棠奉召入京，路过平凉时，亲往开渠工地视察。对德国技师进行了严厉的批评。据他说，"洋匠经训饬一番，颇有振作之意"。他还指示平凉知府，新渠应再拓宽，并应再多开几个渠道，"以资容纳，上流宽缓，下流就可没有急溜，实为两利之道" ①。但工程进展仍十分缓慢。据德国技师说，"渠底多系坚石"，人力施工困难，德国还有一种开石机器，如能买到，工程更可迅速。左宗棠很以为然，打算安排胡光墉再去添购。但不幸的是，光绪七年四月，泾水暴涨，冲毁了河渠，对工程是否继续下去，陕甘总督杨昌浚与左宗棠意见相左。但此时左宗棠已鞭长莫及，只是在光绪七年（1881年）给杨昌浚的信中提到"平凉水利，冬前或可葳工"一句 ②。此处需要注意两个问题。一是左宗棠引进的凿井开河机器到底是一种什么类型的机器？史无明文记载，也很难考稽。只能依据现代人对相关机器类型和机械知识的了解进行推测。但据福克说它不能开坚石，说明它不是开石打眼的钻孔机，似乎是小型挖掘机或铲土机一类的机器。据秦翰才在《左文襄公在西北》一书中的考证和推测，这台机器到光绪三十四年（1908年）时，还静卧在平凉府署，已锈迹斑斑，零件缺失。他不禁对之产生了"没有英雄用武之地"的喟叹 ③。二是开河的具体地段在哪里？也是史无明文，只是在《平凉县志》记载："湟渠，起县城西，绕城北，东注五十余里，清光绪初左文襄公所辟。旋以水低，不能上田，遂寝。"

---

① 左宗棠：《左宗棠全集·书信》（卷3），第662页。
② 左宗棠：《左宗棠全集·书信》（卷3），第720页。
③ 秦翰才：《左文襄公在西北》，第187页。

左宗棠被调回关内后，对西北水利建设依然十分关注。光绪八年（1882年），当他闻知"泾源暴涨"，渠坝被冲毁时，内心痛惜不已。此时左宗棠虽已离任，但仍主张继续修治。他说："惟泾源猛涨，小有所损，益见平凉支渠修治之功未可缓也。"[1]当护理陕甘总督杨昌浚来信向他征询意见，想"以节劳费"为名义，停止施工时，他在复信中指出："惟思六府之修，养民之道，政典所系，未宜草草。"治泾工程虽"猝遇此灾，致从前已成干渠一并湮塞"，但工程不应就此停止。尽管德国技师福克也主张停工，认为"泾源纷杂，治之劳而见利少"，但这主要只从经济上是否有效益而言；如果站在政治的高度来看，即"从养民之义设想，则多开支渠以资渲泄，实事之不可缓者"[2]，泾水不容不治理。不久，在给甘肃按察使魏光焘的复信中写道："种树、修路，讲求水利诸务，切实经理，必有其功。"并情不自禁地说："不佞十数年一腔热血，所剩在此，至今犹魂梦不忘也。"[3]其言谈情真意切、感人肺腑，表现了左宗棠对在西北经营未竟事业的关切和怀念。

诚然，左宗棠对泾水的治理以失败告终，没有实现他当年治理治水的一系列设想和理想，留下了许多的遗憾。治泾失败的原因是多方面的，但最关键的一条还是治理方案缺乏科学的规划和论证。泾水自古以来水文情况就极其复杂，它从六盘山麓的岩石中发源，流经陇东黄土高原地区，已由清清的溪流变成含沙量较大的浊水，古代民谣就有"泾水一石，其泥数斗"的说法。清朝乾隆时期仍是如此，"泾河自邠以上滩浅而流急，故浊"[4]。泾河水量变化也很大：冬季流量较小，夏季则猛增；平常年景和洪水暴发时节更不相同，例如泾河的一大支流泔水，"每值暴雨，山洪骤发，河水猛涨，汪洋一片，宽达二三百公尺，历时一日或数小时不等。常年多在小水时期，清流一溪，明可鉴底"[5]。这样一条水流湍急，"暴涨无常"[6]的河流，怎么能同"小筏可至插岭关下"的"醴陵渌水"同日而语呢？根本没有考虑到泾水变化大、季节性

① 左宗棠：《左宗棠全集·书信》（卷3），第693页。
② 左宗棠：《左宗棠全集·书信》（卷3），第695页。
③ 左宗棠：《左宗棠全集·书信》（卷3），第705页。
④ 张延福修、李瑾纂：《泾州志·地舆》，兰州：兰州古籍书店，1990年，第274页。
⑤《甘肃经济建设纪要》，兰州：甘肃人民出版社，1980年。
⑥ 光绪《泾州乡土志》，中华全国图书馆文献缩微复制中心，1994年，第421页。

强的特点。他提出的"作闸通航"一事根本无法实施。至于用机器开渠的方案也犯了同样的错误，对泾水的水文、开渠上水的高度等缺乏科学的论证，工程可行性差，修建三年，只好"旋以水低，不能上田，遂寝"，这成为治泾史上的一大憾事。

（二）开挖抹邦河

抹邦河水利工程是清同治十二年（1873年）左宗棠部将王德榜率军驻扎在陇西狄道（今临洮县）时所建，是左宗棠在甘肃各地兴建的诸多水利工程中最成功的一项。

王德榜（1837—1898），字朗青，湖南江华人，湘军将领，随左宗棠参与镇压太平天国与捻军起义，曾任福建布政使。后来随左宗棠到西北，又参与镇压陕甘回民起义。左宗棠所部湘军，原是湘军中的另一支派，独立于曾国藩所率湘军之外，系王鑫旧部，号称"老湘军"。这支军队的勇丁多是湖南农民，所以一直保持着农民的特色。左宗棠不仅给老湘军制定了严格的纪律，他本人对于农事也确有浓厚的兴趣。而勇丁又都是农民，所以，"遇他们在某一个地方驻防时，便常教他们就路旁、河边、屋角，种树种菜"[1]。因此，左宗棠凡遇到地方的公共工程，象开河、筑路、造桥、修城之类，也常派勇夫去做。王德榜所部湘军，就是这样一支既能打仗又能辛苦劳作的部队。

同治十年（1871年），王德榜参与了进攻河州回民起义的几次战役。河州回民起义被镇压以后，根据左宗棠的安排，"前福建布政使王德榜所部定西等营，仍驻狄道，西北接宁河、太子寺、三甲集各营，南接岷、洮各营，东接巩、秦所属各营"[2]。并要求他们耕垦自给。王德榜以前为了向岷州运粮，曾炸过洮河的九岭峡，以便打通粮道。现在，为了搞军屯，他又打算引抹邦河水来灌田。抹邦河是洮河的一条支流，流过狄道岗关坪之上，坪下就是洮河。在引水的地方，有一个山头，"高三十五六丈；这一个山坡，长四百二十丈"。王德榜决定把这一段四百二十丈的山坡，挖抵二十五丈，开成明渠。他估计要人工五六十万。他施工的要求，经过多次的请求才得到了左宗棠的同意，并给予了支持。因为工

① 秦翰才：《左文襄公在西北》，第43页。
② 左宗棠：《左宗棠全集·奏稿》（卷5），第283页。

程太浩大，以致从来不怕困难的左宗棠也产生了犹豫和动摇之心。在工程动工以后，王德榜每天抽调一半的勇丁约二千五百人来工作，大概经过六七个月后才告完工，可灌田数十万垧（每垧二亩半）。①

　　工程详细情况，王德榜在龙王庙碑文中记述到："斯渠也，始造于同治十二年六月既望之翼日，以同治十三年五月晦日讫功。其长七十里，广丈有六尺。堤高三丈五尺，宽二十丈余。横亘两崖。糜金钱四百万有奇。火硝磺二千六百石。"在巩昌府知府给左宗棠呈文中，记载了勘验该工程的情况："知府于（同治十三年）七月初四日起程，初六日抵狄道州城。次日，会同王藩司德榜，狄道州知州喻光容（字仙稿，湖南宁乡人）等携带丈尺，驰往距狄道城南三十里岚关坪地，从迤东之陈家嘴行水旧道勘起。勘得此股渠水，旧由陈家嘴分出之岚关坪山腰，穿洞入渠。据该处民人称：道光年间，山洞崩塞，是以水不归渠。此次王藩司于抹邦河上流，筑坝一道，阻往来水；另开新渠，引水灌溉田亩。坝高三丈有奇，宽二十丈；俾河水鼓起入渠。引至岚关坪山脚，复凿平山石，高七丈有奇，长四百余丈，中开石渠一道，而宽三丈，深八九尺不等。水由石渠绕入土渠。并于狄道城南川一带，开挖支渠十一道；川北一带，开挖支渠七道。所有南北两川民田，均可以资溉灌。其渠口之西，设有板闸一道。需水多少，则按闸板启放。坝右石山，又开便河一道，东西长三十八丈，深一丈八尺，宽约十余丈，以备水旺时分水势，免致伤堤。坝之南，便河之北，就石坪上立庙一座，横联三楹。其沿山一带之土沟，碱水下注，均筑桥漕，架水过渠，由田间另辟水路，将碱水泻入洮河，不致有伤禾稼。洵为筹划尽善，办理得法。查由入水渠口，西行抵岚关坪高坎，计长七里；自高坎迤北至狄道州城，三十里；过州城迤北搭视渡，过东峪沟，以及八里、十里、十五里，直达清水渠。计自坝口至清水渠，统长六十余里，始由清水渠泻入洮河。卑府周视岚关山脚渠道及新开便河，均系石山开凿，地雷轰成，委非民工民力所能举办。且时值雨后，水势颇旺，渠内源源灌注，亦无泛滥之势。"②从这段记载可以看出抹邦河水利工程质量优良，岚关坪灌区可灌田约25

---

① 秦翰才：《左文襄公在西北》，第188页。
② 慕寿祺：《甘宁青史略》卷24，第5页。

万余亩。

关于这项水利工程，左宗棠的记述很少，只在同治十二年（1873年）给王德榜的一封信中说："狄道荒地甚多，又阁下新开水利，使旱地变为上腴，尤便安插，诚为一劳永逸之举。"① 这实际是对这项工程给予了充分的肯定和赞誉。

可以说，在左宗棠的部属中，"魏光焘一支兵，可说最善于筑路；王德榜一支兵，可说最善于开河"②。因为魏光焘一军长期驻扎在从平凉经六盘山到定西一带，这段路是关内最难走的，也是最难维修的。而王德榜自在狄道炸山开渠以后，在督带恪靖定边军出征越南以前，还帮助左宗棠"在北京做成了永定河上源一千数百丈的石坝；开成了六合境内滁河下游二十多里的别支，铲除其中最艰阻的二十丈的石脊；整治句容赤山湖到南京秦淮河间又是一个二十多里的水道"③，故而被秦翰才称作"开河专家"。

四、水利建设的成绩与评价

水利是农业的基础，水利更是西北农业的命脉。开发西北首先面临着兴修水利的艰巨任务，但开发本身又是一项艰巨复杂的系统工程。因此，左宗棠到西北后，屯田、开渠、兴学、办洋务等事就成了他需要时加弹奏的一把四弦琴。而兴修水利（开渠）这根弦，则成了他弹拨最勤的那根。因此，大军每收复一地，随着左宗棠大营向西推进，关中、平凉、宁夏、河州、西宁、河西，都依次出现了兴修水利的热闹场景。

据不完全统计，左宗棠及其部将、僚属所修建的水利设施，就关中来看，有"同治四年，帮办文襄公陕甘军务的刘典就郑、白渠遗址，重修龙洞渠土渠一千八百丈，渠堰和石渠五十七丈二尺"。④ 还疏通了一段名叫头道磨的水渠。

在平凉，治理泾水是他在甘肃大办水利中劳心劳力最多的一项工

① 左宗棠：《左宗棠全集·书信》（卷2），第414页。
② 秦翰才：《左文襄公在西北》，第43页。
③ 秦翰才：《左文襄公在西北》，第189页。
④ 秦翰才：《左文襄公在西北》，第185页。

程。

在宁夏，左宗棠三次拨款，试图修复秦、汉、唐古渠。

在秦州，左宗棠最赏识的吏材陶模在知州任内，"就渠北引渭河水，创开陈家渠、毛緤家渠、张杨家渠、河边渠，连同乾隆朝所开古渠，共为五渠，灌田数千亩"①。

在河州，有由王德榜将军率军兴建的炸石开山，引抹邦河水的工程。

在西宁，曾于城西修复因阴山崩裂而压坏的古灌渠二十余里。

在河西走廊，"张掖开渠七道，又修复马子渠五十六里，灌田六千八百亩。肃州就临水河治七大坝，并以均差役。抚彝厅报开挖渠道支银一千七百七十五两有零"②。

至光绪三年（1877年），为抵御西北旱灾，左宗棠发起凿井运动，在关中和陇东兴修的水利设施，因资料湮没，无法统计。但它所产生的效果和对后人的影响，却是难以湮没的。

通过前面的记述我们看到，左宗棠在其任期内兴修的水利工程几乎遍及甘肃的各个角落。工程项目从治河、修渠、筑坝、凿井，到挖掘坎儿井等，内容丰富；工程动工主要依赖人力畜力，甚至使用炸药开山炸石，运用最新治河机器施工开渠，使用了他当时所能动用的所有的工具和手段。因此，从西部开发史来看，在一个相对集中的时间里，有组织、有步骤、大范围地开展如此大规模、多类型的水利建设，很值得总结与研究。

左宗棠在短时间内在开发甘肃水利的创举中取得如此丰硕的成果。主要是因为：

第一，左宗棠非常重视水利建设。他对西北进行建设性开发，使他与以往的官员相比，在措置上大为不同，能够把着眼点放在经济社会的恢复与发展上。在这样的背景下，兴修水利自然就被摆在突出的战略位置上，成了各项工作的重中之重。

第二，用人得当、施工得力。在兴修水利工程时，左宗棠非常注重考察和选派得力可靠的官员。他认为兴修水利，"其要只在得人，勤恳

---

① 秦翰才：《左文襄公在西北》，第190页。
② 秦翰才：《左文襄公在西北》，第189页。

而耐劳者，上选也"，"此在勤民之官自为之，令各知其意，不必多加督责，王道只在眼前，纲张斯目举矣"①。如指派王德榜开挖抹邦河，选派张曜在哈密开渠引灌，使用刘典、杨昌浚、刘锦棠等人督办水利工程，都能如期较好地完成任务。尤其是王德榜将军，后来几乎成了协助他兴办水利的"开河专家"。

第三，注重采用先进的生产力设备和技术兴修水利。左宗棠虽偏处西北一隅，但却能放眼世界，引进德国先进的治河机器，聘请德国技师，用于对泾河的治理，大大提高了施工效率，表现了左宗棠作为洋务派巨擘所应有的眼光与气魄。这在左宗棠的个人经历中，也值得大书一笔。

当然，左宗棠在西北兴修水利的活动，还有许多不足之处和教训，也值得后人汲取。

第一，水利建设方案缺乏科学的规划和论证。左宗棠在西北各地兴办水利，基本上是按当地收复的先后顺序逐步开展的，虽然也有因地制宜的成分，但从总体来看，仍缺乏整体科学的统一规划，小范围也缺乏整体科学的规划和设计。具体的水利工程有的虽有简单规划，但该规划能否行得通，又缺乏必要的科学的可行性论证。以治理泾水为例，该项目虽为左氏花费心力最多的水利工程，但由于治泾规划没有进行可行性研究，规划的适用性差，无法继续实施，只好中道而废，留下了不少的遗憾。

第二，兴修水利的政策缺乏连续性。左宗棠在任内重视兴修水利，所以能取得巨大成就。但他之后的继任者，未必都能持之以恒地重视水利建设。许多水利设施后来都停建或废弃了，无人过问，这是很令人痛惜的。

第三，西北兴修水利没有得到清政府和民间的有力支持。左宗棠投入到水利工程上的资金，都是他本人想方设法筹措的，很少有来自清政府的直接拨款。至于民间出资，由于战乱使西北各地一片赤贫，几乎没有人有能力捐资治河修渠。连年战争，也使西北人口锐减，百姓元气大伤，民间很难独力完成较大规模的水利工程。再加上地方官吏推诿扯皮，许多难题都压到左宗棠的肩上。在这种情况下，能取得上述成就，实属

① 左宗棠：《左宗棠全集·书信》（卷3），第387页。

不易。他兴建的水利工程，虽然有治理泾河的失败，但也有王德榜开挖抹邦河的成功。且经过他十余年对水利的不断开发和建设，西北一些地方一度出现了"水利大兴，而垦事亦盛"的局面。左宗棠的功绩永远值得西北人民铭记！他在西北兴办水利的经验教训也值得今人汲取和借鉴。

第二节　甘肃生态环境的现状及治理思路

左宗棠是中国历史上对甘肃生态环境进行过初步治理的政治家，他的许多做法至今仍为后人所称道。本节以甘肃为中心，旁及新疆，对左宗棠治理甘肃生态环境的思想、措施与成绩展开讨论。

一、甘肃生态环境现状

西北地区疆域广阔，地势较高，多为高原和荒漠。由于处于亚洲大陆腹地，气候多为干旱、半干旱类型，年均降水量少，是我国最干旱的区域。加上年平均气温较低，生态环境十分脆弱。左宗棠到甘肃之时，正是当地生态环境面临重重危机的时期。

（一）甘肃与西北地区的生态状况自古薄弱，且整体呈日趋恶化之势，到清代中后期达到了一个新的破坏阶段。

西北地区由于所处地理位置，气候特性，加上受历史上地球环境变迁等自然因素的影响，生态环境呈日趋恶化之势。西部人类活动的频繁也为生态环境的退化增加了不良的影响。历史时期，我国人类活动对西部生态环境的影响主要表现在土地的利用与土地覆盖的变化上。在各种人文因素中，人口数量是人类活动强度的最重要示量指标。随着人口数量的迅速增长，人类活动对环境施加的影响逐渐增强。西周时期，我国农耕区主要集中在淮河以北、黄河下游的狭窄地带。秦始皇统一中国后，传统农业以黄河流域为中心扩展到其他地区。特别是隋唐以后，人类活动开始波及全国，从而极大地改变了我国土地覆盖状况，其形式主要为农田的扩张以及伴随而来的天然植被和地表水的破坏。据有关统计资料显示，西汉从建立至后期的汉平帝元始二年（2年），人口增至5950万，是我国历史上人口第一次快速增长时期，其时有耕地3847万公顷，较汉初耕地增加6.4倍。农耕区的西北界远至新疆、河西走廊、银川平原及内蒙古南部。清代的前中期由于长时期的和平和实行"摊丁入亩"政策，造成了历史上人口第二个快速增长时期。有统计资料表明，从顺治十八年（1653年）到嘉庆十年（1805年）的约150年中，清朝耕地面积增加了1610万公顷，使我国几乎全部天然森林覆盖区和北方的部分草原受到干扰和破坏。以黄土高原为例，清代前期，黄土高原西部的一些山地，仍保存着较好的植被。如庆阳以北60公里的第二将山、庆阳府合水县城东25公里的子午岭、合水县南1里的南山、宁州东50公里的横岭等。至于黄土高原东部的山地，由于降水量较黄土高原西部和北部稍多，很多地方还保存着较好的天然植被。但到清代后期，许多天然林遭到了破坏，子午岭、黄龙山及陇东一些较边远山区的森林几乎全被破坏。至此，黄土高原原来由灌丛草原为主组成的天然植被，或者由于开垦，或者由于砍伐，连片的地带性分布规律已不明显。① 人口增长产生了掠夺式的人地关系，引发了一系列的生态问题。根据《固原州志》的估算：明万历年间，固原地区（含固原、海原、西吉、彭阳、泾原5县）有耕地68.94万亩，到了清雍正十二年（1734年）耕地已达200万亩。② 到乾隆年间，川塬平地的耕作收益已无法满足日益增长的人口需要，政府再次鼓励垦荒，由此诱发了更大规模的开荒浪潮，耕殖由川塬平地推广到坡地，大批林地、草地被毁，植被由原来的宿根性草坡和多年生疏林、灌丛为易替性农作物代替，生态日渐脆弱退化。如固原县，2/3以上的森林，草原被拓垦，野生动物锐减，自然灾害频发。③

从水土流失的影响来看，西北黄土高原大部分地区被厚层黄土所覆盖，黄土层疏松深厚，抗侵蚀性弱，水土流失面积广阔，是我国水土流失最严重的地区。明清时期，由于人口的增加和人类活动的加剧，黄土高原地区的水土流失成为有史以来最为严重的时期。据景可等人的研

---

① 王乃昂、颉耀文、薛祥燕：《近2000年来人类活动对我国西部生态环境变化的影响》，《中国历史地理论丛》2003年第3期。

② 钟侃、陈明猷主编：《宁夏通史·古代卷》，银川：宁夏人民出版社，1993年，第170页。

③ 陈忠祥：《宁夏南部回族社区人地关系及可持续发展研究》，《人文地理》2002年第1期。

究，在全新世中期（距今6000—3000年）黄土高原年侵蚀量约为10.75亿吨，全新世晚期（前1020年—1194年）黄土高原年侵蚀量为11.6亿吨，较前一时期增加了7.9%；公元1494—1855年黄土高原的年平均侵蚀量为13.3亿吨，较前一时期增加了14.6%。[①]伴随水土流失的加剧，是农牧业生态环境的严重恶化，土壤贫瘠，产量下降，农牧业生产抵御自然灾害的能力降低，以致西北由秦汉隋唐时期的农牧业生产发达地区沦为明清时期多灾低产的贫困地区。

再来看河西走廊及长城沿线地区的干旱荒漠化问题。河西走廊及长城沿线地区的干旱荒漠化在明清时期也有明显的发展。已有的研究表明，尽管明代中后期以来至清末河西走廊地区在气候上属于湿润期，绿洲来水较多，然而伴随着大规模土地开发的进行，绿洲人口和耕地面积的大量增加，滥垦、滥樵、滥牧、滥用水资源等状况有增无减，使得绿洲水资源利用方面的矛盾日趋尖锐，土地沙漠化过程再次接踵而来，并呈日益加剧之趋势。这一时期河西地区的沙漠化过程主要发生在石羊河下游、石羊河中游高沟堡等地、黑河下游、张掖黑水国南部、疏勒河洪积冲积扇西缘西部等处，沙漠化总面积约1160平方公里。[②]总之，到清代中后期，西北出现了历史上新一轮的生态环境遭破坏的高峰期。

（二）清同治以后十余年的兵燹，使甘肃积累的生产、生活设施和自然环境又遭受了一次浩劫。

晚清同治朝发生的西北回民大起义，表面原因是由当时的一些社会矛盾如官民矛盾、回汉矛盾、阶级矛盾的激化引发的。而深层的原因则是由于人口激增、广垦荒地、环境恶化、地不足养等衍生出的过剩人口对土地、水源和自然资源的争夺造成的。西北虽然地域辽阔，但多为荒山、大漠，耕地资源有限，加上人地关系矛盾激化，且易发生旱、虫等灾，[③]因而人口承载能力比较脆弱。而自清初以来，清廷视西北为武备之区，重视军事控制而少经济、文化建设，影响了西北社会经济的发展，随着人口的持续增加，人均耕地占有量明显不足。如甘肃，据统

---

① 景可、陈永宗：《黄土高原侵蚀环境与侵蚀速率的初步研究》，《地理研究》1983年第2期。

② 李并成：《河西走廊历史时期沙漠化研究》，第266页。

③ 丁焕章等编：《甘肃近现代史》，兰州：甘肃人民出版社，1989年，第22页。

计，咸丰元年（1851年）人口为1544万人，耕地235366顷[①]，人均不足1.46亩。这使得回汉两族对土地的争夺日益加剧，并自然而然地带上了民族色彩。道光、咸丰年间，在关中渭南、临潼、大荔一带就曾多次发生回汉仇杀事件，最后终于导致了西北回民起义的爆发。持续十余年的战火，使西北多年积累的生产、生活设施遭受了巨大的破坏，堤堰被毁，垦区废弃，城堡破落，居民流亡，"千里荒芜，弥望白骨黄沙，炊烟断绝"[②]。战乱之后，甘肃的人口由1861年的1547.6万锐减至1877年的466.6万人，下降率为69.8%，陕西人口由1861年的1197.3万减至785.6万，下降率为34.4%。[③]

总之，由人口激增导致的对自然环境的掠夺式开发引发了战乱，战乱使人口锐减、荒地增加本应使生态环境得以自我修复，但实际情况并非如此，一方面西北生态环境的脆弱性使其难以在短时期内恢复，另一方面，战后的开发又接踵而来，人地关系又上演着新一轮的恶性循环，即战乱引发了新的对环境的破坏。这就是左宗棠到西北以后所面临的当地生态环境的实际情况。

（三）与人祸并行的，还有连续多年的天灾，这一切使西北的生态环境更加支离易碎。

战乱与灾荒总是"祸不单行"，结伴出现。西北地区向以自然灾害频繁、种类多、灾区广为特征。西北地区的自然灾害主要是旱灾，这在中国区域自然灾害史中已形成一种特征。在明以前，西北地区平均每两年以上才发生一次旱灾，至明代，陕西平均1.71年即发生一次旱灾，甘肃、宁夏、青海平均1.80年即发生一次旱灾，清代则更进一步上升到平均1.62年一次和1.51年一次。就灾害程度而言，自隋至民国时期，大旱灾以上旱灾陕西地区是220次，甘肃、宁夏、青海地区是158次，分别占两地区旱灾总数的34.05%和26.29%，而自明至民国时期，两地区大旱灾以上旱灾分别为138次和106次，分别占该地区旱灾总数的39.32%和29.69%。[④]

[①] 李文治：《中国近代农业史资料（1840—1911）》，北京：生活·读书·新知三联书店，1957年，第17页。

[②] 左宗棠：《左宗棠全集·奏稿》（卷4），第74页。

[③] 杨志娟：《清同治年间陕甘人口骤减原因探析》，《民族研究》2003年第2期。

[④] 袁林：《西北灾荒史》，兰州：甘肃人民出版社，1994年。

在同治朝长达十几年的战争期间，西北地区不仅深受战争重创，同时也经历着灾荒的侵蚀，据各地文献统计，起义的12年间陕甘被灾220多府、州县次。①起义刚发生的1861年，兰州、通渭、秦安、隆德都遇大旱，隆德"咸丰十一年大旱荒，乡民乏食者十余村"②；据民国《续修陕西通志稿》记载，1862年陕西关中地区和甘肃兰州、皋兰、临洮等地遭受旱灾，陕西"渭水涸，可徒涉"；1867年夏"皋兰、金县、庄浪大饥"；1868年甘肃"入春以来，天久不雨，夏禾枯槁，秋苗失种……而省城所需米麦已不登于市。饿殍载道，状极惨悯"。战争和灾害相伴始终，旱灾与环境的破坏互为表里，加深了西北的生态危机，这成为近代西北经济和社会发展缓慢的背景之一，也成为造成西北生态环境易于破坏难于恢复的主要原因之一。

回民起义期间，政府完全丧失了组织百姓抗灾自救的能力，听任各种灾害肆虐。据记载，"安西直隶州治，地近戈壁，飞沙堆积，州城东、西两面沙与城齐。"③新疆在战乱时，白彦虎为阻挡清军追击，曾决开都河水，使喀喇沙尔地区成了一片泽国。新疆东部，由哈密到吐鲁番有一段官道，"妖风时作，沙石俱飞，甚者并人马卷去，渺无踪迹。"④严重影响了交通和人畜的生存。总之，一系列严重的生态问题，如土地沙漠化、盐渍化、水土流失、沙尘暴肆虐等摆在面前。

二、甘肃生态环境治理的思路

从左宗棠有关开发与建设西北的论述、政策中可以看到，他并没有明晰的治理生态环境的思想，有的只是从农民勤劳务本的品行而生发的简单、实用的植树造林、改善衣食住行等基本生存条件的认识。这些认识同他在西北推行屯田、筑路、开渠、种桑等恢复经济的措施绾结在一起，成为其开发西北计划的一部分。为了复兴西北经济社会，左宗棠命

---

① 据袁林《西北灾荒史·旱灾志》统计。
② 夏明方：《民国时期自然灾害与乡村社会》，北京：中华书局，2000年，第25页。
③ 左宗棠：《左宗棠全集·奏稿》（卷7），第524页。
④ 左宗棠：《左宗棠全集·奏稿》（卷7），第525页。

令："留防后路各军，不但护运以利转馈，殄余匪以保残黎，并宜代民垦荒播种以广招徕，修城堡以利居止，然后民可复业也；治道路以通车驮，浚泉井以便汲饮，栽官树以荫商旅，然后民可资生也。至就地引渠溉地，变渴壤而为沃土；去害就利，拔妖卉而植蔬苗；崇学宫，立社庙，修衙署、驿舍，凡地方官私应复而必资民力者，后路各军皆于操防护运之暇并力为之。"①尽管左宗棠主要立足于恢复经济社会秩序、重建农业基础设施来谈改善西北人民的基本生存环境，但生存环境是由自然环境和人文环境构成的广义的生态环境。因此，左宗棠虽然没有成型的环保理念，但在其开发西北的总体思路中，却透露着若干朴素的重视环保的思想趋向。

（一）寓环境治理于经济重建之中

人是自然与社会环境的主角，不改善人的生存环境，所谓生态环境建设就无从谈起。左宗棠收复和建设西北，为的是改善西北人民的基本生存条件，即创造和平安定的生活环境和提供基本的农业生产设施。而十多年的战乱，西北多数地方居民的生命财产、农田窑舍、城堡村落，均遭受了巨大的破坏："无论平、庆、泾、凉一带纵横数千里，黄沙白骨，路绝人踪。"②西征军"师行所至，井邑俱荒，水涸草枯，贼因此而多所死亡，官军亦因此而艰于追逐"③。真是"千村薜荔人遗矢，万户萧疏鬼唱歌"。在这样的情况下，只有边进军边善后，从恢复农业生产秩序入手，为西北再聚生气，重启生机。正如他后来总结的，"臣之度陇也，首以屯田为务，师行所至，相度形势，于总要之处安营设卡；附近营卡各处，战事余闲，即释刀仗，事锄犁，树艺五谷，余种蔬菜；农功余闲，则广开沟洫、兴水利以为永利，筑堡寨以业遗民，给耕具、种籽以赒贫苦，官道两旁种榆柳垂杨以荫行旅"④。寓环境治理于善后重建之中。

（二）朴素、实用的植树造林观念

左宗棠和大多数湘军将士都是农民出身，而南方农民素有在宅前屋

① 左宗棠：《左宗棠全集·奏稿》（卷6），第378—380页。
② 左宗棠：《左宗棠全集·家书·诗文》，第142页。
③ 左宗棠：《左宗棠全集·奏稿》（卷4），第74页。
④ 左宗棠：《左宗棠全集·奏稿》（卷6），第637页。

后栽桑种柳的习惯。湘军一直把这个习惯带到了西北，在其所到之处遍栽榆柳、广种蔬菜。左宗棠这样做，一方面是由于湘军将士具备这种特质，另一方面也是基于加强军队管理方面的考虑。即以种菜为例，左宗棠"倡导这件事，不光是满足他的兴趣，归纳他的言论，还有各种旨趣：一使勇夫没有空闲的时候，免得因为无事可做，以致为非作恶；二使勇夫从这种劳作，锻炼身体；三使勇夫有些额外收入，补助生计；四使勇夫饭菜可以就地取给，省得在外边购运"①。种树护路、种树绿化的出发点当然比这更为实用，也更有意义。据《甘宁青史略》记载：左宗棠部属魏光焘在平凉时，"行经所属各县，见乡间穴处蜂房，气象荒凉，无修竹茂林之盛，询及父老，对以'山高土冷，不宜种树'。魏光焘说：'古者五亩之宅，树墙下以桑，通衢之旁植杨柳，以表道其所，由来久矣。今时值春融，正当种树之候，凡尔士民，择其地所宜树木，无论桑柘榆柳，以及桃李枣杏，实繁易成者，于池畔河旁并道左地角悉行栽植，或五尺一株，或一丈一株，不使地有空闲。较之田亩所种，不纳税租，不烦耕耨，不忧水旱，因地之力而坐收厚利，所以佐五谷之不足，供梁栋之用，资爨薪之需，制器物，荫行路，此天地间自然之利也。如谓西北土冷，种树恐非所宜，是则平日不读书之故也……平凉毗连陕境，气候和暖，官道旁又有泾水以资灌溉，父老及时栽种，毋使有闲旷之地可也。'久之，民无以应。盖平凉十万户人民，惨经兵劫，逃亡于外，自左宗棠奉命西来，人民始稍稍还乡井。当是时，栖身无地，糊口无资，焉有余力种树。光焘知其情，亦不强迫。至是奉宗棠严令以种树为急务，乃饬所部兵士栽种官树以为士民劝"②。左宗棠"严令以种树为急务"，各地官员起而响应，这使其对西北的治理给人一种把边疆当自己的家来建设的感觉。尤其是当左宗棠把植树造林的朴素思想推广成为具有一定规模的政府行为之后，对西北的开发从此多了一种思路，而这是前人从来没有做过的。广种榆柳成了左宗棠治理西北生态环境的标志性行动。

---

① 秦翰才：《左文襄公在西北》，第43页。
② 慕寿祺：《甘宁青史略》卷23，第7—8页。

（三）合理开发和利用荒地资源

"自古边塞战事，屯田最要。"①左宗棠经营西北期间，为了解决军食，安抚流民，曾大力推行开荒屯田。但他并没有因为近期的需要盲目开垦，而是从实际出发，因地制宜，宜农则农，宜牧则牧。左宗棠指出："经理之始，即当为异日设想，择其水泉饶沃者为田畴，择其水草丰衍者为牧地，庶将来可耕可收，丁户滋生日蕃，亦不患无可安插，正不必概行耕垦，始尽地利也。"②有一次，有人向左宗棠请示要在罗布淖尔一带的牧区开荒屯田，他立即坚决制止，说："罗布淖尔古称泑泽，伏流南出，即黄河上源，环数百里，可渔可牧，不必垦田种粟亦可足民。西北之利，畜牧为大……何必耕桑然后致富？长民者因其所利而利之，则讲求牧务，多发羊种宜矣。所称开垦一节，姑从缓议。"③左宗棠不求近利，坚持"可渔可牧"之地，不必概行耕垦，寓含着合理开发和利用荒地资源、保护生态环境的朴素思想。

（四）注重经济、社会与生态环境的综合效益

左宗棠开发西北，特别善于使用经济手段进行综合治理，引种草棉和推广植桑，就是最好的例证。

西北关陇一带地少而贫瘠，但长期以来有栽种罂粟的陋习。栽种罂粟和吸食鸦片不仅是西北贫困之因，也是西北民风由强悍而颓靡的致衰致乱之源，更是西北社会环境和生态环境日趋恶化的病根之一。因此，要治理西北生态环境，也必须从此下手。但长期习染而成的恶习，不是一夜之间一道禁令就可以改变的，必须要有周密的安排和宏远的计划。左宗棠对此作了缜密的考虑和安排，提出了一整套禁罂粟种草棉的发展计划。左氏说："论关陇治法，必以禁断鸦片为第一要义；欲禁断鸦片，先令州县少吸烟之人；欲吸烟之人少，必先禁种罂粟；欲禁种罂粟，必先思一种可夺其利，然后民知种罂粟无甚利，而后贪心可渐塞也。弟之劝种草棉，以其一年之计，胜于罂粟，因其明而牖之，不欲用峻法求速效，致扞格不行。高明必能鉴及。"④这段话完整地反映了左

---

① 左宗棠：《左宗棠全集·奏稿》（卷3），第373页。
② 左宗棠：《左宗棠全集·札件》，第481页。
③ 左宗棠：《左宗棠全集·札件》，第483页。
④ 左宗棠：《左宗棠全集·书信》（卷2），第445页。

宗棠禁种罂粟的措施及策略。简单地说就是三个字：禁、导、倡。禁，即禁止种植罂粟；倡，即倡导种植草棉以代替罂粟；导，即于一禁一倡之间的疏导、劝勉、说服，亦即一种"夺其利"与"与其利"的因势利导工作，这可从根本上堵塞毒源而移易风气。其中，禁罂粟鸦片、净化社会环境的措施是培植健康生态链条的基础，而倡种草棉、培植健康的生态链条则是净化社会环境的保证，两者不可偏废。左宗棠是晚清继林则徐以来另一位厉行禁烟的政治家。左宗棠严禁罂粟、倡植草棉的做法，具有综合治理、一举多得的功效。

推广植桑也是如此。左宗棠初到甘肃时，看到这里"民苦无衣甚于无食，老弱妇女多不蔽体"①，痛感西北桑利未兴，便决心以"教种桑棉为养民务本之要"，大力倡导植桑。左宗棠首先论证了在西北推广种桑的可行性。他说，西北少桑，重要原因不是"风土之不宜"，而是地方官吏都"无以久远之计存于胸臆者，因循相沿，遂至此极。"②因此要求宜桑地区的官民克服懒惰思想，发展桑蚕业。并用《诗经·豳风》中的例子来说明当时西北就有桑，以释众疑。③左宗棠认真查阅了前人种桑的一些资料，发现檞树、橡树、青杠树、柞树、椿树等五种树叶可喂山蚕，便把这五种树的形状、特征都进行详尽的描绘，公布出来，叫甘肃各地人民在自己境内找寻，如见到这种树，便可实行饲养。左宗棠在西北大力推行植桑，实际上做到了经济效益和生态效益的结合。

第三节　甘肃生态环境治理的措施

左宗棠在西北的开发与建设活动，实际是其善后措施的一部分。左宗棠虽然没有明确提出过加强生态环境建设的口号，但他从恢复和发展经济的需要出发，统筹西北全局，实施开发大计，其建设措施中包含了

---

① 左宗棠：《左宗棠全集·书信》（卷3），第464页。
② 左宗棠：《左宗棠全集·书信》（卷2），第379页。
③ 左宗棠：《左宗棠全集·札件》，第529页。

许多可以称之为治理生态环境的举措，不容忽视。

一、植树造林，改造环境

指挥军民栽种行道树和护路树是左宗棠绿化西部的主要政绩，也是治理西北环境的第一步。出于军事上的需要，左宗棠主持修筑了一条从潼关开始，由东往西，横贯陕、甘两省直达新疆哈密、乌鲁木齐长达三四千里的官道。为了巩固路基、"限戎马之足"和供给夏时行旅荫蔽，他命令西征将士在路的两旁植树一行两行，甚至四五行。树木长成以后，在荒凉的西北大地上，就犹如出现了一条绿色巨龙，它蜿蜒盘旋于广袤的西北荒漠之上，奋力抵抗着风沙一次次的侵袭。左宗棠不但让西征各军植树，还鼓励地方官民大力协助种树，甚至把植树的好处编印成册，广泛宣传。

西北植树，困难很多，尤其是干旱少雨，种下的树必须经常浇水才能成活。左宗棠在给友人的信中这样说："兰州东路所种之树，密如木城，行列整齐。栽活之树，皆在山坡高阜，须浇过三伏天，乃免枯槁，又不能杂用苦水，用水更勤。"①据平凉现存《武威军各营频年种树记》碑文中记载，树木栽种以后，要"守护之，灌溉之，补栽之"，"不知几费经营"，足见种树之不易。②因此，在西北选种什么树种，是一件颇费思量的事情。左宗棠依据西北各省的自然条件，主张多种杨、柳、榆三种树。杨树、榆树性耐寒，耐旱，生长快，适应性强，且能耐恶劣的土壤，是作防护林的好树种；柳树耐湿，根深，易成活，中性土壤，适合于作护堤林。左宗棠的主张无疑很有见地。他还提出：河西寒冷，宜多种杨树，陇南陇东较为温和，宜多种柳树。③这些观点对于西北植树具有重要的指导作用。

左宗棠还严禁官吏、士兵、百姓毁坏林木。他在西北期间更订的《楚军营制》中规定："长夫人等不得在外砍柴。但（凡）屋边、庙边、祠堂边、坟边、园内竹木及果木树，概不准砍……倘有不遵，一经查出，

---

① 左宗棠：《左宗棠全集·书信》（卷3），第662页。
② 引自石泰《左宗棠经营西北农业问题述评》，《社会科学》1984年第4期。
③ 刘大有：《漫话"左公柳"》，《湖南日报》1982年3月31日。

重者即行正法，轻者从重惩办。并仰营官、哨官随时教戒。"又"马夫宜看守马匹，切不可践食百姓生芽。如践百姓生芽，无论何营人见，即将马匹牵至该营禀报。该营营官即将马夫口粮钱文拿出四百，立赏送马之人。再查明践食若干，值钱若干，亦拿马夫之钱赔偿。如下次再犯，将马夫重责二百，加倍处罚。营官亦宜随时告戒；不徒马夫有过也。"[①] 规定之周密，处罚之严厉，无不反映了左宗棠重视护林的态度和决心。

二、开渠凿井，改造农业环境

水利是农业的命脉，特别是西北的干旱地区，如果不解决水的问题，根本无法进行农业生产。左宗棠非常重视兴修水利，曾一再强调："治西北者，宜先水利，兴水利者，宜先沟洫。"[②] 并对兴修水利倾注了大量心血。如何开发水利？左宗棠的措施，一是利用河流、水泉，开渠灌溉；二是在原区和缺水地方凿井引水；三是在戈壁沙洲引冰雪融化而成的内陆河水或挖掘坎儿井灌溉。陇东泾河流域川地多，水量比较充足，但却白白流走。他"常览形势"，反复考察，认为"自平凉西北数十里到泾州，若开渠灌田，可得腴壤数百万顷"，计划"于上源着手，为关陇创此永利"[③]。1877年，甘肃东部旱情严重，左宗棠通令"甘肃各州县除滨河及高原各地方，向有河流泉水足资灌润外，惟办赈之庆阳、宁州、正宁等处川地较多，尤宜凿井"[④]。并将开井办法，刻印成册，转发各州县。为了办好此事，左宗棠还提出有灾地方可以以工代赈，把赈粮优先发给凿井的农户，并在赈粮之外，发给银一两或钱一千数百文，使凿井农户"尤沾实惠"。他要求地方官竭尽心力，把兴办水利当做"极难极大题目"来做，不能"搁笔而交白卷"[⑤]。并准备在甘肃试办机器掘井、开河。为此，特地写信给上海的胡光墉，要他购置掘井、开河的机器，延请洋人来甘指导。1880年，即用机器治理泾河。随

①　秦翰才：《左文襄公在西北》，第43页。
②　左宗棠：《左宗棠全集·书信》（卷2），第515页。
③　左宗棠：《左宗棠全集·书信》（卷2），第205页。
④　左宗棠：《左宗棠全集·书信》（卷3），第279页。
⑤　左宗棠：《左宗棠全集·书信》（卷3），第277页。

着左宗棠大营向西推进，他在关中、平凉、宁夏、河州、西宁、河西、新疆，都留下了兴修水利的业绩。

风沙有"三怕"：怕草、怕树、怕水。"植治"和"水治"都是防治风沙的有效措施。左宗棠在西北兴修的水利工程，虽然是出于农业生产的需要，但在整治风沙，改善生态环境上也起了重要的作用。由于有水灌溉，许多荒漠被重新改造成良田，许多地方又重新生长起树木。而且，兴修水利还在一定程度上实现了水土资源的合理配置，有利于避免因不合理开荒而造成的土地进一步沙化和盐碱化。

三、推广"区种法"，提倡精耕细作

左宗棠认为，发展水利必须同精耕细作结合起来，这样就能"治田少而得谷多"。为了提高耕作技术，他大力推行"区种法"。其做法是将地亩划片作成小畦，谷物种在一行行沟内；灌水时由渠内引入沟中，好处是"捷便省水"。他说："开井、区种两法，本是一事。非凿井从何得水？非区种何能省水？但言开井不言区种，仍是无益。"[1]左宗棠曾将这种方法传授给将士，让他们传播于民间。为使"区种法"广泛施行，光绪三年（1877年）前后，由藩署刊印告示颁发全省，每告示附有刻印成法一本。光绪三年大旱，他把"区种"和"凿井"作为两个救荒之策，要求各地大力兴办，取得了较好的成果。"区种"的耕作方法，既有利于充分利用水资源，抵抗干旱，又实行轮耕，节省了地力，避免了因对土壤掠夺性经营而导致的土地连续退化的恶果。

西北的农业基本上是建立在灌溉基础之上的。由于长期使用落后的大水漫灌和重灌轻排，土壤次生盐渍化相当严重。很多土地因此寸草不生，逐渐退化为荒漠。因此盐碱地的改良，对于发展农业，改善生态环境具有十分重要的意义。

甘肃省有一种改良盐碱地的方法，即用沙（井沙、河沙、浇沙、沟沙）铺在盐碱地上，用来解消碱性，同时保持土层湿润，增高地底

---

[1] 左宗棠：《左宗棠全集·书信》（卷3），第277页。

温度①。左宗棠沿用这种传统方法，对部分盐渍地进行了改良。魏宝珪撰写的《甘肃之碱地铺沙》对此曾经有过记载和评述："清同治时，回乱蔓延黄河一带，又遭天灾，人亡地荒，满目疮痍。左公宗棠平定西北，乃安抚流亡，贷出协饷库银，令民旱地铺沙，改良土地。由是各地流行，成为甘肃特有之沙田。盛行于皋兰、景泰、永靖、永登、靖远等县。利用荒滩僻壤，铺沙耕种，化不毛之地成为良田。民国相革，沙地衰老，且又天灾人祸，政繁赋重，贫农逃迁死亡，人口大为减少。至今皋、景交界，百里无人烟。当地农民憧憬当年左公之丰功，常有殷丘故墟之叹。"②由上面的记载，不难看出，左宗棠在改良盐碱地上，确实付出了不少力气，并取得了喜人的成绩。这对于当时西北农业生产的发展，生态环境的建设，都有积极的作用。

除以上几点外，左宗棠还采取严禁烧荒保护植被的措施。据《甘宁青史略》记载："安定（今甘肃定西）旱寒，草枯木凋，村农纵火，山谷皆红。左宗棠见之，问知县，以烧荒对。"左说明代鞑靼经常犯边，明军出塞纵火，使鞑靼无水草可恃，实在是不得已而为之的。现已承平，安能用此？"况冬令严寒，虫类蛰伏，任意焚烧，生机尽矣，是岂仁人君子所宜为？"遂自安定大营贴出告示，严禁烧荒，并通令陇东南暨宁夏所属一体遵行。③放火烧荒，是古代刀耕火种舍田的陋习，通过焚烧草木植被，殃及飞虫鸟兽，无非获得一些草木灰作肥料而已，其代价是对生态环境的破坏，水土的流失。烧荒尤对干旱少雨的甘肃中部地区为害最烈。严禁烧荒，对甘肃干旱半干旱地区的植被起到了很好的保护作用，表现了左宗棠的远见卓识。

第四节　甘肃生态环境治理的成效

经过数年的不懈努力，西北自西向东，都已呈露出复兴的迹象。到

---

① 秦翰才：《左文襄公在西北》，第195页。
② 秦翰才：《左文襄公在西北》，第195页。
③ 慕寿祺：《甘宁青史略》卷23，第22页。

光绪六年（1880年）左宗棠离开甘肃时，各地开发都程度不同地取得了阶段性的成果。

以最具代表性的植树造林而言，通过西征将士和广大地方官民几年的努力，左宗棠在西北种植的行道树取得了蔚为可观的成绩。据记载，从陕西长武境起到甘肃会宁县东门这六百多里之间，历年种活的树，就有二十六万多株。其他各地如会宁、皋兰、环县、董志县丞、狄道、大通、平番等州县的零星统计，共种树三四十万株。[①] 如果再加上河西走廊和新疆所种的树，约有一两百万株。[②] 湖南人陆无誉在《西笑日觚》一书中记载："左恪靖命自泾州以西至玉门，夹道种柳，连绵数千里，绿如帷幄。"[③] 直到民国初年，谢彬游新疆，到阿克苏附近还看到"湘军所植道柳，除戈壁外，皆连绵不断，枝拂云霄，绿荫行人。"[④] 植树对于保护西北的生态环境，防治风沙，保护道路，防止水土流失，调节气候，都起到了较好的作用，极大地改善了西北人民的生存环境。经左宗棠整治后，原来大漠孤烟、平沙冷落的西北大地"千里一碧"[⑤]，"浓荫蔽日，翠帷连云"[⑥]，生机勃发。

对于兴办蚕桑业，经过数年的努力，到光绪六年时，各处呈验所产"新丝色洁质韧，不减川丝"[⑦]。阿克苏所织的绸缎之优良，"都人（京城人）诧为异事"[⑧]。左宗棠"移浙之桑，种于西域"，目的虽然主要出于经济上的考虑，但桑树根深，适酸性和钙质土，极其适合于作防护林。这种将经济效益和生态效益进行有机结合的模式，对我们今天开发西部仍具有很大的启发作用。

在优化城镇居住环境方面，也有不少的建树。左宗棠在兰州时，为改善市民的生活条件而兴建了多处市政工程。一是兴建饮和池。同治十一年（1873年），左宗棠在兰州陕甘总督衙门左边开凿一个饮和池。从衙

---

① 左宗棠：《左宗棠全集·奏稿》（卷7），第525页。
② 左景伊：《左宗棠传》，长春：长春出版社，1994年，第358页。
③ 左景伊：《左宗棠传》，第360页。
④ 谢彬：《新疆游记》，北京：中华书局，1925年，第188页。
⑤ 引自石泰《左宗棠经营西北农业问题述评》。
⑥ 左景伊：《左宗棠传》，第360页。
⑦ 左宗棠：《左宗棠全集·奏稿》（卷7），第521页。
⑧ 左宗棠：《左宗棠全集·书信》（卷3），第688页。

后的黄河引水，春冬两季用吸水龙头（抽水机）抽水入池，夏秋两季用水车提水入池。二是开凿挹清池（凿于同治十二年），位于总督衙门右边。水从五泉山西南水磨沟，经西城门通过渠道引入，两池及吸水龙头都派专人管理。这为兰州市民生活提供了极大的方便。左宗棠还将兰州总督署的后花园修治整理，定期向人们开放，使人们多了一个休闲的处所。

　　光绪五年（1879年），左宗棠驻节肃州时，曾捐出养廉银200两，将酒泉疏浚成湖。湖中留有三个沙洲，并建了一些亭台楼阁。环湖筑堤，周围三里，种上杨树和花树，堤外拓出肥田数百亩。这在西北，可以说是"自天开地辟以来未有之胜概"，给荒凉的西北大地带来了一派生机盎然的江南风光。荡舟湖中，令人仿佛见到了洞庭湖的滔滔白波。左宗棠在写给好友杨昌浚的信中，这样描述酒泉湖的怡人风光："白波万叠，洲岛回环。沙鸟水禽飞翔游泳水边，亭子上有层楼，下有扁舟。时闻笛声，悠扬断续。"酒泉湖的修建和开放，大大丰富了人民的生活："近城士女及远近数十里间父老幼稚，挈伴载酒往来堤干，恣其游览，连日络绎。"[1]以至左宗棠因怕人们"肆志游冶，或致废业"，不得不将酒泉湖限期开放。

　　由上可见，左宗棠在恢复和发展西北经济、恢复生存环境的开发计划和实践中所包含的具有治理生态作用的政策，取得了一定的成效。历史经验告诉我们，人类对自然界的影响并不总是消极的。人类在利用自然、支配自然、改善生存环境的过程中，如果遵循自然规律进行各种经济活动，就能获得较高效益，促进生态系统的良性循环。反之，就会破坏生态平衡。左宗棠在西北形成了一些合理的治理生态环境的思想趋向，推行了一系列改造生态环境的正确政策，使西北的生态环境由治理前的"土地荒废，人民稀少，弥望黄沙白骨，不似有人间光景……又多乱沙荒碛，无人烟、无水草之地"[2]，一变而为治理后"东自泾州，西至安西、哈密，盗贼衰息，诸废渐举，均欣欣然而有生气"[3]的局面。虽然其改造生态环境的思想是朦胧的，措施是初步的，很难于当今的环

---

① 左宗棠：《左宗棠全集·书信》（卷3），第492页。
② 左宗棠：《左宗棠全集·书信》（卷2），第188页。
③ 左宗棠：《左宗棠全集·奏稿》（卷7），第380页。

保思想、可持续发展战略、退耕还林还草的政策相提并论，治理生态环境的成就也并不全如人意，但毕竟开启了中国有史以来治理西部生态环境的新思路、新征程，具有重要意义。尤其是他在西北植树造林、改造环境的做法，留下了西部开发历史上的一段佳话。植树造林，即以现代眼光而言，也是治理西部生态环境不可替代的方法之一。左宗棠给后人留下了一道"左公柳"的生态线和一座"柳公种柳"精神的丰碑。从唐代进军西北时诗人口中凄凉的"羌笛何须怨杨柳，春风不度玉门关"的吟唱，到近代左宗棠挥师西进，高奏"新栽杨柳三千里，引得春风度玉关"的开发凯歌，谁能说左宗棠创造的不是一个新的境界，开启的不是一个新的征程呢？

第五节　左公柳的生态与文化诠释

"左公柳"其实并不是确指柳树的某一品种，左宗棠当时号召军民栽种的树木有旱柳、榆钱、小叶杨、新疆杨等很多种，其中因旱柳一种栽植最多，故得此称。在中国的古树名木中，像"左公柳"这样以人物命名的树种并不多见，这是老百姓对绿化山川、造福一方的地方官的一种褒扬、赞许和肯定。可以想见，在戈壁大漠、黄土高坡上出现夹道绵延数千里的绿色，是怎样一种景观。如今，左公柳越来越少，已成为一种历史的陈迹，一种逝去的风景，但是，百多年来，人们念念不忘左公柳、赞美左公柳。有关左公柳的记述、追忆、传说和诗话的不断流传与衍生，已成为西北特有的一道文化景观。

一、近人关于左公柳的记述

除了前述有关左公柳的资料，我们还集中披阅了清末民初时许多关于西北的游记、著述以及地方志，查找其中对左公柳的片段描述和零星记载。无独有偶，陈乐道先生在《档案》杂志上发表《"左公柳"：远去的风景》一文，也作了同样的考证。通过这些记载可以看到，虽然时人评说左公柳的角度不尽相同，但对左公柳都含有一种相当深厚的眷念与赞美之情，凭吊左公柳成了一种到西北必做的虔诚的祭祀，记述左公柳成了他们感怀前贤、体念时艰、鼓吹开发西北的借口。

最早记述左公柳的当是冯焌光，他在1877年自上海前往新疆，在进入甘肃泾州地界时写道："自此以西，夹道植柳，绿荫蔽天。"①到会宁附近，又记道："过此则途径旷然，夹道杨柳荫庇行路。"②1891年，陶保廉随父陶模（调任新疆巡抚）进京述职，返回新疆时，将沿途见闻写成书，其中对左公柳也有片言只字的记载："出隆德西门折北行，两旁皆山……八里铺（即得胜铺），迤西道树成行。"③蒙古族人阔普通武1903年自西宁办事大臣任上罢官，在返回京师途中写道：10月29日，"晚宿会宁县……自入县西境，官道两旁，杨柳稠密，十年树木，令人忆左文襄之遗爱"④。1905年，裴景福在其《河海昆仑录》中，对植树造林、保护植被予以关注。特别是看到左公柳遭伐的情景，作者为之感慨不已："仆人购薪引火，有枯枝干脆易燃，询之，乃盗伐官柳，闻而伤之。泾州以西达关外，夹道杨柳连荫三千里，左文襄公镇陇时所植也。"⑤1911年，袁大化赴任新疆巡抚，当行至肃州时写道："回望陇树秦云，苍茫无际，驿路一线……长杨夹道，垂柳拂堤，春光入玉门矣。"⑥

辛亥革命之后的1923年，美国人兰登·华尔纳率福格艺术考察队前往敦煌考察。是年秋，越过陕西省界进入甘肃，看到这里种的左公柳"已经长成了，成排成行，夹道矗立"。华尔纳认为，"左总督用这笔申请来的巨款，使这条大西北的道路绿树成荫，作为对他的主子君王统治树立一座永久性的纪念碑，同时，也对这个国家的人民和为数不多的旅行者们带来恩惠"。在连续一个月的旅途当中，"连绵不断的柳树和参天耸立的白杨齐齐整整地排列在道路两旁，这些树木穿过两山之间伸向远方的平地，翻山越谷，蜿蜒行进，构成了一幅壮观的奇景"。这些都

---

① 冯焌光：《西行日记》，第118页。
② 冯焌光：《西行日记》，第120页。
③ 陶保廉：《辛卯侍行记》，第204页。
④ 阔普通武：《湟中行记》，兰州：甘肃人民出版社，2002年，第72页。
⑤ 裴景福：《河海昆仑录》，兰州：甘肃人民出版社，2002年，第120页。
⑥ 袁大化：《抚新纪程》，兰州：甘肃人民出版社，2002年，第195页。

被记载在其所著考察记《在中国漫长的古道上》。

1932年12月，林鹏侠女士奉母之命，从上海出发，历时半载，对西北各地进行考察，在从平凉城至六盘山时写道："途中荒凉满目，惟左公柳时或一现，但已零落晨星矣……夹道浓绿，当时有万里康庄之目。惜年久无人管理，又值连年天人交祸，民不聊生，树皮根芽，均被灾民剥食垂尽。呜呼惨矣！左公遗迹，亦将被湮没而空留嘉话之传流矣！自潼关至此，崇山峻岭，平原广川，一例牛山濯濯。气候干燥，雨量不调，盖荒旱频仍之因。不知以往司民牧者，何以不注意也。"①

1934年3月至1935年5月，上海《申报》记者陈赓雅，前往边疆视察，对左公柳的保存及遭毁情景，作了比较细致的描绘。在行至天祝乌鞘岭时写道："左宗棠西征时，沿途所植榆柳，多已皮剥枯倒，至此尤了无一株，惟青草丰肥，差堪牧畜耳。"②至静宁、隆德间，则"沿途杨柳，不绝于目——系左宗棠督陕甘时，令防营所植，俗称'左公柳'，颇有纪念意味。树粗一抱多，高二三丈，每株相间三四步，夹道成行。夏日枝叶交荫，征客受益不浅也！"③

陈赓雅还专门就"大佛寺与左公柳"详加记载："陕甘驿道，两旁所植'左公柳'，当其繁荣时期，东自潼关，西至嘉峪关，长凡三四千里，皆高枝蔽日，浓荫覆道。征客途行，仰荷荫庇，无不盛称左氏遗泽。盖提倡种树已不易，种树成林更不易，成林而有历史价值，国防交通意义，尤属难能可贵。惜柳线所经各县，官厅不知保护，坐令莠民任意摧残，或借医病为名，剥皮寻虫；或称风雨所折，窃伐作薪，以致断断续续，不复繁盛如昔。尤其昨今两日所过驿道，往往长行数十里，尚无一株，荒凉满目，诚有负前人多矣！"自长武至乾县途中触景生情，有此感唱。接着笔锋一转，指出植树造林和保护生态之重要与紧迫："西北面积虽广，但多荒山旷野，一任荒废，利弃于地，既感生产缺乏，复酿水、旱各灾。倘能以之培植森林，则可立致富源。且西北气候，系大陆性而兼沙漠性，朔风一起，尘沙蔽天，沙漠有南迁之势，诚非无稽

---

① 林鹏侠：《西北行》，兰州：甘肃人民出版社，2002年，第34页。
② 陈赓雅：《西北视察记》，兰州：甘肃人民出版社，2002年，第159页。
③ 陈赓雅：《西北视察记》，第281页。

之谈。若不积极造林，前途殊堪危险！……至于植林间接效用，调和气候，涵养水源，防弭旱涝，御蔽风沙，增进风景，裨益卫生，更不胜述。法相阿尔脱尔勃尝谓：‘亡法国者，非敌国外患，乃在山林之荒废。’此言无异为我西北下针砭。今后广植新树，保护旧林，迅宜双管齐下，不容再缓矣。"①其议论颇有见地。

1935年印行的《重修隆德县志》，对左公柳作了这样的记载："由隆德城东行经十里铺……入静宁界，合计东西全长九十里，此系官道，坦途两边齐栽白杨绿柳，春夏青青，左公遗爱也。车辚马啸，络绎不绝。"虽仅寥寥数语，却颇耐玩味。

同年，赴西北游历考察的张扬明，在其所著《到西北来》中写道，清水至天水途中，"路旁有很多古柳，名左公柳，为左文襄公开发新疆时所植。闻说这种柳树，一直到天水、定西、皋兰一带，绵亘数千里，共约六十万株；因左公当时来到此地，看见地形复杂，恐怕后面继续来的人迷路，植柳作为标识。"

邵元冲在其1936年出版的《西北随轺记》中，这样写道："自窑店以西，已入甘境，驿树夹道，迎风而舞，盖悉为左宗棠所植者也，号曰左公柳。按左相当年所植柳树，实起陕之潼关以达新疆哈密，然自潼关至西安道中，零落殆尽，西安至窑店，则已斩伐无余株矣，亦可知人事之多变也。"②书中并有泾川左公柳的插图。

1936年出版的《西北揽胜》对左公柳特作介绍："自陕西而经窑店即入甘肃境，自此西行，驿路两旁，时见柳树成行，大可拱围，高枝参天，均系左宗棠督陕甘时令防营所植者，故名左公柳。按，当时所植柳，自陕之潼关直抵玉门关绵亘达三千余里。嗣后历经兵燹旱涝，砍伐甚多。今则除泾川、平凉以及永登等县内，偶见成行外，余或三三两两，以示驿路之所在，或则连根拔除已一无所见矣。"且有插图，显然将左公柳列为西北胜景之一，向世人宣传。

著名记者范长江自1935年7月起对中国西北地区进行考察旅行的通讯合集《中国的西北角》出版，其中记载了左公柳。当1935年冬，行至

---

① 陈赓雅：《西北视察记》，第289—290页。
② 邵元冲：《西北随轺记》，兰州：甘肃人民出版社，2002年，第21页。

永登途中，看到"庄浪河东西两岸的冲积平原上，杨柳相望，水渠交通……道旁尚间有左宗棠征新疆时所植柳树，古老苍劲，令人对左氏之雄才大略，不胜其企慕之思"。在后来出版的范长江的另一通讯集《塞上行》里，且有对平凉途中所见左公柳的描述："下华家岭，至界石铺，又合昔日陕甘大车大道，左宗棠当年经营西北所植柳树，还有不少留于大路两旁。""六盘山东西两面大路，还存着不少的夹道杨柳，皆为左宗棠当日之遗留，以当时交通工具之简单，他的道路路面比现在国道路面为广，此公胸襟之远阔，实不同于当时凡俗之武夫。惟时至今日，左公柳已丧亡十九，长安至新疆之大道，仅若干处略存左柳，以引对前人辛苦经边之回想，其实用的价值，实已渺无可称述。"

1939年印行的《重修古浪县志》里对左公柳特予说明："所谓人造林者为左公林、学校林。左公林由县南龙沟堡迤县北小桥堡，沿道节节有之，但皆稀疏，已枯死无多。"

丁履进在1940年写的《西兰之间》"忆左宗棠"一章里写道："左氏由潼关至迪化，运用兵工，开辟大道，夹道植树，保护路面，迄今陕甘公路两侧，老树峥嵘，所谓左公柳者是也。惜后人不加爱护，所伐殆尽，于今所见，依稀数株而已。"不无怅触。

最后，张其昀、任美锷在1942年出版的《甘肃人文地理志》里，对左公柳也作了记载，指出植树之重要作用："将来甘肃中部造林，似宜以杨、柳、榆、侧柏等较为适宜，山坡土壤冲蚀最烈，尤宜首先植树，保护梯田之肥土。昔光绪初左宗棠总督甘、陕，尝于甘陕大道两旁栽植杨柳，东起西安，西迄酒泉，郁郁千里，官厅保护迄今已五十余年，有大至数围者，人定胜天，此其明证，惜自民国十五年以还，兵乱纷起，左公柳破坏甚多，惟就其所遗者观之，当代苦心犹昭然可见也。"

透过前人留下的真切记载和生动描绘，透过时光老人投下的深长一瞥，我们仿佛看到了左公柳曾经拥有过的辉煌，领略到其迷人的风韵，深感保护植被、保护古树名木，尤其是保护生态环境之亟迫。

二、晚清民国时期甘肃地方政府对左公柳的保护

如前所述，左宗棠在甘肃各地加上新疆所种的柳树，约有一两百万

株。

1935年，甘肃省政府对当时的左公柳进行统计时，平凉境内尚有7978株，隆德5203株，静宁1386株，固原4351株，山丹1220株，永昌1311株，临泽235株，古浪1015株。这些左公柳，"均经编列号数，各悬木牌，高钉树身，以为标志"①。

1998年8月出版的《甘肃森林》记载本省境内尚有左公柳202株，其中平凉柳湖公园内187株，兰州滨河东路13株，酒泉泉湖公园内仅有2株。

将上面的这三组统计数字略作比较，就不能不令人触目惊心。左公柳急速锐减，原因虽然是多方面的，但最主要的还是人为的砍伐。尽管当时的政府制定了相关办法加以保护，并在一定程度上产生了积极的作用和效果，但最终却未能扼制住左公柳频遭砍伐的势头，那昔日"密如木城，行列整齐"的景观，逐渐从人们的视野中淡出，引人深思。

早在清代末期，一些有远见的地方官员，就曾在古道两旁张榜告谕："昆仑之阴，积雪皑皑，杯酒阳关，马嘶人泣，谁引春风？千里一碧，勿剪勿伐，左侯所植。"②这是至今所能见到的最早保护左公柳的官方文字。但可惜的是，砍伐左公柳的情况此后接连发生，从未停止过。1909年，新疆巡抚袁大化路过永登，见到境内大量左公柳被人砍伐，"有未伐者，枝亦被人砍"。

1920年，据《甘宁青史略》记载，甘肃"地大震，东西路桥遂多毁坏，县知事伐官树以补之，以公办公，尚无不可，惟此端一开，绅民效尤，已伐去十分之三"。省政府对此耳有所闻，遂通令泾川、固原、平凉、隆德、静宁、会宁、定西、通渭、榆中、皋兰、永登、古浪、武威、永昌、玉门、山丹、民乐、张掖、临泽、高台、酒泉、安西等县，要求"将官树编列号数，责成各地方头目认真保护在案"。

1927年以后，为支应当地驻军、兵站的燃料需要，各县旧驿道两旁大量左公柳被"旦旦而伐之，以至于今所存者仅十分之三"③。

---

① 王艾邦、陈乐道：《"勿剪勿伐，左侯所植"——民国时保护"左公柳"史档解读》，《档案》2003年第4期。

② 裴景福：《河海昆仑录》，第120页。

③ 慕寿祺：《甘宁青史略》卷31，第9页。

1928年，刘郁芬派兵进驻临夏，在西固设立兵站，向当地群众征派大量烧柴，西固川的树木被砍伐一空，其中也有左公柳惨遭厄运。与此同时，榆中、皋兰境内的左公柳也被当地驻军大量砍伐。

据傅增湘《秦游日记》记载，1933年，时任故宫博物院图书馆馆长傅增湘游历陕西，亲见左公柳"今则旱槁之后，继以兵残，髡枝弱线，十里不逢一株"，不禁发出"树犹如此，人何以堪"的浩叹。

1934年春，张恨水漫游西北，一入甘肃，只见沿路左公柳破伐殆尽，所余无多，均剥尽树皮，用以充饥了。这应是民国十八年甘肃大旱，引起大饥荒的结果。张在感伤之余，写了一首竹枝词："大恩要谢左宗棠，种下垂杨绿两行。剥下树皮和草煮，又充饭菜又充汤。"[1]

针对左公柳屡遭砍伐等情况，1932年11月26日，甘肃省建设厅呈准省政府颁布《甘肃旧驿道两旁左公柳保护办法》，其内容如下：

> 第一条，甘肃旧驿道两旁所有之左公柳，均依本办法保护之。
>
> 第二条，各县所有左公柳应由各该县政府依照自治区分段，现责成各区长点数，具结负责保护。区长更调时，应特列专册移交，并由新任区长加结备案；县长更调时，亦应专案交收，呈报建设厅备案。
>
> 第三条，各县长、区长无论因何理由，不得砍伐或损坏，如有上项情事，一经查觉，县长记过，区长撤惩。
>
> 第四条，人民有偷伐或损坏情事，除依法罚办外，并责成补栽，每损坏一株，应补栽行道树百株，并责令保护成活。
>
> 第五条，本办法由建设厅呈准省政府公布施行。

这一《保护办法》虽显粗糙，但它用行政立法的形式对左公柳加以保护，足见其对保护左公柳的重视。

1935年甘肃省政府再次颁发了《保护左公柳办法》，内容如下：

> 一、本省境内现有左公柳，沿途各县政府应自县之东方起，依

---

[1] 张晓水：《回忆父亲张恨水先生》，《新文学史料》1982年第1期。

次逐株挂牌、编号（单号在北，双号在南），并将总数呈报省政府及民建两厅备查。

　　二、沿途各县对于境内左公柳，应分段责成附近乡、保、甲长负责保护，并由县随时派员视查。

　　三、现有左公柳如有枯死者，仍须保留，不得伐用其木材。

　　四、已被砍伐者，须由所在地县政府于其空缺之处，量定相当距离补栽齐全，并责令附近保、甲长监督当地住户，负责灌溉保护。

　　五、左公柳两旁地上土石、草皮、树根、草根，均禁止采掘，并不得在树旁有引火及拴牧牲畜行为。

　　六、凡砍伐或剥削树皮者，处二十元以上百元以下罚金，或一月以上五月以下工役。

　　七、如该县长保护不力，应分别情节轻重予以处分。①

这一《保护办法》与1932年的《保护办法》相比，其内容和措施更加完善，不但规定了各县、区、保、甲保护左公柳的具体方法和责任，便于操作，而且明确规定了砍伐、破坏左公柳应受的严格处罚并要求各县"随时派员视查"。随后，各县对其境内现有左公柳进行了全面清查、编号并将统计数字上报省政府。

然而，《保护办法》并未得到各地官吏的有效贯彻和执行。左公柳遭砍事件仍在屡屡发生。1939年甘肃省政府主席朱绍良巡视陇东，途中"见官道两旁之左公柳被人砍伐甚多，并有剥去树皮者。树虽婆娑，生意尽矣"。而且多为"斤斧新痕，显系最近砍伐"。据此，限令各县在一月内，将该县境内道旁树木，不分大小一律点数、编号报省建设厅，并要求各县"责成当地头人、居民切实培护。如有枯萎，须将树木号数具报县府。县府据报后随即派人查验。如系因被人剥皮或砍伐而枯萎致死者，应将该地人、居民从重处罚，并务将毁坏之人查出重办"。"责成建设厅随时派员考查。嗣后，道旁树木不分大小、种类，如再发现砍伐或剥皮痕迹即将该管县长呈请从严处分"。重申对左

----

① 王艾邦、陈乐道：《"勿剪勿伐，左侯所植"——民国时保护"左公柳"史档解读》。

公柳严加保护。①

1940年10月宁定（今广河）县民众密报省主席，称当地保长私自倒卖左公柳："今年，县政府颁谕，令当地保长估价出卖，等情。不料宁定政治尚未入轨道，藉公营私、不顾公德之保长，将以三等价估卖，大者六元，次者五元，小者四元，还以公树送人情者亦有之。如此胆敢瞒上营私，百分之一估价公树，目无法纪。而文公百余年功绩，国家不得沾益，诚可痛哉。"为此，1941年2月28日，甘肃省政府发布训令指出："该县左公柳，既关古迹风景，又能调和气候，亟应保存。据呈前情，合行令仰该县长迅即查办具复，并转饬所属一体保护。"同年4月29日，国民党甘肃省执委会主任委员朱绍良致函甘肃省政府："近据报告，竟有一般军民对于西兰公路附近之左公柳及兴隆、崆峒各山之林木，不知爱护任意采伐。"要求省政府属"饬属对于本省之左公柳及各山林木加意保护"。随后，省政府通令泾川、平凉、固原、隆德、静宁、会宁、定西、榆中、皋兰、永登、古浪、武威、永昌、山丹、民乐、张掖、临泽、高台、酒泉、玉门、安西等21县，"仰遵照切实保护，并将办理情形具报备查"。诚然，这些训令通令对于保护左公柳客观上无疑会起到一定作用。

1946年，隆德县有人报称，该县建设科长陈树德等人以估价处理公路两旁左公柳枯树为名，盗卖左公柳，使大量左公柳被砍伐。省政府接报后当即令隆德县政府认真查办。经查，隆德县建设科科长陈树德、苗圃主任安涛、神林乡乡长薛昌荣、沙塘乡乡长薛达等人，在奉令处理已枯左公柳时趁机盗卖了四百余株。隆德县政府对当事人进行了严厉的处罚，并对境内现存左公柳重新进行了清查、编号。经清查隆德境内尚存左公柳3610株。本着"亡羊补牢，犹未为晚"之训，隆德县议会还专门拟具了《违法变卖左公柳处理办法》，其中第三条规定："此次清查现存之左公柳，应由县政府负责重新编号、列册登记。除县府存案列交外，登记册抄发所在地之乡镇公所，负责切实保护。非呈奉省府核准，任何人不得砍伐，并将此次所伐缺空趁兹植树时期，补植新苗，保护成活，以重先贤遗爱，而免再有同样情事发

---

① 慕寿祺：《甘宁青史略》卷31，第9页。

生。"①

纵观民国时期，为了保护左公柳，使其免遭砍伐，地方政府确实出台了一些较好的办法，采取了一些相应的措施，部分有识之士也为之呼吁，在一定程度和范围内对砍伐左公柳的行为起到了某种抑制作用。但从根本上看，由于当时政治黑暗，吏治腐败，民不聊生，社会环保意识薄弱，纵然有好的办法和措施，也只能流于形式，难如其愿。

三、左公柳的传说与诗话

左宗棠在甘肃时一心为民、造福地方，深得老百姓的爱戴。据载，他在离开西北时，"关内外闻之……胥惶然如失所覆，巷议户祝，筹所以留公，而不可得，则奔趋幅亿，顶香膝跃，呼感恩，数十百里无绝声。"②在甘肃的一些地方，至今还流传着左宗棠栽树护柳的故事。

在酒泉就有"斩驴护柳"的传说。相传，左宗棠从新疆返回酒泉后，看到酒泉有些树木的树皮全被剥光，四大街的新栽树木多已死亡，他十分愤怒。一天，他微服出巡，发现乡民骑驴进城办事时，多将毛驴拴在树上。毛驴竟啃起了树皮，官吏、市民熟视无睹。左宗棠下令将驴斩杀，且通告城乡，从今以后"若再有驴毁林者，驴和驴主与此驴同罪，格杀勿论"。一时间，左公斩驴护树传为佳话。

时隔不久，酒泉又传着左宗棠斩侄护林的故事，说左宗棠的侄儿居功自傲，有恃无恐，对左宗棠植树护树的号令藐视，手执砍刀当众砍倒一片林木。左宗棠闻报，怒不可遏，以"毁林违纪"之罪，公开斩首示众。③

这些传说姑且不论其是否真的发生过，但它的流传，说明酒泉人民知道了爱护林木的重要性，养成了植树护林的习惯，从此，酒泉城内林木葱茏，环境幽雅，造林护树之风代代相沿。

至于有关左公柳的诗歌、诗话，自从杨昌浚的那首"上相筹边未肯还，湖湘子弟满天山。新栽杨柳三千里，引得春风度玉关"的名篇传播

---

① 王艾邦、陈乐道：《勿剪勿伐，左侯所植——民国时保护"左公柳"史档解读》。
② 秦翰才：《左文襄公逸事汇编》，长沙：岳麓书社，1986年。
③ 上述两个传说均转引自李金香：《细说左公柳》，《档案》2000年第6期。

开来，不仅尚在肃州大营的左宗棠读后"拈髯大乐"，也引发了后世无数文人骚客的诗兴。吟咏左公柳成了西北边塞诗的新题材，"春风玉关"的诗话又创新格，留下了一段千古佳话。我们孤陋寡闻，愿就多方搜求所得以飨读者。①

清代诗人萧雄（字皋谟），湖南益阳人，著有《西疆杂述诗》四卷，对新疆地理风俗人事各项，叙述甚详。其中一首吟到左公柳，诗云："千尺乔松万里山，连云攒簇乱峰间。应同笛里边亭柳，齐唱春风度玉关。"对新疆天山地区种植左公柳的情景，诗的自注中作了如此记载："左文襄公檄饬湘楚诸军，各于驻处择低洼闲地，搜折树枝，排插为林。方及数年，已骎骎乎蔚然深秀，民甚德之。皆榆柳也。"

兰山书院山长、皋兰人吴可读写了《呈左爵相七律二首》，其二云："感恩知己更何人？六十余年戴德身。千水见河山见华，维崧生甫岳生申。从来诗律推元老，自古边防借重臣。遥想玉门关外路，万家杨柳一时新。"

民国时期，无锡诗人侯鸿鉴著有《西北漫游记》，其中有他于1935年5月写的《自陕至甘有怀左文襄》七绝二首：其一："自古西陲边患多，策勋自是壮山河。三千陇路万株柳，六十年来感想何？"其二："杨柳丝丝绿到西，辟榛伟绩孰能齐。即今开发边陲道，起舞应闻午夜鸡。"诗中自注说："出潼关至玉门关，左文襄植柳数万株于道旁。"

当代诗人吟诵左公柳的诗词更是不少。著名词人张伯驹在其《杨柳枝》中写道："征西大将凯歌还，种树秦川连陇川。绿荫多于冢上草，春风一路到天山。"

有一首曾经在海峡两岸学生中间广为流传的爱国歌曲。词作者是民国期间的教育部长罗家伦。他当时要出使法国、途经新疆，考察了当地政治、经济、文化和民俗之后，写下这脍炙人口的诗篇，并由当时著名的音乐家赵元任作曲："左公柳拂玉门晓，塞上春光好，天山融雪灌田畴，大漠飞沙旋落照。沙中水草堆，好似仙人岛。过瓜田，碧玉葱葱；望马群，白浪滔滔，想乘槎张骞，定远班超，汉唐先烈经营早。当年是匈奴右臂，将来便是欧亚孔道。经营趁早，经营趁早，莫让碧眼儿射西

---

① 本节材料转引自秋帆、方学《"左公柳"诗话》，《档案》2003年第4期。

域盘雕。"

陇上著名诗人王沂暖《念奴娇·兰州》中写道："……左柳生春，霍泉漱玉，功在人间世，严关迎送，几多贵主西去！而今岁月峥嵘，舆图换稿，景色添新丽。"

著名诗人袁第锐《恬园诗曲存稿》中有"天池"诗二首，其二云："八骏西游未肯还，穆王消息滞天山。瑶池自有奇花草，何必春风度玉关。"萧涵加注曰："春风与玉门关一案，可分三个阶段。王之涣：'黄河远上白云间，一片孤城万仞山。羌笛何须怨杨柳，春风不度玉门关。'其第一阶段。清末杨昌浚之'上相筹边未肯还，湖湘子弟满天山。新栽杨柳三千里，引得春风度玉关。'一反王之涣原意，是为第二阶段。先生此诗，先说八骏西游未肯还，暗示天山水草富饶，非无春风，八骏愿意'安家落户'而'未肯还'。次说当年穆王不返，正为瑶池值得终老，所以无消息者，只是音书远隔而'滞'，并非其他。末两句点明正题，在'春风玉关'这一场公案上可以说是'另辟蹊径'，故为第三阶段。"[1]这首诗虽非专咏左公柳，但为"春风玉关"另创一格，为此段公案增色不少，故专录于此以志存留。

诗人谢宠有数首诗词专咏左公柳。其中《杨柳枝》之一云："王母蟠桃去不还，左公杨柳老阳关。请君莫羡前朝树，多育春苗绿北山。"《左公柳前》云："老干依然出叶新，左公遗柳百回春。金城父老河边歇，犹说前朝种树人。"《南歌子·敦煌古道见左公柳》云："挺干盘根固，抽枝出叶新。玉门关外障沙尘，仿佛龙城飞将抖精神。绿荫天山月，魂归瀚海春。风流早是百年身，犹自飘花吐絮逗行人。"

赵幼诚《左公柳》云："闹市蓝天已久违，沙尘暴虐逞淫威。百年古柳谁曾见？隔纪重论是与非。"

武正国《左公柳》云："疆土岂容沙漠吞，广栽苗木扎根深。"万千荫路双排柳，护送春风度玉门。

龙景和《左公柳》云："杯酒阳关古畏途，筹边远略靖西隅。春风一碧三千里，合抱今能有几株！"

陈乐道《春柳》云："左公遗爱问谁怜？望里春云罩碧烟。千种离

---

① 袁第锐：《恬园诗曲存稿》，郑州：中州古籍出版社，1994年，第9页。

思萦别渚，万条吟绪托吹棉。浓遮关塞停征马，翠拂楼台忆锦年。看取神州新画幅，河山染绿浩无边。"

关重尧《酒泉观左公柳》云："万缕千条锁新秋，十里百陌觅绿洲。梦远江南三湘子，寒近北疆岂封侯。左公柳映祁连雪，金池水动征夫愁。柳色向人犹绮丽，酒泉绿事令绸缪。"①

上述诗篇，或借史抒感，评论人物；或托物寄兴，关注生态，各具风格，从不同侧面展示出一幅幅左公柳的生动画卷，抒写出了左公柳的遗风流韵。

---

① 引自《国土绿化》2001年第4期。

参考文献

按编著者姓氏拼音排序

史料类

班固：《汉书》，北京：中华书局，1962年。

白眉：《甘肃省志》，兰州：兰州古籍书店，1990年。

白册侯、余炳元：《新修张掖县志》，张掖：张掖市市志办公室校点整理，1997年。

曹馥：《安西县采访录》，甘肃省图书馆藏书。

常钧：《敦煌杂钞》，《边疆丛书》甲集之五，1937年。

常钧：《敦煌随笔》，《边疆丛书》甲集之六，1937年。

陈寿：《三国志》，北京：中华书局，1959年。

陈赓雅：《西北视察记》，兰州：甘肃人民出版社，2002年。

椿园七十一：《西域闻见录》，兰州：兰州古籍书店，1990年。

杜佑撰，王文锦等点校：《通典》，北京：中华书局，1996年。

范晔：《后汉书》，北京：中华书局，1965年。

方希孟：《西征续录》，兰州：甘肃人民出版社，2002年。

房玄龄：《晋书》，北京：中华书局，1975年。

冯焌光：《西行日记》，兰州：甘肃人民出版社，2002年。

甘肃省档案馆编：《甘肃历史人口资料汇编》第一辑，兰州：甘肃人民出版社，1997年。

甘肃省文物考古研究所、甘肃省博物馆等编：《居延新简》，北京：文物出版社，1990年。

贺长龄：《皇朝经世文编》，台北：文海出版社有限公司，1972年。

胡平生、张德芳：《敦煌悬泉汉简释粹》，上海：上海古籍出版社，2001年。

胡汝砺编，管律重修，陈明猷校勘：《嘉靖宁夏新志》，银川：宁夏人民出版社，1982年。

黄璟、朱逊志等：《山丹县志》，台北：成文出版社有限公司，1970年。

黄文炜：《重修肃州新志》，甘肃酒泉县博物馆翻印，1984年。

江戎疆：《河西水系与水利建设》，《力行月刊》卷八。

阚普通武：《湟中行记》，兰州：甘肃人民出版社，2002年。

昆冈等修，刘启端等纂：《钦定大清会典事例》《续修四库全书》本。

李昉等：《太平御览》，北京：中华书局，1960年。

李登瀛：《永昌县志》，甘肃省图书馆藏书。

李林甫撰，陈仲夫点校：《唐六典》，北京：中华书局，1992年。

李吉甫撰，贺次君点校：《元和郡县图志》，北京：中华书局，1983年。

李式金：《甘肃省的蜂腰》，甘肃省图书馆藏书。

李贤等：《明一统志》，《文渊阁四库全书》本。

李文治：《中国近代农业史资料（1840—1911）》，北京：三联书店，1957年。

李延寿：《北史》，北京：中华书局，1974年。

令狐德棻：《周书》，北京：中华书局，1971年。

林鹏侠：《西北行》，兰州：甘肃人民出版社，2002年。

刘昫：《旧唐书》，北京：中华书局，1975年。

刘春堂、聂守仁：《镇番县乡土志》，北京：北京图书馆出版社，2003年。

刘锦藻：《清朝续文献通考》，杭州：浙江古籍出版社，2000年。

刘郁芬：《甘肃通志稿》，兰州：兰州古籍书店，1990年。

刘於义等：《陕西通志》，《文渊阁四库全书》本。

罗正钧：《左宗棠年谱》，长沙：岳麓书社，1982年。

吕钟：《重修敦煌县志》，敦煌市人民政府文献领导小组整理，兰州：甘肃人民出版社，2002年。

南济汉：《永昌县志》，甘肃省图书馆藏书。

马步青、唐云海：《重修古浪县志》，兰州：兰州古籍书店，1990年。

马福祥等修，王之臣纂：《朔方道志》，台北：成文出版社有限公司，1968年。

慕寿祺：《甘州水利溯源》，《新西北》1940年第3卷第4期。

慕寿祺：《甘宁青史略》，兰州：俊华印书馆，1936年。

欧阳修：《新唐书》，北京：中华书局，1975年。

欧阳修：《新五代史》，北京：中华书局，1974年。

裴景福：《河海昆仑录》，兰州：甘肃人民出版社，2002年。

强至：《祠部集》，《文渊阁四库全书》本。

邵元冲：《西北随轺记》，兰州：甘肃人民出版社，2002年。

申时行：《明会典》，北京：中华书局，1988年。

司马光：《资治通鉴》，北京：中华书局，1956年。

司马迁：《史记》，北京：中华书局，1982年。

宋濂：《元史》，北京：中华书局，1976年。

松筠：《钦定新疆识略》，兰州：兰州古籍书店，1990年。

苏履吉、曾诚：《敦煌县志》，台北：成文出版社有限公司，1970年。

苏天爵：《元文类》，《文渊阁四库全书》本。

谈迁：《国榷》，上海：上海古籍出版社，1958年。

陶保廉：《辛卯侍行记》，兰州：甘肃人民出版社，2002年。

脱脱：《宋史》，北京：中华书局，1977年。

脱脱：《金史》，北京：中华书局，1975年。

王之采：《庄浪汇记》，万历四十四年（1616年）刻本。

魏焕：《皇明九边考》，明嘉靖刊本。

魏收：《魏书》，北京：中华书局，1975年。

吴广成撰，龚世俊等校证：《西夏书事校证》，兰州：甘肃文化出版社，1995年。

吴礽骧等释校：《敦煌汉简释文》，兰州：甘肃人民出版社，1991年。

吴人寿修，张维校录：《肃州新志稿》，甘肃省博物馆据所藏《陇右方志录补·肃州新志稿》抄本传抄。

谢彬：《新疆游记》，北京：中华书局，1925年。

谢桂华、李均明、朱国炤：《居延汉简释文合校》，北京：文物出版社，1987年。

谢怀琅：《民勤地方志》，《陇铎》1942年第11期。

谢树森、谢广恩等编撰，李玉寿校订：《镇番遗事历鉴》，香港：香港天马图书有限公司，2000年。

许容等：《甘肃通志》，《文渊阁四库全书》本。

许协、谢集成：《镇番县志》，台北：成文出版社有限公司，1970年。

徐松著，朱玉麒整理：《西域水道记》，北京：中华书局，2005年。

徐保字：《平罗纪略》，兰州：兰州古籍书店，1990年。

徐传钧、张著常等：《东乐县志》，兰州：兰州古籍书店，1990年。

徐光启：《农政全书》，上海：上海古籍出版社，1979年。

徐家瑞：《新纂高台县志》，张志纯等校点：《高台县志辑校》，兰州：甘肃人民出版社，1998年。

玄奘、辩机著，季羡林等校注：《大唐西域记校注》，北京：中华书局，1985年。

薛居正：《旧五代史》，北京：中华书局，1976年。

杨春茂著，张志纯等校点：《重刊甘镇志》，兰州：甘肃文化出版社，1996年。

杨虎城、邵力子：《续修陕西通志稿》，1934年铅印本。

尤声瑸：《安西县地理调查书》，甘肃省图书馆藏书。

袁大化：《抚新纪程》，兰州：甘肃人民出版社，2002年。

升允、长庚修，安维峻纂：《甘肃新通志》，兰州：兰州古籍书店，1990年。

张国常：《重修皋兰县志》，兰州：甘肃文化出版社，1999年。

张金城修，杨浣雨纂，陈明猷点校：《乾隆宁夏府志》，银川：宁夏人民出版社，1992年。

张廷玉：《明史》，北京：中华书局，1975年。

张延福修，李瑾纂：《泾州志》，兰州：兰州古籍书店影印，1990年。

张应麒修，蔡廷孝纂：《鼎新县志》，兰州：兰州古籍书店，1990年。

张珝美修，曾钧等纂：《五凉全志·武威县志》，台北：成文出版社有限公司，1976年。

张珝美修，曾钧等纂：《五凉全志·镇番县志》，台北：成文出版社有限公司，1976年。

张珝美修，曾钧等纂：《五凉全志·永昌县志》，台北：成文出版社有限公司，1976年。

张珝美修，曾钧等纂：《五凉全志·古浪县志》，台北：成文出版社有限公司，1976年。

张志纯等校点：《创修临泽县志》，兰州：甘肃文化出版社，2001年。

赵尔巽：《清史稿》，北京：中华书局，1976年。

赵仁卿：《金塔县志》，金塔县人民委员会翻印，1957年。

中国第一历史档案馆：《乾隆朝甘肃屯垦史料》，《历史档案》2003年第3期。

中国第一历史档案馆：《雍正汉文朱批奏折汇编》，南京：江苏古籍出版社，1989年。

中国第一历史档案馆：《乾隆朝上谕档》，北京：中国档案出版社，1991年。

中国科学院地理科学与资源研究所、中国第一历史档案馆：《清代奏折汇编——农业·环境》，北京：商务印书馆，2005年。

钟赓起：《甘州府志》，台北：成文出版社有限公司，1976年。

朱旃撰修，吴忠礼笺证：《宁夏志笺证》，银川：宁夏人民出版社，1996年。

朱允明：《甘肃省乡土志稿》，甘肃省图书馆藏书。

周树清、卢殿元：《镇番县志》，甘肃省图书馆藏书。

周希武：《宁海纪行》，兰州：甘肃人民出版社，2002年。

左宗棠：《左宗棠全集》，长沙：岳麓书社，1996年。

光绪《泾州乡土志》，中华全国图书馆文献缩微复制中心，1994年。

弘治《宁夏新志》，上海：上海书店，1990年。

嘉庆《重修大清一统志》，上海：上海书店，1984年。

宣统《镇番县志》，甘肃省图书馆藏书。

《安西县各项调查表》，甘肃省图书馆藏书。

《敦煌县各项调查表》，甘肃省图书馆藏书。

《敦煌县乡土志》，甘肃省图书馆藏书。

《甘肃河西荒地区域调查报告（酒泉、张掖、武威）》，《农林部垦务总局调查报告》第一号，南京：农林部垦务总局编印，1942年。

《甘肃省二十七县社会调查纲要》，甘肃省图书馆藏书。

《甘肃经济建设纪要》，兰州：甘肃人民出版社，1980年。

《金塔县采访录》，甘肃省图书馆藏书。

《临泽县采访录》，甘肃省图书馆藏书。

《陇右稀见方志三种》，上海：上海书店，1984年。

《民勤县水利规则》，甘肃省图书馆藏书。

《明实录》，台北：台湾中研院历史语言研究所校印本。

《清实录》，北京：中华书局，1985年。

《祁连山北麓调查报告》，甘肃省图书馆藏书。

《山丹县志》，甘肃省图书馆藏书。

专著类

曹树基：《中国人口史》，上海：复旦大学出版社，2001年。

丁焕章等编：《甘肃近现代史》，兰州：甘肃人民出版社，1989年。

杜经国：《左宗棠与新疆》，乌鲁木齐：新疆人民出版社，1983年。

何让：《甘肃田赋之研究》，台北：成文出版社有限公司，1977年。

黄河水利史述要编写组：《黄河水利史述要》，北京：水利出版社，1982年。

李幹：《元代社会经济史稿》，武汉：湖北人民出版社，1985年。

李并成：《河西走廊历史地理》，兰州：甘肃人民出版社，1995年。

李并成：《河西走廊历史时期沙漠化研究》，北京：科学出版社，2003年。

李廓清：《甘肃河西农村经济之研究》，台北：成文出版社有限公司，1977年。

李信成：《杨增新在新疆》，台北：国史馆，1993年。

鲁人勇、吴忠礼、徐庄：《宁夏历史地理考》，银川：宁夏人民出版社，1993年。

吕卓民：《明代西北农牧业地理》，台北：洪叶文化事业有限公司，2000年。

民国水利部甘肃河西水利工程总队：《永昌宁远堡地下水灌溉工程计划书》，兰州：1947年印本。

民勤县天然林管理站：《民勤县林业建设规划任务说明书》，1979年铅印本。

宁夏回族自治区气象局编撰：《宁夏气象志》，北京：气象出版社，

1995年。

宁夏农垦志编撰委员会编：《宁夏农垦志》，银川：宁夏人民出版社，1995年。

秦翰才：《左文襄公在西北》，重庆：商务印书馆，1947年。

秦翰才：《左文襄公逸事汇编》，长沙：岳麓书社，1986年。

任继周主编：《河西走廊山地–绿洲–荒漠复合系统及其耦合》，北京：科学出版社，2007年。

上海师范大学等：《中国自然地理》，北京：人民教育出版社，1980年。

王国维：《观堂集林》，石家庄：河北教育出版社，2002年。

王希隆：《清代西北屯田研究》，兰州：兰州大学出版社，1990年。

汪一鸣：《宁夏人地关系演化研究》，银川：宁夏人民出版社，2005年。

吴廷桢、郭厚安主编：《河西开发研究》，兰州：甘肃教育出版社，1993年。

武威地区林业站：《试论河西地区天然植被保护问题》，1981年铅印本。

夏明方：《民国时期自然灾害与乡村社会》，北京：中华书局，2000年。

向达：《唐代长安与西域文明》，北京：三联书店，1979年。

许成：《宁夏考古史地研究论集》，银川：宁夏人民出版社，1989年。

徐安伦、杨旭东：《宁夏经济史》，银川：宁夏人民出版社，1998年。

袁林：《西北灾荒史》，兰州：甘肃人民出版社，1994年。

袁第锐：《恬园诗曲存稿》，郑州：中州古籍出版社，1994年。

袁森坡：《康雍乾经营与开发北疆》，北京：中国社会科学出版社，1991年。

张勃、石惠春：《河西地区绿洲资源优化配置研究》，北京：科学出版社，2004年。

曾问吾：《中国经营西域史》，上海：商务印书馆，1936年。

钟侃、陈明猷主编：《宁夏通史·古代卷》，银川：宁夏人民出版社，1993年。

钟侃编：《宁夏古代历史纪年》，银川：宁夏人民出版社，1988年。

朱震达、刘恕：《中国北方的沙漠化过程及其治理区划》，北京：中国林业出版社，1981年。

左景伊：《左宗棠传》，长春：长春出版社，1994年。

论文类

车克钧：《加速祁连山水源涵养林建设，为实施再造河西战略提供保障》，内刊，1999年。

陈炳应：《西夏监军司的数量和驻地考》，《西北师院学报》1986年增刊。

陈炳应：《西夏律令中的水利资料译释》，《陇右文博》2001年第1期。

陈发虎、朱艳、李吉均等：《民勤盆地湖泊沉积记录的全新世千百年尺度夏季风快速变化》，《科学通报》2001年第17期。

陈育宁、景永时：《论秦汉时期黄河流域的经济开发》，《宁夏社会科学》1985年第5期。

陈忠祥：《宁夏南部回族社区人地关系及可持续发展研究》，《人文地理》2002年第1期。

程弘毅：《河西地区历史时期沙漠化研究》，兰州大学博士论文，2007年。

贡小虎：《甘肃河西内陆河流域水资源特征与农业生产发展的探讨》，《中国沙漠》1994年第3期。

韩茂莉：《近代山陕地区地理环境与水权保障系统》，《近代史研究》2006年第1期。

黄正林：《黄河上游区域农村经济研究》，河北大学博士论文，2006年。

景可、陈永宗：《黄土高原侵蚀环境与侵蚀速率的初步研究》，《地理研究》1983年第2期。

李金香：《细说左公柳》，《档案》2000年第6期。

李并成：《石羊河下游绿洲明清时期的土地开发及其沙漠化过程》，《西北师范大学学报》（自然科学版）1989年第4期。

李并成：《唐代前期河西走廊的农业开发》，《中国农史》1990年第1期。

李并成：《民勤县近300余年来的人口增长与沙漠化过程——人口因素在沙漠化中的作用个案考察之一》，《西北人口》1990年第2期。

李并成：《锁阳城遗址及其古垦区沙漠化过程考》，《中国沙漠》1991年第2期。

李并成：《西汉酒泉郡若干县城的调查与考证》，《西北史地》1991年第3期。

李并成：《汉敦煌郡效谷县城考》，《敦煌学辑刊》1991年第1期。

李并成：《西夏时期河西走廊的农牧业开发》，《中国经济史研究》2001年第4期。

李并成：《明清时期河西地区"水案"史料的梳理研究》，《西北师大学报》2002年第6期。

李国仁、谢继忠：《明清时期武威水利开发略论》，《社科纵横》2005年第6期。

李万禄：《从谱牒记载看明清两代民勤县的移民屯田》，《档案》1987年第3期。

刘满：《宋代的凉州城》，《敦煌学辑刊》1985年（总6期）。

刘大有：《漫话"左公柳"》，《湖南日报》1982年3月31日。

马启成：《宁夏黄河水利开发述略》，《西北史地》1985年第2期。

潘春辉：《清代河西走廊水利开发与环境变迁》，《中国农史》2009年第4期。

潘春辉：《清代河西走廊水利开发积弊探析——以地方志资料为中心》，《中国地方志》2012年第3期。

潘春辉：《水官与清代河西走廊基层社会治理》，《社会科学战线》2014年第1期。

秦佩珩：《清代敦煌水利考释》，《郑州大学学报》1985年第4期。

秋帆、方学：《"左公柳"诗话》，《档案》2003年第4期。

邱树森：《浑都海、阿蓝答儿之乱的前因后果》，《宁夏社会科学》1990年第5期。

石泰：《左宗棠经营西北农业问题述评》，《社会科学》1984年第4期。

宋巧燕、谢继忠：《明清时期张掖的水利开发》，《河西学院学报》2005年第1期。

孙修身：《唐代瓜州晋昌郡郡治及其有关问题考》，《敦煌研究》1986年第3期。

苏莹辉：《五代迄金初沙州归义军节度使领州沿革考略》，台湾宋史座谈会编辑《宋史研究集》第8辑，1976年。

唐景绅：《明清时期河西的水利》，《敦煌学辑刊》1982年第3期。

田澍：《明代对河西走廊的开发》，《光明日报》2000年4月21日。

吴祁骧、余尧：《汉代的敦煌郡》，《西北师院学报》1982年第2期。

王艾邦、陈乐道：《"勿剪勿伐，左侯所植"——民国时保护"左公柳"史档解读》，《档案》2003年第4期。

王北辰：《甘肃锁阳城的历史演变》，《西北史地》1988年第2期。

王北辰：《甘肃黑水国古城考》，《西北史地》1990年第2期。

王乃昂、颉耀文、薛祥燕：《近2000年来人类活动对我国西部生态环境变化的影响》，《中国历史地理论丛》2003年第3期。

王培华：《清代河西走廊的水资源分配制度——黑河、石羊河流域水利制度的个案考察》，《北京师范大学学报》2004年第3期。

王培华：《清代河西走廊的水利纷争及其原因——黑河、石羊河流域水利纠纷的个案考察》，《清史研究》2004年第2期。

王培华：《清代河西走廊的水利纷争与水资源分配制度——黑河、石羊河流域的个案考察》，《古今农业》2004年第2期。

王致中：《河西走廊古代水利研究》，《甘肃社会科学》1996年第4期。

阎文儒：《河西考古杂记（下）》，《社会科学战线》1987年第1期。

杨国安：《控制与自治之间：国家与社会互动视野下的明清乡村秩序》，《光明日报》2013年1月16日。

杨新才：《关于古代宁夏引黄灌区灌溉面积的推算》，《中国农史》1999年第3期。

杨新才：《宁夏引黄灌区渠道沿革初考》，《农业考古》2000年第1期。

杨志娟：《清同治年间陕甘人口骤减原因探析》，《民族研究》2003年第2期。

张力仁：《历史时期河西走廊多民族文化的交流与整合》，《中国历史地理论丛》2006年第3期。

张维慎：《宁夏农牧业发展与环境变迁研究》，陕西师范大学博士论文，2002年。

张维慎：《试论宁夏中北部土地沙化的历史演进》，《古今农业》2005年第1期。

张晓水：《回忆父亲张恨水先生》，《新文学史料》1982年第1期。

赵世瑜：《分水之争：公共资源与乡土社会的权力和象征——以明清山西汾水流域的若干案例为中心》，《中国社会科学》2005第2期。

甄计国：《河西荒地可垦潜力——可持续发展的管理方略与开发对策研究》，《甘肃省国土资源、生态环境与社会经济发展论文集》，兰州：兰州大学出版社，1999年。

左书谔：《明代宁夏水利述论》，《宁夏社会科学》1988年第1期。

后　记

2012年6月，西北师范大学以历史学系和敦煌学研究所为基础，组建历史文化学院。为了适应国家重大战略调整，适应地方经济社会发展需求，历史文化学院发挥学科优势，突出研究特色，凝练方向，在原有的西北师范大学敦煌学研究所、甘肃省西北边疆史地研究中心、简牍学研究所之外，调整和新设了西北民族与宗教研究所、文化遗产研究中心、陇商研究中心、西北近现代史研究中心、美国历史文化研究中心。

历史学是西北师范大学最早设置的专业之一，也是研究实力最强的专业之一。西北师范大学历史学研究底蕴深厚，成就突出，利用汉晋简牍、敦煌吐鲁番出土文书及宋元以来的地方志和碑刻资料开展丝绸之路研究、西北民族和宗教研究、中西文化交流研究，取得了显著成绩，学术影响较大。从1996—2005年，历史文化学院在西北师范大学历史系阶段、西北师范大学文学院阶段、西北师范大学文史学院阶段，联合省内科研院所，先后编辑出版过《西北史研究》三辑四册，《简牍学研究》四辑，共收录文章230多篇。《西北史研究》具有汇集性质，主要收录已刊发文章。文章作者以历史文化学院教师为主，包括部分博士、硕士研究生，也有部分校外同行专家；《简牍学研究》以反映最新研究成果为主，主要收录未刊发文章。文章作者有历史文化学院教师，也有国内外著名学者。

为了汇聚学术积淀、承袭优良学脉、扩大学术交流、推动学科建设，历史文化学院编辑出版《西北边疆史地研究丛书》，作为《西北史研究》的后续。《西北边疆史地研究丛书》按专题分类，主要选录2005年以来署名单位为西北师范大学的相关文章。同时，继续编辑出版《简牍学研究》。

《西北水利史研究：开发与环境》是《西北边疆史地研究丛书》的

一种，也是《丝绸之路与华夏文明研究文库》的重要组成部分。本书由潘春辉组织策划编撰完成，各章节出自多人之手，具体分工情况如下：第一章《古代西北农田水利建设总论》由李清凌执笔，第二章《元明清时期宁夏平原水利建设》由吴超执笔，第三章《清代河西走廊水资源利用与社会治理》及参考文献由潘春辉执笔，第四章《历史时期河西走廊生态环境变迁》由李并成执笔，第五章《左宗棠对甘肃水利与生态环境的治理》由马啸执笔。

需要说明的是，《西北水利史研究：开发与环境》的研究区域限定在西北地区，所集中讨论的是历史时期西北的水利和环境变迁问题，而且这两个问题彼此交织在一起，我们的初衷是为西北历史演进提供一个水利与环境变迁的观察视角，与此有关的研究还需要更深入的展开，本书只是一个开始和尝试性的工作。

《西北边疆史地研究丛书》得到了西北师范大学考古学、中国史、世界史、民族学等四个甘肃省重点学科的支持，也得到了"丝绸之路与华夏文明传承发展协同创新中心"的支持。

在书稿的编辑出版过程中，西北师范大学刘基教授、刘仲奎教授、张兵教授、李并成教授给以热忱关怀。论著各部分的作者紧密协作，提供了高质量的成果。硕士研究生赵珍、蔡雪莲、李玭玭、王雨等在文字校对等方面做了许多工作，甘肃文化出版社原彦平同志在文稿编排等方面倾注了大量心血。他们付出的辛勤劳动使书稿得以顺利出版，在此谨致谢意。

二〇一四年十二月二十日